Ich danke Shaughan Lavine für
die wertvollen Anregungen.

EINSTEINS IDEEN

Inhalt

1. Ausblick auf
die kommenden Kapitel

 Auch wenn Ihnen die folgende Frage dumm erscheinen mag, denken Sie bitte trotzdem einmal darüber nach: Warum teilen Stewardessen im Flugzeug gewöhnlich keine Mahlzeiten aus, wenn Turbulenzen auftreten, sondern erst, wenn diese vorüber sind? Der Grund liegt auf der Hand: Wollte man bei turbulentem Flug eine Tasse Kaffee trinken, so würde man vermutlich die ganze Umgebung vollkleckern. Zugegeben, die Frage wird Ihnen ausgesprochen geistlos vorkommen, aber trotzdem wollen wir uns nicht mit einer Teilantwort zufriedengeben. Die Frage hat einen weiteren Aspekt: Warum geht es vollkommen in Ordnung, wenn die Stewardessen die Mahlzeiten servieren, nachdem sich die Turbulenzen gelegt haben?

Wiederum ist die Ursache klar: In einem ruhig dahingleitenden Flugzeug ist Essen und Trinken so einfach, als hätte man festen Boden unter den Füßen. Und das ist in der Tat eine sehr bemerkenswerte Erfahrung. Man denke einmal darüber nach: Ein ruhig dahinfliegendes Flugzeug bewegt sich mit tausend Kilometern pro Stunde relativ zum Boden, und doch ist von dieser gleichmäßigen Geschwindigkeit an Bord überhaupt keine Auswirkung zu spüren. In jedem anderen geschlossenen Fahrzeug verhielte es sich ebenso. Solange die Bewegung gleichförmig ist, hat sie keinen Einfluß auf die Vorgänge im Fahrzeug. Diese allgemeine Aussage ist das Leitmotiv der Geschichte, die ich Ihnen in diesem Buch erzählen möchte. Dabei geht es um das Relativitätsprinzip, das – wie wir sehen werden – eine bemerkenswerte historische Entwicklung durchlaufen hat.

So wie wir dieses Prinzip formuliert haben, läßt es – wenn überhaupt – nur wenige Anzeichen darauf erkennen, daß (und in welcher Weise) es mit vielen erstaunlichen Phänomenen zusammenhängt: so etwa mit der Kernenergie, mit Eigentümlichkeiten der Bewegung des Planeten Merkur oder gar mit der Möglichkeit, daß ein Mensch um Jahre älter wird als seine Zwillingsschwester. Und bislang ist auch noch nichts von den Umwälzungen ersichtlich, die das Relativitätsprinzip im Hinblick auf die Vorstellungen von Raum und Zeit in der Physik ausgelöst hat. Wie sich aber noch herausstellen wird, wurzeln in diesem Prinzip zwei revolutionäre Theorien, die beide als Glanzstücke des wissenschaftlichen Zeitalters gelten.

Unterschätzen Sie nicht die Bedeutung von Zeit und Raum! Sie mögen als unfühlbares Nichts erscheinen, weniger spürbar als der leiseste Windhauch. Sie sind aber die eigentliche Substanz der Existenz; man versuche nur, sich dieser Welt oder überhaupt irgendeine Welt ohne sie vorzustellen. Shakespeare hat diese Bedeutung von Raum und Zeit sehr gut verstanden – wie etwa das Lied zeigt, das er für Feste, den Narren in *Was Ihr wollt* (II. Akt, 3. Szene) verfaßte (hier zitiert nach der Werkausgabe von L. L. Schücking, 1961):

O Schatz! auf welchen Wegen irrt ihr?
O bleibt und hört! der Liebste girrt hier,
Singt in hoh- und tiefem Ton.
Hüpft nicht weiter, zartes Kindlein!
Liebe findt zuletzt ihr Stündlein,
Das weiß jeder Muttersohn.

Was ist die Lieb? Sie ist nicht künftig;
Gleich gelacht ist gleich vernünftig,
Was noch komme soll, ist weit.
Wenn ich zögre, so verscherz ich;
Komm denn, Liebchen, küß mich herzig!
Jugend hält so kurze Zeit.

Auf den ersten Blick erscheint das Lied schlicht und leichtherzig, einem Narrengesang gerade angemessen. Aber lesen Sie nochmals, und Sie werden bemerken, wie Shakespeare die ersten sechs Zeilen der Abwesenheit und der Vereinigung, also dem gebieterischen Raum widmet; sehen Sie auch, mit welcher Eindringlichkeit er in den verbleibenden sechs Zeilen das unerbittliche Dahinströmen der Zeit ausdrückt.

Auch der Physiker beschäftigt sich mit Raum und Zeit. Bei seiner Arbeit wird er freilich andere Dinge sagen als „Liebe findt zuletzt ihr Stündlein" oder „Jugend hält so kurze Zeit". Statt dessen wird er von Bewegung und Ruhe, von Entfernung und Zeit oder von Zentimetern und Sekunden reden. Er mißt Raum und Zeit, und indem er diese abstrakten Größen quantitativ in Gleichungen faßt, läßt er sie stolz das mathematische Gewand seiner Zunft zur Schau tragen. Ein Wissenschaftler ist aber keineswegs ein kalter Roboter. Ähnlich wie ein Dichter kann auch er ohne Beteiligung von Emotionen nichts schaffen. Hinter seinen Gleichungen verbergen sich kühne Vorstellungen und Gefühle, welche die Grenzen der Logik überschreiten und so seiner Wissenschaft etwas Kunstvolles verleihen, das auch ohne Zuflucht zu detaillierter Mathematik deutlich gemacht werden kann.

Raum und Zeit sind etwas Gewaltiges: Wenn wir vor einer physischen Gefahr davonlaufen, gestehen wir dann nicht die Macht des Raumes ein, indem wir allein Distanz − also Raum − als Schild gegen die Gefahr gebrauchen? Ein Raum, der uns so zu schützen vermag, ist wohl kaum als ein konturloses Nichts zu verstehen.

Ebensowenig kann man das von der Zeit behaupten. Wie sicher könnten wir uns beispielsweise vor der Vernichtung durch Atombomben wähnen, wären wir nur im Zeitalter eines Shakespeare geboren.

Raum und Zeit sind uns so vertraut, daß wir sie fast schon als selbstverständlich hinnehmen. Wir vergessen dabei, daß die Vorstellungen, die wir uns von ihnen machen, Pfeiler jener schwankenden Plattform sind, auf der das ganze verwinkelte und schöne Gebäude unserer Wissenschaft und Philosophie ruht. An diesen Ideen zu rütteln, heißt nichts anderes, als eine Erschütterung auszulösen, die sich von einem Ende des gesamten Gebäudes zum anderen fortpflanzen wird. Wenn man hier eine grundlegende Veränderung vornimmt, löst man nichts Geringeres als eine wissenschaftliche und philosophische Revolution aus. Dies hat Einstein mit seiner Relativitätstheorie getan, die unsere Vorstellung von Raum und Zeit in zwei aufeinanderfolgenden Schüben grundlegend gewandelt hat.

Weil die Wurzeln der Relativitätstheorie bis ins Altertum zurückreichen, wird Einstein die Bühne unserer Darstellung erst im vorletzten Kapitel persönlich betreten. Nichtsdestoweniger werden seine Ideen auf den folgenden Seiten ständig anklingen. Wir wollen die historische Entwicklung der Relativitätstheorie in ihren Wegen und scheinbaren Umwegen nachzeichnen – wobei natürlich Einsteins Gedanken die Perspektive beeinflussen, unter der wir die Vergangenheit heute rückblickend betrachten.

Bei der ersten Lektüre sollten Sie Ihre Aufmerksamkeit auf das entstehende Bild als Ganzes richten. Einzelheiten kann man sich später immer noch genauer ansehen.

Bon voyage!

2. Der Weg zu Newton

Bewegt sich die Erde? Die Menschen früher Kulturen hätten diese Frage wahrscheinlich ohne Zögern verneint. Vermutlich hätten sie die Vorstellung von einer bewegten Erde recht befremdlich oder gar absurd gefunden. Sie erlebten, wie der verwundete Krieger zur Erde niederfiel, der Hirsch über den Erdboden dahinschnellte und der Adler über ihn hinwegsegelte. Aber die Erde selbst konnte nicht herabfallen wie ein Blatt vom Baum, dem Wind gleich dahinstreichen oder über dem Horizont aufgehen wie die Sonne. Bewegt waren die anderen Dinge, nicht die Erde.

Wie um die kosmische Bedeutung der Erde zu unterstreichen, war sie von einem ehrfurchtgebietenden Gewölbe von Himmeln umgeben. Nach der antiken Vorstellung war dieses Gewölbe eine Sphäre mit fest angehefteten Sternen, die wie funkelnde Edelsteine leuchten; dieses Firmament dreht sich majestätisch an jedem Tag einmal um die Erde. Inmitten der vielen, relativ zum Gewölbe feststehenden Fixsterne fielen einige Wandelsterne auf, deren Anzahl gerade gleich der mystischen Zahl Sieben war: Sonne, Mond und die fünf Planeten, die den anderen Sternen ähnelten. (Das Wort „Planet" kommt aus dem Griechischen und bedeutet „Wanderer".) Diese Bezeichnung drückt aus, daß die Planeten über den Fixsternhintergrund wandern, ungeachtet der allgemeinen Rotation des Sternhimmels innerhalb eines Tages.

Sonne und Mond hatten seit alters her für den Menschen ganz offensichtlich eine enorme Bedeutung. Die fünf Planeten, die wie Wandelsterne erschienen, wurden nach römischen Göttern (Merkur, Venus, Mars, Jupiter, Saturn) benannt, und man schrieb ihnen wie den Fixsternen einen maßgeblichen Einfluß auf die Geschicke der Menschen zu.

Für die Menschen der Antike mußte es zunächst ganz selbstverständlich erscheinen, sich die Erde als etwas Festes im Raum vorzustellen, mit einem Sternhimmel, der sich um sie dreht. Es verging viel Zeit, bis sich einige intellektuell mutige Menschen an die Vorstellung heranwagten, daß sich die Erde bewegen könnte. Zwei Hindernisse mußten dazu überwunden werden. Zum einen erweckte die alltägliche Erfahrung den Eindruck einer ruhenden Erde. Die größere Schwierigkeit lag darin, daß man eine Erde, die sich selbst bewegt, nicht mehr als Mittelpunkt des Universums ansehen konnte; damit drohte der Mensch seine Mittelpunktstellung als Krone der Schöpfung zu verlieren – eine angsteinflößende Konsequenz, die für Gläubige, gleich welcher Religion, Priester wie Laien, kaum begrüßenswert sein konnte.

Die Namen der frühen Geistesheroen, die als erste die Vorstellung einer bewegten Erde vertraten, verlieren sich wahrscheinlich größtenteils im Dunkel der Prähistorie. Die älteste Aufzeichnung dieser Art stammt aus dem 5. Jahrhundert vor Christi. Verfaßt wurde sie von Philolaus, einem Mitglied jener Religionsgemeinschaft, die der griechische Philosoph Pythagoras gegründet hatte. Pythagoras ist wohl am ehesten durch seinen berühmten Lehrsatz über rechtwinklige Dreiecke bekannt, und einige wichtige Schritte in der Entwicklung des Relativitätsprinzips gingen von eben diesem Lehrsatz aus: Danach ist in einem rechtwinkligen Dreieck die Fläche des Quadrats über der Hypotenuse gleich der Summe der Quadrate über den beiden anderen Dreiecksseiten (den Katheten). So ist in der unten abgebildeten Figur die Fläche des größten der drei Quadrate gleich der Summe der Flächen der beiden kleineren Quadrate.

Oft sieht man von der anschaulichen Bedeutung der gezeichneten Quadrate ab und formuliert den Satz in einer allgemeineren, aber auch „trockeneren" Fassung. Er besagt dann für

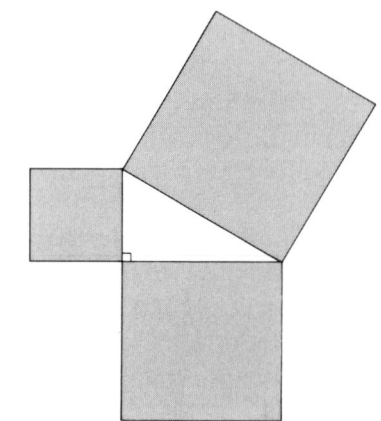

ein rechtwinkliges Dreieck ABC, dessen rechter Winkel bei A liegt, daß die Seiten $\overline{AB}$, $\overline{AC}$ (Katheten) und $\overline{BC}$ (Hypotenuse) durch folgende Gleichung verknüpft sind:

$$\overline{AB}^2 + \overline{AC}^2 = \overline{BC}^2$$

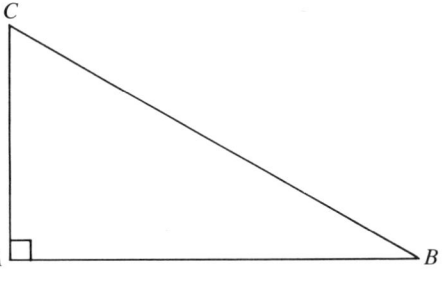

Die Pythagoräer vermuteten bereits zu Recht, daß die Erde eine Kugel ist. Sie glaubten, daß die Himmelskörper in ihrem Lauf musikalische Töne hervorbrächten, die zu einer feinen Harmonie abgestimmt seien. Diese überirdische Musik der Sphären sei nur deswegen nicht zu hören, weil wir ihr in jedem Augenblick unseres Lebens gleichmäßig ausgesetzt seien. Als erste Wahrheit galten die Zahlen. Dabei wurde die Zahl Zehn besonders verehrt: Sie ist die Summe der ersten vier natürlichen Zahlen 1, 2, 3 und 4, graphisch darstellbar durch Punkte im unten abgebildeten „mystischen Dreieck". Dieses mystische Dreieck war das Symbol, bei dem die Pythagoräer den Schwur zu ihrer Bruderschaft ablegten. Ihr Hauptanliegen bestand darin, die im Universum verwirklichten ästhetischen Prinzipien aufzufinden. Damit ist ein Thema angesprochen, das in diesem Buch immer wieder anklingen wird.

Nach der Theorie des Philolaus beschreibt die Erde täglich eine Kreisbahn und wendet dabei dem Zentrum der Kreisbewegung fortwährend dieselbe Seite zu. In der Sprache der heutigen Naturwissenschaft würde man diesen Sachverhalt so ausdrücken: Die Erde durchläuft einmal pro Tag eine Kreisbahn und rotiert dabei außerdem einmal um die eigene Achse. Die Eigendrehung der Erde schien eine unmittelbare Erklärung für die beobachtete tägliche Rotation des Fixsternhimmels zu sein. Allerdings hat Philolaus auch den himmlischen Sphären vermutlich eine geringe Eigendrehung zugeschrieben. Indem er die Erde als

bewegt beschrieb, nahm Philolaus in verblüffender Weise
Ideen der modernen Wissenschaft vorweg. Allerdings vermutete er als Mittelpunkt der Welt ein zentrales Feuer, um das
die Erde und die fünf damals bekannten Planeten kreisen.
Die Gesamtzahl der umlaufenden Objekte ergab jedoch neun,
selbst wenn man die Fixsternkugel selbst mitzählte. Das aber
verstieß gegen das System des mystischen Dreiecks. Ästhe-
tische und religiöse Prinzipien verlangten nach einem zehn-
ten sich bewegenden Himmelskörper. Philolaus führte daher
eine „Gegen-Erde" in sein Weltsystem ein, die zwischen
Erde und zentralem Feuer gerade so umlaufen sollte, daß sie
dieses Feuer von der Erde aus gesehen ständig verdeckt.

Das Weltsystem des Philolaus.

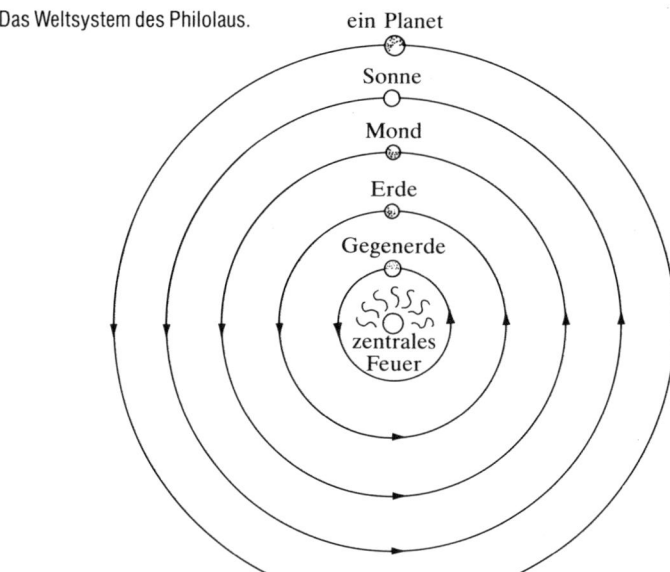

Das System des Philolaus kam
auf, als die Morgendämme-
rung des Wissenschaftlichen
Zeitalters anbrach. Trotz all
seiner Eigentümlichkeiten
verdient es doch unseren Re-
spekt. Mag sich die Erde
des Philolaus auch auf seltsame Weise bewegen: Sie
bewegt sich!

Im 3. Jahrhundert vor Christi
schlug der griechische Mathematiker Aristarch von Samos
ein noch bemerkenswerteres
System vor. (Die Insel Samos
war auch der Geburtsort von
Pythagoras.) Aristarch behauptete, nicht die Erde,
sondern die Sonne sei der ruhende Mittelpunkt des Universums. Dabei sollte die Erde in einem Jahr einmal die Sonne
umkreisen und sich täglich einmal um sich selbst drehen. Nun
waren aber aufgrund einer solchen Bahnbewegung der Erde
perspektivische Verschiebungen der Fixsternpositionen zu
erwarten – eine Konsequenz, die nicht den beobachteten Tatsachen entsprach. Dennoch gab Aristarch sein Konzept nicht
auf. Statt dessen behauptete er kühn, daß die Sterne eben
unermeßlich viel weiter von der Erde entfernt sein müßten
als bis dahin angenommen.

Aristarch stieß mit seinen prophetischen Gedanken keinesfalls auf Zustimmung. Im Gegenteil. Er wurde verketzert, weil er der Erde eine so unbedeutende Rolle im Universum zuwies. 18 Jahrhunderte später, als Kopernikus dieselbe Idee erneut darlegte, stieß auch er immer noch auf heftigen Widerstand.

Die Kritik stützte sich auf Argumente, von denen wir zwei als Beispiele aufführen wollen. So wies der griechische Philosoph Aristoteles im 4. vorchristlichen Jahrhundert darauf hin, daß Gegenstände, wenn sie senkrecht nach oben geworfen werden, an die Stelle des Abwurfes zurückfallen. Wenn sich die Erde bewegt – so fragte Aristoteles –, müßte dann nicht der geworfene Gegenstand hinter der sich bewegenden Erde zurückbleiben, solange er sich während des Wurfes aufwärts und wieder abwärts bewegt? Im 2. Jahrhundert nach Christi erklärte Ptolemäus, Astronom in Alexandrien, daß Punkte auf der Erdoberfläche Geschwindigkeiten von 2000 Kilometern pro Stunde erreichen müßten, wenn sich die Erde täglich einmal um die eigene Achse dreht. Derartige Geschwindigkeiten würden Winde und Sandstürme von unvorstellbarer Gewalt hervorrufen, so daß Schiffe versenkt, Wälder vernichtet, Städte zertrümmert und das Antlitz der Erde verwüstet würden.

Solche und ähnliche Beweisführungen besitzen in der Tat Überzeugungskraft, und für diejenigen, die ohnehin geneigt waren, an eine ruhende Erde zu glauben, erschienen sie wohl unwiderlegbar. Heute würde ein Physiker diesen Einwänden mit dem Hinweis begegnen, daß geworfene Objekte oder die Atmosphäre und ähnliches eine einmal von der Erdoberfläche mitgeteilte Bewegungskomponente auch dann noch beibehalten, wenn sie sich von ihr abgehoben haben.

Ungeachtet des Weltsystems von Aristarch stellten sich die griechischen Astronomen des Altertums die Erde weiterhin als festen Mittelpunkt des Universums vor. In der Tradition der griechischen Philosophie glaubte man, daß in den himmlischen Sphären ganz andere Gesetze herrschen als auf der Erde – und das nicht ohne Grund. Fällt nicht der Apfel senkrecht vom Baum, um dann, wenn er sich ausgerollt hat, zur Ruhe zu kommen, während der Mond unablässig um die Erde kreist?

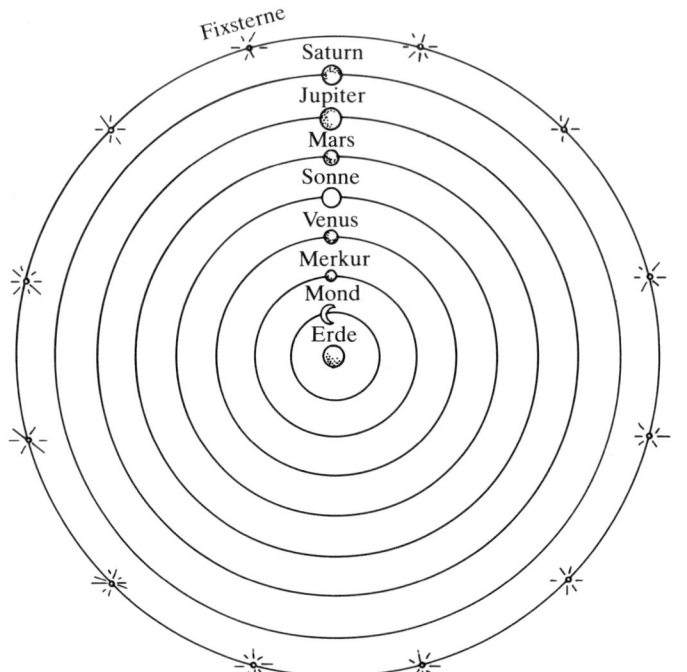

Fixsterne
Saturn
Jupiter
Mars
Sonne
Venus
Merkur
Mond
Erde

Das Werk der frühen griechischen Astronomen erreicht im Meisterwerk des Ptolemäus, dem *Almagest*, einen Höhepunkt. Es sollte die beobachtete kosmische Bewegung der Wandelsterne erklären. Die fünf Planeten wandern auf seltsame Weise über den Fixsternhimmel. Meistens bewegen sie sich ostwärts, aber manchmal laufen sie relativ zu den Fixsternen auch nach Westen. Angesichts dieser komplizierten Bahnen scheint das Ptolemäische System eine bemerkenswert einfache Erklärung zu sein.

Das Ptolemäische Weltsystem.

Man glaubte, in den himmlischen Sphären sei alles ewig und vollkommen. Und könnte es überhaupt eine natürlichere und schönere Vorstellung geben als eine unaufhörliche Bewegung der Himmelskörper auf der vollkommensten Bahn von allen Figuren: dem Kreis? Im Himmel konnte es also nur Kreisbewegungen geben. Dies war ein vorzügliches Ideal – aber die Tatsachen sprachen dagegen. Die beobachtete Planetenbewegung war nicht mit einer kreisförmigen Umlaufbahn um die Erde in Übereinstimmung zu bringen. Um dem Ideal von einer himmlischen Perfektion trotzdem so nahe wie möglich zu kommen, wurden die Planetenbahnen im Ptolemäischen System als Epizyklen beschrieben. Das sind Kreisbahnen, deren Mittelpunkte ihrerseits auf Kreisen laufen.

Auf diese Weise ließ sich eine gute Übereinstimmung mit den Beobachtungen erzielen, und das auch unter der favorisierten Annahme einer ruhenden Erde. Das Ptolemäische System konnte so trotz seiner Schwachstellen lange Zeit überdauern. Jahrhundert um Jahrhundert machte die Astronomie keine wesentlichen Fortschritte, und in den Köpfen der Menschen hielt sich die offizielle Vorstellung einer unbeweglichen Erde.

Mit dem 16. Jahrhundert setzten dann umwälzende Fortschritte ein, die durch glänzende Entdeckungen vor allem von fünf berühmten Gelehrten erreicht wurden und nicht nur eine neue Astronomie entstehen ließen, sondern eine wissenschaftliche Revolution auslösten, durch die selbst die Errungenschaften der alten Griechen schließlich in den Schatten gestellt wurden. In weniger als zwei Jahrhunderten mündeten die Ideen eines Polen, eines Dänen, eines Deutschen, eines Italieners und eines Engländers – verbunden durch ein glückliches Zusammentreffen von Zeit und Genius – in eine moderne Wissenschaft.

Der erste der fünf war Nikolaus Kopernikus, geboren 1473 in der polnischen Stadt Thorn. Er war Kanonikus der Kathedrale von Frauenburg, in der er übrigens auch begraben ist. Obwohl er ein kirchliches Amt bekleidete und trotz seiner theologischen Ausbildung und des offiziell von der römischen Kirche vertretenen Glaubens, die Erde stehe fest im Zentrum des Universums, brachte er die Kühnheit zu einer Theorie auf, in der nicht die Erde, sondern die Sonne im Zentrum des Alls ruht. Die Erde sollte dabei auf einer Kreisbahn einmal jährlich die Sonne umlaufen, während sie sich einmal täglich um die eigene Achse dreht. Genau dasselbe hatte schon Aristarch behauptet. Kopernikus brachte seine Gedanken jedoch mit solcher Triftigkeit und reichlich abgestützt durch detaillierte Rechnungen vor, daß sich die Theorie von der bewegten Erde endlich durchsetzen konnte, wenn auch nicht zu seinen Lebzeiten.

Kopernikus kannte das Risiko und zögerte, seine Ideen zu veröffentlichen, obwohl ihn einige Klerusmitglieder hohen Ranges wohlmeinend dazu ermunterten. Er war aber damit einverstanden, daß eine Art Zusammenfassung seiner Ideen in Umlauf gebracht wurde. Als er endlich der Veröffentlichung seiner gesamten Theorie mit allen Einzelheiten zustimmte, war es beinahe zu spät. Von seinem berühmten Werk *De revolutionibus orbium coelestium* wurde ihm eilends eine druckfrische Fassung geschickt, als er schon auf seinem Sterbebett lag, aber er war körperlich und geistig bereits so geschwächt, daß zweifelhaft erscheint, ob er noch bewußt erlebt hat, welch ein wertvoller Gegenstand da in seine Hände gelegt wurde.

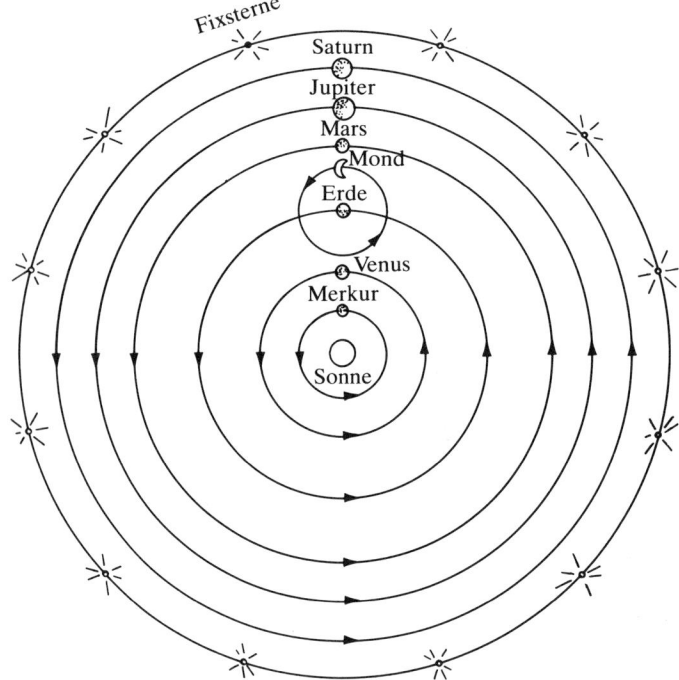

Das Kopernikanische heliozentrische Weltsystem.

Das Kopernikanische System war dem Ptolemäischen eindeutig überlegen. So haben im Ptolemäischen System mit seinen Zyklen und Epizyklen alle fünf Planeten eine übereinstimmende Umlaufzeit von einem Jahr. Aus ptolemäischer Sicht ist dies eine fünffache Koinzidenz – ein nicht erklärbarer Zufall. Im heliozentrischen Kopernikanischen System erklärt sich dieser Tatbestand mit dem jährlichen Erdumlauf um die Sonne – eine bemerkenswerte Vereinfachung. Darüber hinaus konnte man anhand des Kopernikanischen Systems die relativen Entfernungen der Planeten von der Sonne berechnen – was weit jenseits der Möglichkeiten des geozentrischen Ptolemäischen Systems lag.

Es wird zwar selten erwähnt, aber auch das Kopernikanische System enthält eine merkwürdige Inkonsequenz: Die Erde ist auch hier keineswegs völlig aus ihrer Mittelpunktstellung verbannt. Die ruhende Sonne befindet sich nämlich nicht im Zentrum der Erdumlaufbahn, sondern ein wenig versetzt dazu, so daß nicht die Sonne als Angelpunkt der Planetenbewegung erschien, sondern der substanzlose Mittelpunkt der Erdbahn. Die Erde behielt in diesem Bild – wenn auch eher indirekt – eine dominierende Stellung. Außerdem war das Kopernikanische System im Vergleich zum Ptolemäischen keineswegs so einfach, wie manchmal behauptet wird. Denn in

beiden Theorien mußten Konstruktionen wie die Epizyklen
herhalten, um der beobachteten Planetenbewegung Rechnung
zu tragen.

Einige wenige Astronomen wurden schnell Anhänger des
Kopernikanischen Systems, doch bevor es in einer detaillierten Fassung allgemein aner-
kannt werden konnte, war es
bereits überholt. Das war
gleichsam der Preis für den
Einfluß und die Ausstrahlung,
die von dem System ausgingen.
Denn ohne die Kopernikanische Theorie wären die neuen
Entwicklungen zu diesem frühen Zeitpunkt gar nicht möglich gewesen. Es ist keine
Übertreibung, von der Kopernikanischen Wende in der
Geschichte der Menschheit zu
sprechen.

Zu denen, die die Kopernikanische Vorstellung von einer
bewegten Erde nicht akzeptieren konnten, gehörte der dänische Astronom Tycho Brahe,
der 1546 geboren wurde und 1601 starb. Ihm widerstrebte
nicht die Struktur des Kopernikanischen Systems, sondern
nur die behauptete Bewegung der Erde. Er schlug ein alter-
natives System vor, das sich im wesentlichen mit dem Kopernikanischen deckte, was die konzentrischen Planetenbahnen
um die Sonne betrifft − mit einer Ausnahme: Die Erde wurde anstelle der Sonne in einer ruhenden Position belassen.

Nicht die Kritik am Kopernikanischen System und die vorge-
schlagenen Änderungen daran zeichnen Tycho Brahe als
einen der fünf Wegbereiter zum Zeitalter der modernen Wissenschaft aus, sondern seine exakten astronomischen Beobachtungen, die er zeit seines Lebens betrieb. Tycho Brahe baute und betrieb mit freigebiger Unterstützung durch den
königlichen Hof ein astronomisches Observatorium, wie die

Welt seinesgleichen noch nicht gesehen hatte. Zwar standen ihm keine Fernrohre zur Verfügung − diese Instrumente waren noch nicht erfunden −, aber angesichts der Mittel der Zeit war sein Observatorium ein Wunderwerk an Präzision.

Als Tycho Brahe auf seinem Totenbett im Fieber lag, brach in einem Moment von Selbstzweifeln die Frage aus ihm heraus, ob denn all seine astronomischen Arbeiten umsonst gewesen seien. Durch eine Reihe glücklicher Umstände war kurz zuvor Johannes Kepler, der dritte der fünf großen Gelehrten, als Mitarbeiter an Brahes Observatorium gekommen. Ihm vertraute Brahe kurz vor seinem Tod die Früchte einer lebenslangen Arbeit an: die wertvollen Tabellen seiner astronomischen Messungen.

Kepler hat zu verschiedenen Wissenschaftsbereichen hervorragende Beiträge geleistet. Er wurde 1571 in Weil geboren und starb 1630 nach einem ungemein arbeitsreichen und produktiven Leben. Kepler war ebensosehr Mystiker wie Wissenschaftler, und seine religiösen Vorstellungen waren ein wichtiger Bestandteil seiner wissenschaftlichen Arbeit. Er suchte − oft mit Erfolg − nach Schönheit und Harmonie im Universum. Erfüllt vom Geist der Pythagoräischen Philosophie gab er in einem seiner Bücher in genauer musikalischer Notation die Tonharmonien an, die er den verschiedenen Planeten aufgrund ihrer Bahnbewegungen zuschrieb.

Die Harmonien der Planetenbewegungen nach Kepler.

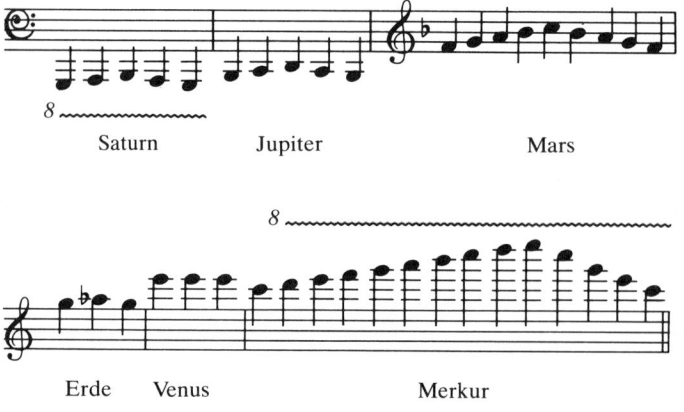

Saturn   Jupiter   Mars

Erde   Venus   Merkur

Wir glauben heute nicht an die Realität solcher Töne und anderer ästhetischer Eigenschaften des Sternhimmels, für deren Entdeckung Kepler Gott emphatisch gedankt hatte. Einige dieser Prinzipien werden allerdings auch heute noch als gültig anerkannt.

Von allen Planetenbahnen, die Tycho Brahe beobachtet hatte, war die Marsbahn am schwersten zu erklären. Kepler versuchte das Problem zu lösen, indem er eine Kreisbahn annahm, deren Mittelpunkt von der

Position der Sonne um eine gewisse Entfernung abwich, und die Daten Tycho Brahes heranzog, um den Umfang der Marsbahn und die Position ihres Mittelpunktes zu berechnen. Dieses Problem kostete ihn Jahre intensiver und mühevoller Rechenarbeit. Nach mehr als siebzig vergeblichen Versuchen fand er endlich eine Kreisbahn, die mit den Messungen bis auf eine Diskrepanz von acht Bogenminuten übereinstimmte – diese Differenz entspricht ungefähr einem Viertel des Winkeldurchmessers der Mondscheibe. In jener Zeit vor der Erfindung des Teleskops hätten wohl die meisten Astronomen eine so winzige Diskrepanz mit der Begründung beiseite gewischt, daß sie auf der Ungenauigkeit der Messung beruhe. Und nach seiner enormen Rechenarbeit dürfte auch für Kepler die Versuchung bestanden haben, genau diesen Weg zu beschreiten.

Dazu war er aber letztlich nicht mehr fähig, nachdem er bei Tycho Brahe gearbeitet hatte und sich der Qualität seiner Messungen bewußt war. Andere mochten Meßfehler dieser Größe machen, nicht aber Brahe. Kepler dankte Gott, da er diese Unstimmigkeit zwischen Rechnung und Messungen als ein göttliches Zeichen aufnahm, und ging mit neuem Mut an die Arbeit.

Lange davor hatte Kepler, angeregt von einer Idee des englischen Physikers und Arztes William Gilbert, den Gedanken entwickelt, daß die Planeten durch ein von der Sonne ausgehendes, rotierendes magnetisches Feld in Bewegung gehalten würden. Unter solchen Bedingungen müßte der Drehpunkt der Planetenbewegung jedoch in der Sonne selbst liegen und nicht, wie Kopernikus geglaubt hatte, im leeren, substanzlosen Mittelpunkt der Erdkreisbahn. Dieser Anhaltspunkt führte Kepler zu seinen drei mit Recht so berühmten Gesetzten der Planetenbewegung – nach langwierigen, außerordentlich scharfsinnigen Berechnungen. Allein für die Bestimmung der Marsbahn benötigte er sechs Jahre, wobei die Berechnungen 900 Seiten füllten.

Bevor wir die Keplerschen Gesetze näher betrachten, möchte ich hier unterbrechen, um kurz etwas über das Werk des griechischen Geometers Apollonius zu sagen. Es bildet den Hintergrund, vor dem wir die Keplerschen Gesetze und ein wichtiges daraus abgeleitetes Ergebnis skizzieren können; zudem lernen wir hier ein Beispiel dafür kennen, daß manche Ergebnisse der reinen Mathematik ganz unerwartete Anwendungen haben können.

Im 3. Jahrhundert vor Christi, dem goldenen Zeitalter der Mathematik und Philosophie in Alexandria, untersuchte Apollonius die Kurven, die sich bei Schnitten durch sogenannte *gerade Kreiskegel* ergeben; ihrer Herkunft gemäß bezeichnete man solche Kurven als *Kegelschnitte*. Neben Kreisen erhält man auf diese Weise Ellipsen, Parabeln und Hyperbeln – Kurven mit bemerkenswerten Eigenschaften.

Nehmen wir zum Beispiel die Ellipsen, deren ovale Gestalt dem Schattenriß eines schräggestellten Kreises entspricht. Man kann Ellipsen recht einfach zeichnen, indem man zwei Reißzwecken in ein Zeichenbrett drückt, sie durch einen losen Faden miteinander verbindet und in die entstehende Schlaufe einen Bleistift steckt. Der Bleistift ist dann so zu führen, daß der Faden stets straff gespannt bleibt. Dabei haben die Punkte, an denen die Reißzwecken sitzen, offensichtlich eine besondere Bedeutung – es sind die sogenannten *Brennpunkte* der Ellipse.

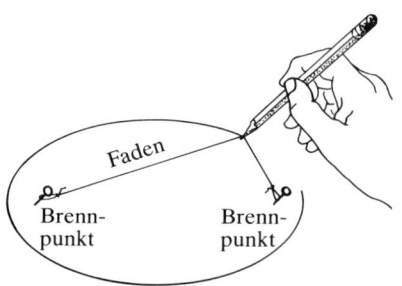

Exkurs 2.1.: Die Kegelschnitte sind wichtige Kurven, die in verschiedenen wissenschaftlichen Disziplinen auftauchen, zum Beispiel in der Optik und der Astronomie. Man stelle sich einen horizontalen Kreis *C* und einen Punkt *V* unmittelbar oberhalb des Kreismittelpunktes vor und ziehe durch *V* und einen beliebigen Punkt des Kreises eine Gerade (wie in der Figur links) – es ist wichtig, daß man sich nicht nur die Verbindungslinie zwischen *C* und *V*, sondern die ganze Gerade mit ihrer unendlichen Ausdehnung in beiden Richtungen vorstellt. Wenn nun der Punkt *C* auf dem Kreisumfang herumwandert, beschreibt die Gerade einen geraden Kreiskegel. Der Punkt *V* heißt *Vertex* oder *Scheitelpunkt* des Kegels. Umgangssprachlich würde man mit dem Begriff *Kegel* die Gestalt eines spitzen Zuckerhutes oder einer Eiscremewaffel verbinden. Mathematisch zählt aber die eben definierte

Kreis   Ellipse   Parabel   Hyperbel

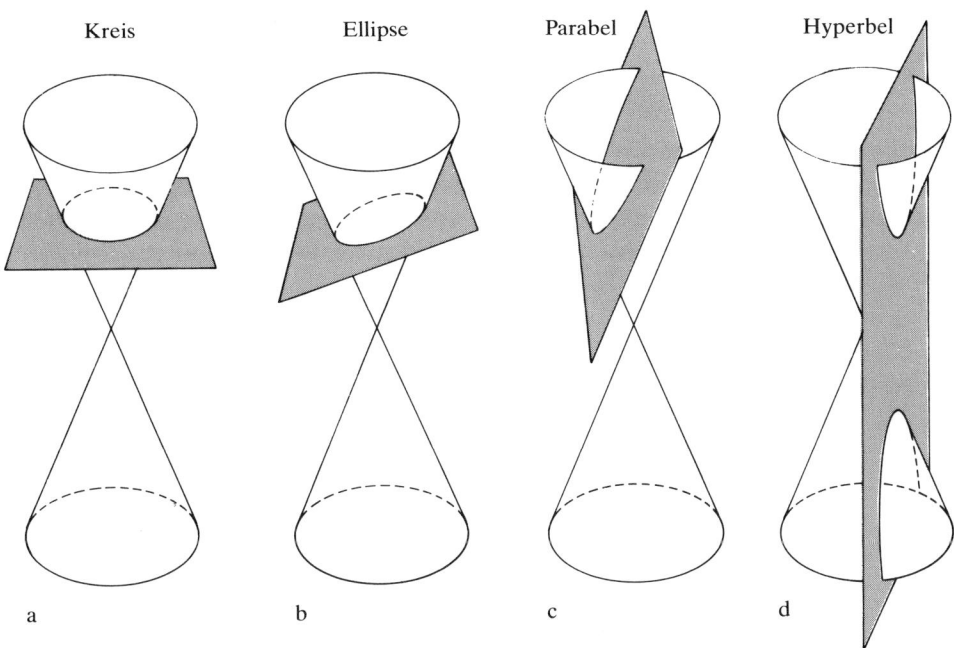

a   b   c   d

Fläche mit beiden Teilen ober- und unterhalb von V geneinsam als *ein* Kegel. Ebene Schnitte durch solche Kegel werden als *Kegelschnitte* bezeichnet.

Da waagerechte Schnitte Kreise ergeben, ist der Kreis ein Kegelschnitt (Figur a in der Abbildung oben). Sofern die Schnittebene etwas gegen die Horizontale geneigt ist, wird die Gestalt des korrespondierenden Kegelschnitts länglich verformt. Man könnte meinen, sie sei eiförmig, aber beide Seiten dieses Ovals sind exakt symmetrisch. Diese Kurve ist eine Ellipse (b). Würde man eine winzige Lichtquelle im Vertex eines Kegels unterbringen, so wäre der Schatten des horizontalen Kreises auf einem schräggestellten Schirm (der Schnittebene) eine Ellipse. Je stärker die Neigung der Schnittebene, desto länglicher die Ellipse. Erreicht die Ebene eine kritische Neigung, so öffnet sich die Schnittkurve der Ebene mit dem Kegel. Dieser offene Kegelschnitt ist eine Parabel (c). Wenn die Schnittebene noch stärker geneigt ist, durchdringt sie beide Teile des Kegels. Entsprechend besteht der Kegelschnitt, die Hyperbel, aus zwei getrennten Ästen (d).

Die Brennpunkte sind bestimmte, den Kegelschnitten zugeordnete Punkte. Eine Ellipse weist zwei Brennpunkte auf, F und F'. Wenn P ein Punkt der Ellipse ist, ergibt die Summe der Strecken $\overline{FP}$ und $\overline{F'P}$ für alle Punkte P auf der Ellipse dieselbe Gesamtlänge.

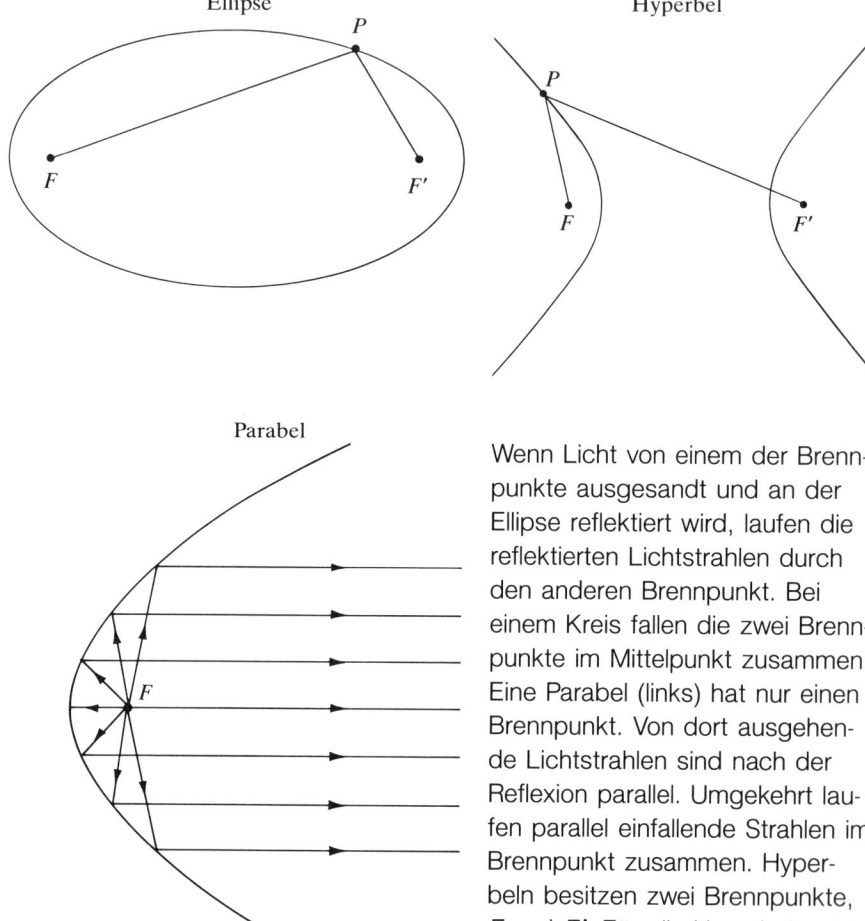

Wenn Licht von einem der Brennpunkte ausgesandt und an der Ellipse reflektiert wird, laufen die reflektierten Lichtstrahlen durch den anderen Brennpunkt. Bei einem Kreis fallen die zwei Brennpunkte im Mittelpunkt zusammen. Eine Parabel (links) hat nur einen Brennpunkt. Von dort ausgehende Lichtstrahlen sind nach der Reflexion parallel. Umgekehrt laufen parallel einfallende Strahlen im Brennpunkt zusammen. Hyperbeln besitzen zwei Brennpunkte, F und F'. Für alle Hyperbelpunkte P ist $\overline{FP} - \overline{F'P}$ konstant.

Warum sich die Griechen mit Kegelschnitten befaßten, ist unbekannt. Es könnte einfach intellektuelle Neugier gewesen sein, aber auch ganz praktische Gründe könnten eine Rolle gespielt haben. Bei einer Sonnenuhr zum Beispiel beschreibt die Spitze des Zeigerschattens eine Kurve, die einem Kreisschatten entspricht.

Hier nun die drei Keplerschen Gesetze: Das erste davon beschreibt die Form der Planetenbahnen. Es besagt, daß sich die Planeten auf Ellipsenbahnen bewegen, wobei die Sonne in einem der Brennpunkte steht. Das Zweite Keplersche Gesetz beschreibt die Veränderungen der Bahngeschwindigkeit eines Planeten. Der Fahrstrahl, die Verbindungslinie zwischen Sonne und Planet, überstreicht in gleichen Zeiten gleiche Flächen. Das Dritte Keplersche Gesetz ist zwar weniger anschaulich als die beiden ersten, aber nicht weniger bemerkenswert. Es konstatiert einen Zusammenhang zwischen der Umlaufzeit eines Planeten und der großen Halbachse der Ellipsenbahn, das heißt dem Durchschnitt von größtem und kleinstem Abstand zur Sonne. Das Gesetz sagt aus, daß das Quadrat der Umlaufzeit dividiert durch die dritte Potenz der großen Halbachse für alle Planeten einen konstanten Wert ergibt.

Übrigens entdeckte Kepler sein „Erstes" Gesetz erst nach seinem „Zweiten" Gesetz. Das Dritte Gesetz fand er viel später und veröffentlichte es in demselben Buch, in dem er auch die musikalischen Harmonien der Planetenbahnen angab. Dieses Gesetz scheint nichts mit Planetenmusik zu tun zu haben, aber hätte Kepler es überhaupt gefunden, wenn er nicht sein Leben lang nach Ordnung und Schönheit – eben Harmonie – der Planetenbewegung gesucht hätte?

Zu Apollonius' Zeiten konnte niemand vorhersehen, daß 18 Jahrhunderte später ein Kepler entdecken würde, welche

In den meisten geographischen Breiten beschreibt die Sonne zwischen ihrem Auf- und Untergang nur einen unvollständigen Kreis; aber hier ist der Einfachheit halber ein Vollkreis (1) angenommen. Dieser Kreis definiert zusammen mit der Spitze T eines Sonnenuhr-Gnomons einen geraden Kreiskegel. Ein Schnitt, der parallel zur Ebene des Kreises 1 angelegt ist, ergibt dann einen Kreis (2). Da das Zifferblatt einer Sonnenuhr normalerweise gegen diese Ebene geneigt ist, ergibt sich dort als Kegelschnitt gerade eine Ellipse (3).

Nach Keplers Zweitem Gesetz, dem Flächensatz, durchläuft ein Planet die Bahnabschnitte zwischen A und B beziehungsweise C und D in gleichen Zeiten, sofern die Flächen ASB und CSD gleich sind. Der Planet hat keine konstante Bahngeschwindigkeit, sondern er wird schneller, wenn er sich der Sonne nähert.

Bedeutung die Ellipsen bei der Planetenbewegung haben. Die drei Keplerschen Gesetze haben die Astronomie grundlegend gewandelt: An die Stelle der Kreise und Epizyklen, die im Ptolemäischen und Kopernikanischen Weltsystem für Verwirrung gesorgt hatten, traten die schönen Schattenbilder der Kreise, eine bewundernswert einfache Lösung.

Wir kommen nun zum vierten Wegbereiter der modernen Naturwissenschaft: zu Galileo Galilei. Er wurde 1564 in Pisa geboren, am selben Tag, als Michelangelo starb, und im selben Jahr, in dem Shakespeare geboren wurde. Galilei war sieben Jahre älter als Kepler, lebte jedoch gut ein Jahrzehnt länger − er starb 1642. Die beiden sind sich jedoch persönlich nie begegnet. Sie glaubten beide, daß sich die Erde bewegt. Merkwürdigerweise blieb Galilei jedoch eher ein Anhänger des Kopernikanischen Systems, als daß er sich zum Keplerianer gewandelt hätte.

Wir haben die Ideengeschichte von Philolaus bis Kepler vor allem im Hinblick auf die Bewegungen von Himmelskörpern dargestellt. Einige Entdeckungen und Lehren Galileis haben mit solchen Bewegungen zu tun und werden noch in diesem Kapitel zur Sprache kommen. Aber sein eigentlich revolutionäres Werk betrifft die Bewegungen von Gegenständen auf der Erde.

Mit diesen Arbeiten legte er die Fundamente zur Mechanik − also derjenigen Wissenschaftsdisziplin, die sich mit Kräften und ihrem Einfluß auf Bewegungen beschäftigt. Die Galileische Mechanik gehört inhaltlich aber erst in das nächste Kapitel, das von Newtons großen Entdeckungen handelt.

Im Jahre 1609 hörte Galilei von einem optischen Instrument, das weit entfernte Gegenstände als nah erscheinen ließ. Er entwickelte sogleich eine Eigenkonstruktion, um damit und mit späteren selbstgebauten Modellen den Sternhimmel zu erkunden. Unter anderem entdeckte er auf diese Weise vier Monde, die um den Planeten Jupiter kreisen. Er betrachtete diese Entdeckung als eine Bestätigung der Kopernikanischen Theorie, da die Jupitermonde nicht die Erde, sondern einen anderen Himmelskörper umkreisen − er hatte ein Kopernikanisches System in Miniatur gefunden.

Die Entdeckung der Jupitermonde ermutigte Galilei, seine Ansichten nun offen auszusprechen. In einem Buch über Sonnenflecken favorisierte er 1613 die Kopernikanischen Ideen. Aber inzwischen hatte der Vatikan begonnen, gegen diese Ideen vorzugehen. Im Jahre 1616 erhob Papst Pius V das geozentrische Weltbild zur offiziellen kirchlichen Lehre und brandmarkte die Idee von einer im All ruhenden Sonne als Ketzerei. Nun erst – zu spät für ihre damit verfolgte Absicht – setzte die Kirche Kopernikus' Meisterwerk *De revolutionibus orbium coelestium* auf den Index der Verbotenen Bücher, wo es bis zum Jahre 1822 bleiben sollte. Galilei wurde nach Rom zitiert und ermahnt, vom Kopernikanischen Weltbild abzulassen und sich nicht mehr zu seinem Fürsprecher zu machen.

Nichtsdestoweniger – ermutigt durch die freundliche Haltung des nachfolgenden Papstes Urban VIII – schrieb Galilei ein größeres Werk, den *Dialog über die beiden hauptsächlichsten Weltsysteme, das ptolemäische und das kopernikanische*, in welchem er in einfachen Begriffen seine Sicht des Kopernikanischen Systems darlegte. Er schrieb nicht in lateinischer Sprache, sondern in italienisch, der Sprache des Volkes. Mit Hilfe eines Kunstgriffs vermied er es sorgfältig, für das Kopernikanische System direkt Partei zu ergreifen. Er wählte die literarische Form eines Dialogs, in dem drei Personen die Pros und Contras der Theorie erörtern. Er ließ jedoch keine Zweifel daran bestehen, auf welcher Seite er selbst stand – und er tat dies mit umwerfendem Witz. Das Buch erschien 1632. Ein Jahr später wurde Galilei – im Alter von 70 Jahren – von seinem vormaligen Gönner Papst Urban VIII nach Rom vor die Inquisition zitiert. Im Büßergewand und auf Knien mußte er dort auf die Heilige Schrift schwören, daß er den ketzerischen Irrglauben, die Sonne ruhe, während die Erde sich bewege, verabscheue und daß er fortan niemals mehr etwas sagen oder schreiben werde, dessentwegen er wieder der Ketzerei verdächtigt werden könne. Er wurde unter Hausarrest gestellt, und als Teil seiner Strafe hatte er drei Jahre lang einmal in der Woche die sieben Bußpsalmen zu beten.

Galilei war nun zwar eingeschränkt und verunsichert, aber besiegt war er nicht. Trotz Krankheit und persönlicher Sorgen fand er die Energie und den Mut, ein weiteres Buch zu

schreiben, die *Unterredungen und mathematische Demonstrationen über zwei neue Wissenszweige* (*Discorsi demonstratieni mathematiche intorna a due nuove scienze*), und wiederum benutzte er die Dialogform. Es sollte sein größtes Werk werden, denn es enthielt die Früchte seiner gesamten wissenschaftlichen Arbeit. (Im nächsten Kapitel werden wir noch oft auf dieses Werk zu sprechen kommen.) Nach beträchtlichen Schwierigkeiten wurde es schließlich 1636 im holländischen Leyden veröffentlicht. Kurze Zeit später erblindete Galilei. Er starb im Alter von 78 Jahren, am 8. Januar des Jahres 1642, das oft genug irrtümlich mit dem Geburtsjahr Newtons gleichgesetzt wird (siehe dazu das nächste Kapitel).

Hier einige Zeilen aus einem der sieben Bußpsalmen, zitiert nach der Luther-Übersetzung:

Gott, sei mir gnädig nach Deiner Güte,
und tilge meine Sünden
nach Deiner großen Barmherzigkeit.
Wasche mich wohl von meiner Missetat
und reinige mich von meiner Sünde.
Denn ich erkenne meine Missetat,
und meine Sünde ist immer vor mir.
An Dir allein habe ich gesündigt
und übel vor Dir getan . . .

3. Das Newtonsche Relativitätsprinzip

 Isaac Newton, der letzte der fünf genannten großen Wissenschaftler, wurde am Weihnachtstag des Jahres 1642 in dem englischen Dörfchen Woolsthorpe geboren. Zwar ist das Datum korrekt über liefert, aber eine eigenartige – freilich nichtrelativistische – Zeitverschiebung ist dabei doch zu berücksichtigen. Das protestantische England rechnete zur damaligen Zeit noch nach dem Julianischen Kalender, während auf dem Kontinent und sogar auch in Schottland bereits der heutige Gregorianische Kalender in Gebrauch war – und danach wurde Newton nicht in Galileis Todesjahr 1642, sondern am 5. Januar 1643 geboren. In Woolsthorpe aber feierte man am Tag seiner Geburt in der Tat Weihnachten 1642.

In einem Brief an einen anderen Wissenschaftler wandte Newton einen alten Aphorismus auf sich selbst an: »Wenn ich weiter geblickt habe, so nur deshalb, weil ich auf den Schultern von Riesen stand.« Er meinte damit seine Entdeckungen zur Optik; aber seine Worte treffen etwas Allgemeineres. In diesem Kapitel wird deutlich werden, daß Newton Galilei und Kepler wirklich viel verdankte. Wir werden aber auch sehen, wie er über das von ihnen Erreichte hinausging.

Die schulischen Leistungen des jungen Newton waren nicht besonders vielversprechend. Er war sogar für eine Weile unter den Schlechtesten seiner Klasse. Einmal versetzte ihm ein Junge, der aufgrund der Schulleistung im Rang gerade über ihm stand, einen schmerzhaften Magenhieb. Es entspann sich ein Zweikampf, nach dem Newton fest entschlossen war, seinen Angreifer nicht nur physisch, sondern auch intellektuell zu übertreffen. Damit hatte er Erfolg: Am Ende seiner Schulzeit war er Schulbester.

Im Jahre 1661 trat Newton in das Trinity College in Cambridge ein. Als London 1665 von der gefürchteten Schwarzen Pest heimgesucht wurde und auch Cambridge davon betroffen war, zog sich Newton für zwei schicksalsvolle Jahre in die Geborgenheit und Ruhe von Woolsthorpe zurück. In diesen beiden Jahren entfaltete er eine ungeheure Schaffenskraft und entwickelte die Grundlagen praktisch seiner gesamten späteren Arbeit. Er konzipierte die Grundlagen der Differential- und Integralrechnung, machte sich die Natur der Farben klar und entdeckte damals schon – jedenfalls nach seinen Angaben – das mathematische Gesetz für die Massenanziehung zweier Körper. Aber er ließ sich Zeit mit der Veröffentlichung. Schon damals pflegte er einen seltsamen Hang zur Verschwiegenheit. Diese Neigung entwickelte sich später, nach einer unerfreulichen Kontroverse über seine frühen Veröffentlichungen zur Optik, beinahe zu einer Manie.

Newton ging 1667 zurück nach Cambridge. Zwei Jahre später unternahm sein Lehrer Isaac Barrow, der den gerade eingerichteten Lucasian-Lehrstuhl für Mathematik hatte, einen ganz außerordentlichen Schritt: Er trat zugunsten Newtons, dessen Genialität er erkannte, zurück; und so konnte Newton im Alter von 26 Jahren die Professur antreten.

Einige Jahre später reiste 1684 der englische Wissenschaftler Edmund Halley, dessen Name vor allem durch den von ihm entdeckten Kometen bekannt ist, nach Cambridge. Er wandte sich mit einer Frage an Newton, die während eines wissenschaftlichen Disputs beim Tischgespräch in einem Londoner Gasthaus aufgekommen war. Halley wurde sehr schnell klar, daß Newton ungeheure Fortschritte in der Theorie der Dynamik und der Planetenbewegung erzielt hatte. Es gelang ihm, Newton zu überreden, seine Ergebnisse zu veröffentlichen.

Newton arbeitete nun wie besessen. Er aß kaum, schlief nur wenig und beachtete seine Umgebung so gut wie gar nicht. Er konzentrierte sich intensiv auf seine Arbeit, die er mit einzigartigem Weitblick und großem methodischen Können vollendete. In weniger als 18 Monaten war der Hauptteil seines epochemachenden Meisterwerks fertig. Die Rede ist von den *Philosophiae naturalis principia mathematica* (*Mathematische Prinzipien der Naturlehre*), die 1687 publiziert wurden.

Nach dieser gewaltigen Leistung war Newton erschöpft und krank. Als er 1696 zum Münzwart berufen wurde, verließ er das klösterlich karge Cambridge, um das weit sozialere Leben einer berühmten Londoner Persönlichkeit zu führen. Drei Jahre später wurde er zum Münzherrn befördert – ein Amt, das er für den Rest seines Lebens bekleidete.

Von nun an wurde er mit Ehrungen überschüttet. Im Jahre 1703 wurde er zum Präsidenten der Royal Society of London gewählt und bis zum Ende seines Lebens alljährlich wiedergewählt. Im Jahr 1705 schlug ihn Queen Anne zum Ritter. Newton starb 1727, im Alter von 84 Jahren. Er wurde in der Westminster Abbey beerdigt; sein Grab trägt in lateinischer Sprache die Inschrift: »Hier ruht, was an Isaac Newton sterblich war.«

Ungefähr neunzig Jahre zuvor hatte Galilei − während er bereits von der Inquisition unter Hausarrest gestellt war − sein Alterswerk abgeschlossen, die *Discorsi*, die nur unter schwierigen Umständen veröffentlicht werden konnten. Mit diesem Werk rüttelte er an lang gehegten Glaubenssätzen und ebnete so den Weg für Newton.

Beispielsweise war die Vorstellung von Aristoteles, daß schwere Körper schneller fallen müßten als leichte, unter den Zeitgenossen Galileis weit verbreitet. Galilei zeigte, wenn auch nicht als erster, daß dies falsch ist. Dazu soll er auch seine berühmten Fallversuche am Schiefen Turm von Pisa ausgeführt haben. Er ließ Kugeln verschiedenen Gewichts vom Turm herabfallen − wobei sich jedermann davon überzeugen konnte, daß die Kugeln nebeneinander her fielen und im selben Augenblick am Boden aufschlugen. Ob Galilei diese Experimente wirklich am Schiefen Turm von Pisa gemacht hat, ist ungewiß. Aber zweifellos entdeckte er wichtige Bewegungsgesetze für fallende Körper.

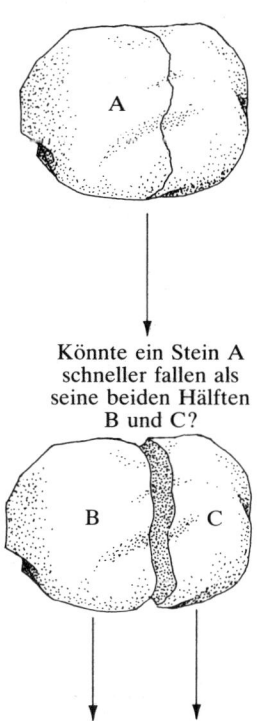

Könnte ein Stein A schneller fallen als seine beiden Hälften B und C?

Für die These, daß schwere Körper nicht schneller fallen als leichte, führt Galilei in seinen *Discorsi* ein geschicktes Argument ins Feld. Es sei hier in leicht modifizierter Form wiedergegeben:

Angenommen, ein schwerer Stein fällt schneller als ein leichter, dann ergibt sich aufgrund der folgenden Überlegung ein Widerspruch: Man stelle sich dazu einen Stein A aus zwei Bestandteilen B und C von gleichem Gewicht vor. Da B leichter ist als A, sollte diese Hälfte nach Voraussetzung tendenziell langsamer fallen als A. Ebenso C. Außerdem würde C mit gleicher Geschwindigkeit fallen wie B. Also würden B und C zusammen langsamer fallen als A. Dann aber müßte der vollständige Stein A langsamer fallen als er selbst, was natürlich prinzipiell unmöglich ist.

In den *Discorsi* berichtet Galilei auch von Experimenten zur Fallbewegung von Körpern. Weil frei fallende Objekte so schnell herabstürzen, daß er ihre Bewegung nicht exakt beobachten konnte, ließ er Kugeln auf sanft geneigten Rinnen abwärts rollen, damit sie sich langsamer bewegten. Er vermutete, daß bei gegebener Rinnenneigung die Geschwindigkeitsänderung pro Längeneinheit der zurückgelegten Strecke konstant ist. Nachdem er sich davon überzeugt hatte, daß dies im Widerspruch zu seinen Messungen stand, versuchte er es mit einer anderen Annahme, die ihm intuitiv als die nächsteinfachste Hypothese erschien: Nun sollte (bei konstanter Rinnenneigung) nicht mehr die Geschwindigkeitsänderung pro Einheit der Laufstrecke konstant sein, sondern die Geschwindigkeitsänderung pro Zeiteinheit, die wir *Beschleunigung* nennen. Und eine solche Konstanz konnte er bei den rollenden Kugeln auf der schiefen Ebene tatsächlich feststellen. Wenn aber die Beschleunigung konstant ist, folgt mathematisch, daß die zurückgelegte Entfernung (vom Startpunkt an) proportional zum Quadrat der nach dem Start verstrichenen Zeit ist. Das heißt, eine rollende Kugel, die in der Zeit t eine Distanz vom Betrag D zurücklegt, sollte in der doppelten Zeit, $2t$, die Strecke $2 \times 2D = 4D$ zurücklegen; in der dreifachen Zeit, $3t$, wäre es die Strecke $3 \times 3D = 9D$, und so fort.

Die schwierigste Aufgabe bei der experimentellen Überprüfung der genannten Annahme war es, eine genaue Zeitmessung durchzuführen. Es gab keine Stoppuhren — und der menschliche Pulsschlag war nur ein ungenügender Behelf. Galilei löste das Problem, indem er große Wasserbehälter verwendete, die unten einen engen, verschließbaren Auslauf hatten. Er füllte einen solchen Behälter mit Wasser. Beim Start einer Messung öffnete er den Auslauf, und zum Zeitnehmen verschloß er ihn. Durch sorgfältige Wägung des während eines Laufs herausgeflossenen und aufgesammelten Wassers konnte er die Laufzeit vermessen. Sicherlich — er maß die Zeit in recht ungewöhnlichen Einheiten. Aber das hielt ihn nicht davon ab zu überprüfen, ob die Kugeln tatsächlich in zweifacher Zeit die vierfache Distanz, in dreifacher Zeit die neunfache Distanz, und so weiter, durchrollten.

Galilei begnügte sich nicht mit dem experimentellen Nachweis, daß bei einer festen Neigung der schiefen Ebene die
Beschleunigung konstant ist. Er stellte außerdem eine theoretische Formel auf, mit deren Hilfe die Beschleunigung in
Abhängigkeit von unterschiedlichen Neigungen berechnet
werden konnte. Nachdem er diese Formel durch Messungen
an verschiedenen sanft geneigten Ebenen geprüft hatte, verallgemeinerte er sie kühn auch auf fallende Körper. Letztere
sah er als analog zu Kugeln an, die an einer vertikalen Vor-
richtung herabrollen − ungeachtet der Tatsache, daß frei herab-
stürzende Körper sich im Fallen nicht zwangsläufig drehen.
Obwohl er also irrtümlich die mit dem Rollen verknüpfte
Rotation außer acht ließ, gelangte Galilei doch zu der gültigen Schlußfolgerung, daß bei Vernachlässigung des Luftwider-
stands und gewisser anderer Faktoren freie Körper in der
Nähe des Erdbodens mit konstanter Beschleunigung herabfallen und daß die Fallbeschleunigung bei allen Körpern gleich
ist, unabhängig von ihrem Gewicht und ihrer Beschaffenheit.

Exkurs 3.1: Galilei führte ein geschicktes Experiment durch, mit dem
er seine Behauptung untermauerte, daß die Geschwindigkeit einer rollenden Kugel, die vor ihrem Start ruht, allein von ihrer vertikalen Position abhängt. Er fertigte ein Pendel an, indem er eine Bleikugel an
einem feinen Faden von einem Nagel an der Wand (Punkt *O* in der
Abbildung unten) herabhängen ließ.

Wenn er die Kugel im Punkte *A* losließ, fand er, daß sie eine Schwingung mit einer Auslenkung bis zum Punkt *B* vollführte, wobei *B* auf
derselben Höhe lag wie *A*. Er hämmerte nun einen zweiten Nagel (bei

N) in die Wand. Wenn jetzt das Pendel von *A* aus losschwang, wurde
der Faden von dem Nagel abgefan-
gen, so daß die Kugel einen Kreisbogen *CD* mit *N* als Kreismittelpunkt beschrieb − anstatt wie vorher einen Kreisbogen *CB* mit
Mittelpunkt in *O*. Der äußerste
Punkt *D* der Pendelschwingung
befand sich wieder in derselben
Höhe wie *A*. Somit kehrte die Kugel
am Umkehrpunkt der Schwingbe-

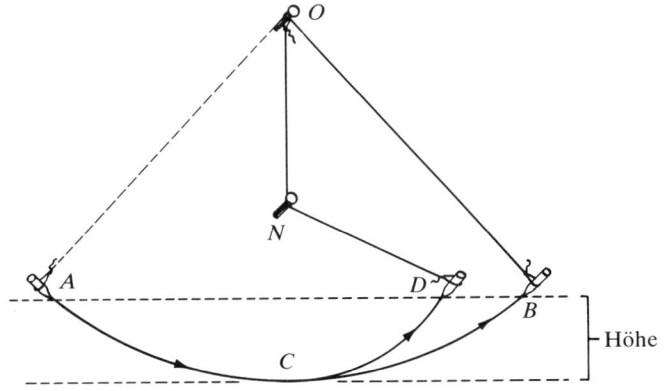

35

wegung zu ihrer ursprünglichen Höhe zurück. Daher lag die Schlußfolgerung nahe, daß — wie beim schwingenden Pendel — die auf geraden oder gekrümmten Rinnen rollende Kugel wieder zu der Höhe aufsteigt, in der sie losgelassen wurde.

Galilei gab noch ein anderes, zwingendes Argument für diesen Schluß an. Angenommen, eine Kugel rollt wie in der Abbildung unten bei vernachlässigbaren Reibungseffekten (beispielsweise Luftwiderstand) entlang dem Weg *AB* abwärts, dann entlang *BC* aufwärts, wobei *C* auf derselben Höhe liege wie *A*, und angenommen, sie habe noch eine Restgeschwindigkeit im Punkt *C*, dann könnte ihre Geschwindigkeit durch Wiederholung von *ABC* auf einem zweiten identischen Wegabschnitt *CDE* weiter erhöht werden. Jeder solche Abschnitt würde die Geschwindigkeit steigern. Man erhielte also ein Perpetuum Mobile, was Galilei zu Recht als unmöglich erachtete. Daher durfte eine Kugel, die aus ruhender Stellung in *A* heraus startete, im Moment der Ankunft in *C* keine von Null verschiedene Geschwindigkeit behalten.

Angenommen nun, eine Kugel, die aus der Ruhestellung in *A* heraus losrollt, kommt gar nicht bis *C*, sondern erreicht schon vorher in *X* ihren Umkehrpunkt (und damit die Geschwindigkeit Null). Wenn man berücksichtigt, daß die Bewegung zurück gerade spiegelbildlich zur Hin-Bewegung verläuft, so sieht man, daß die vom Stillstand in *X* heraus nach links abrollende Kugel genau bis Punkt *A* kommen wird. Würde die Kugel dagegen von Punkt *C*, der ja höher liegt als *X*, nach links losrollen, so würde sie während ihres Abwärtslaufs mehr Schnelligkeit erhalten als im vorigen Fall und somit Punkt *A* erreichen, ohne daß ihre Geschwindigkeit ganz aufgezehrt wäre. Man könnte also wiederum ein Perpetuum Mobile konstruieren, indem man identische Rinnen *CBA* nach links aneinanderreiht. Die Möglichkeit, daß die in *A* startende Kugel nur bis *X* kommt, kann daher ausgeschlossen werden. Zusammengefaßt erhält man also das Ergebnis: In Abwesenheit von Reibungskräften wie beispielsweise dem Luftwiderstand wird eine Kugel, die aus dem Stillstand von Punkt *A* aus losläuft, den Punkt *C* in dem Augenblick erreichen, in dem ihre Geschwindigkeit auf Null abgesunken ist. Diese Betrachtung ist unabhängig davon, ob die Rinnen gekrümmt oder gerade sind.

Damit sind die Galileischen Entdeckungen zur Dynamik schwerer Körper keineswegs vollständig aufgezählt. Aus theoretischen und experimentellen Gründen zog er die Schlußfolgerung, daß die Abnahme oder Zunahme der Geschwindigkeit einer Kugel, die eine geneigte Rinne hinab- oder hinaufläuft, nur von der vertikalen Strecke abhängt, die sie jeweils zurückgelegt hat. Er wandte diese Schlußfolgerung auf eine Situation an, die in der Abbildung unten dargestellt ist, wobei er immer Reibungskräfte und ähnliche Effekte vernachlässigte.

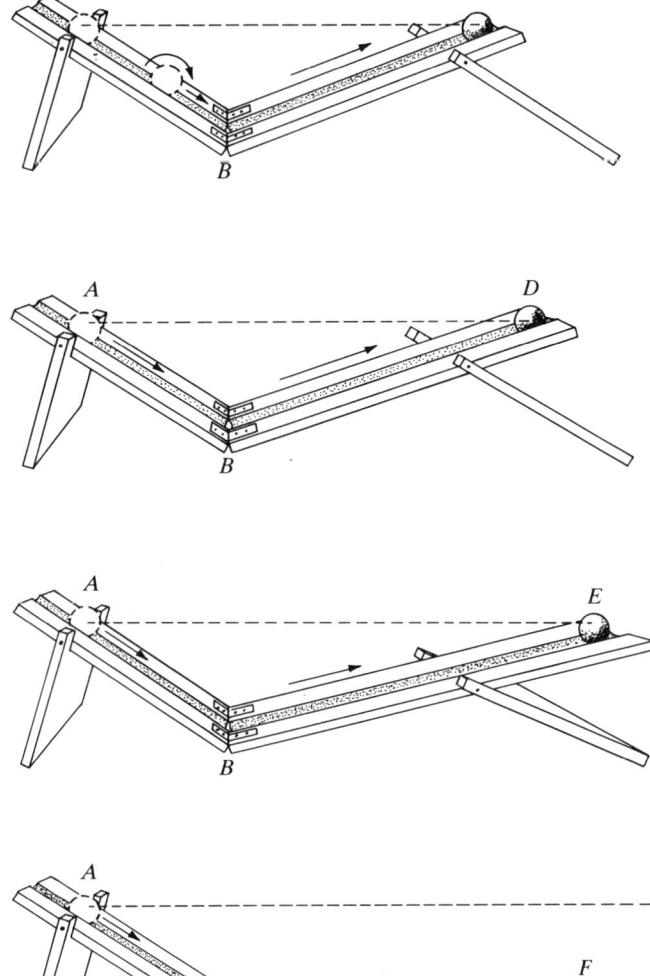

Die Punkte A, C, D und E liegen gleich hoch über dem Niveau des Punktes B. Eine in A gehaltene Kugel wird losgelassen und rollt die Rinne AB herab. Sie nimmt dabei gerade genug Schwung auf, um bis zum höchsten Punkt der aufsteigenden Rinne (der dieselbe Höhe wie A hat) hinaufrollen zu können. Die Rinnen BC, BD ... nehmen in der angegebenen Reihenfolge an Länge zu; die Kugel rollt daher auf jeder Rinne einen längeren Weg als auf der Rinne zuvor. Was würde passieren, wenn man die Rinne horizontal legte? Da sie jetzt überhaupt nicht die Höhe des Punktes A erreichen würde, geschähe etwas Verblüffendes. Die Kugel würde ewig weiterrollen; ihre Geschwindigkeit bliebe auf immer unverändert.

In der Praxis kommt die Kugel natürlich irgendwann zum Stillstand. Galilei war sich darüber im klaren, daß hierfür Reibung und Luftwiderstand verantwortlich sind – Effekte, die das grundlegende Gesetz verschleiern. Daraus leitete er ab, daß die natürliche Bewegung eines freien Teilchens gleichförmig ist und auf einer geraden Linie verläuft. Zu einem ähnlichen Schluß kam aus ganz anderen Gründen auch der französische Philosoph René Descartes.

Die Entdeckung dieses Gesetzes revolutionierte die wissenschaftliche Mechanik. Um seine Bedeutung richtig einzuschätzen, brauchen wir uns nur einen Moment lang unsere alltäglichen Erfahrungen zu vergegenwärtigen. Diese Erfahrungen scheinen uns zu sagen, daß ein sich bewegendes Objekt, wenn es sich selbst überlassen ist, normalerweise zur Ruhe kommt. Genau dies lehrten auch Aristoteles und viele seiner einflußreichen Nachfolger bis in die Zeit Galileis. Wenn wir einen in gleichförmiger Bewegung befindlichen Gegenstand sehen, suchen wir zunächst naiv nach einer Kraft, welche die Bewegung aufrechterhält – als ob es sie ganz offensichtlich geben müsse. Wie aber verhält es sich mit einem Pfeil, der vom Bogen geschossen wird? Mit Geschossen dieser Art scheint es ein Problem zu geben. Wodurch bleibt die Schnelligkeit des Pfeils erhalten, nachdem er vom Bogen geschnellt ist?

Die Nachfolger des Aristoteles antworteten darauf mit einer erfinderischen Idee: Sie behaupteten einfach, die Luft übertrage fortwährend den ursprünglich von der Bogensehne ausgegangenen Schub zum Pfeil.

Exkurs 3.2: René Descartes ging an physikalische Probleme eher philosophisch als experimentell heran. Nach seiner Überzeugung war die Bewegung entlang einer geraden Linie einfacher als die Bewegung im Kreis. Hier Auszüge aus seinem Buch *Principia Philosophiae* (*Die Prinzipien der Philosophie*, S. 48):

»Die allgemeine Ursache kann offenbar keine andere als Gott sein, welcher die Materie zugleich mit der Bewegung und Ruhe im Anfang erschaffen hat, und der durch seinen gewöhnlichen Beistand so viel Bewegung und Ruhe im ganzen erhält, als er damals geschaffen hat (. . .)

Wir erkennen es auch als eine Vollkommenheit in Gott, daß er nicht bloß an sich selbst unveränderlich ist, sondern daß er auch auf die möglichst feste und unveränderliche Weise wirkt, so daß mit Ausnahme der Veränderungen, welche die klare Erfahrung (*evidens experientia*) oder die göttliche Offenbarung ergeben, und welche nach unserer Einsicht oder Glauben ohne eine Veränderung in dem Schöpfer geschehen, wir keine weiteren in seinen Werken annehmen dürfen, damit nicht daraus auf eine Unbeständigkeit in ihm selbst geschlossen werde. Deshalb ist es durchaus vernunftgemäß, anzunehmen, daß Gott, so wie er bei der Erschaffung der Materie ihren Teilen verschiedene Bewegungen zugeteilt hat, und wie er diese ganze Materie in derselben Art und in demselben Verhältnis, in dem er sie geschaffen, erhält, so auch immer dieselbe Menge von Bewegung in ihr erhält.«

Galilei zufolge hatte man bisher die falschen Fragen gestellt. Wenn ein Objekt sich mit unveränderter Geschwindigkeit gleichmäßig bewege, so bestünde kein Anlaß zu fragen, was denn die Bewegung in Gang hielte. Es sei müßig, in diesem Fall nach Erklärungen und Begründungen zu suchen. Ganz im Gegenteil solle man nur dann nach einer Erklärung suchen, wenn der Körper langsamer würde und zuletzt stillstünde; irgendeine Kraft – wahrscheinlich Reibung – müsse verantwortlich dafür sein, daß er von seiner natürlichen, gleichförmigen und geradlinigen Bewegung abkomme.

Galileis Weg zu dieser Entdeckung mutet ein wenig ironisch an. Er hatte erkannt, daß eine Kugel, die ohne Reibung frei auf einer horizontalen Rinne dahinrollt, ihre gleichförmige Geschwindigkeit für immer beibehält. *Horizontal* heißt aber eigentlich: von konstanter Höhe. Auf einer kugelförmigen Erde wäre eine Linie von konstanter Höhe aber keineswegs gerade und unendlich lang. Sie würde die Erde umgürten und daher kreisförmig verlaufen. Normalerweise sollte eine „horizontale" Rinne gerade die Erdanziehung aufheben.

Was Galilei mit seiner Argumentation eigentlich gezeigt hat – so könnte man sagen –, ist die natürliche Tendenz jedes freien Körpers, sich gleichmäßig auf einem zur Erde konzentrischen Kreis zu bewegen. Dies wäre entschieden ein vorkopernikanisches Konzept, und eines, das scheinbar die ehrwürdige Lehre von der himmlischen Perfektion kreisförmiger Bewegung um die Erde bekräftigte. Galilei war sich der hierin liegenden Ironie durchaus bewußt.

Galilei wandte seine Theorien unter anderem auf die Bewegung von Kanonenkugeln an − eine Bewegung, die vorher nie richtig verstanden worden war. Manche Gelehrte waren sogar der Ansicht, daß ein Objekt, das durch die Luft schießt, seine Geschwindigkeit bis zu einem bestimmten Punkt beibehielte, an welchem sie sich erschöpft habe; dort fiele der Körper dann senkrecht zur Erde.

Mit seinen neuen Einsichten sah sich nun Galilei in die Lage versetzt, dieses ballistische Problem zu lösen. Er legte dar, daß sich die Bewegung der Kanonenkugel aus einer vertikalen und aus einer horizontalen Bewegung zusammensetzt − beides Vorgänge, die er schon untersucht hatte. Die horizontale Bewegung verläuft gleichbleibend, während die vertikale eine konstante Fallbeschleunigung nach unten erfährt. Kombiniert ergeben diese Teilbewegungen eine Wurfbahn von der Gestalt einer Parabel, eines der Kegelschnitte.

Exkurs 3.3: Galilei entwickelte die erste brauchbare Theorie der Geschoßbahnen. Der Einfachheit halber soll eine horizontal abgeschossene Kanonenkugel behandelt werden. Galilei argumentierte, daß sich ihre Flugbahn als Kombination einer horizontalen und einer vertikalen Bewegung ergebe, deren Eigenschaften schon gut bekannt seien. In der Horizontalen bewege sich die Kanonenkugel mit konstanter Geschwindigkeit, ganz wie die in einer horizontalen Rinne entlangrollende Kugel. In der Vertikalen stürze sie mit konstanter Fallbeschleunigung herab und erreiche dabei dieselbe Schnelligkeit wie ein losgelassenes (ruhendes) Objekt. Die aufeinanderfolgenden Punkte in der Abbildung links markieren für Zeitintervalle von einer Sekunde die Positionen zweier Kugeln. Beachten Sie, daß die horizontal abgeschossene Kugel in vertikaler Richtung genauso schnell fällt wie die Kugel, die vom selben Startpunkt aus einfach fallengelassen wird. In horizontaler Richtung kommt sie genauso schnell voran wie die auf horizontaler Rin-

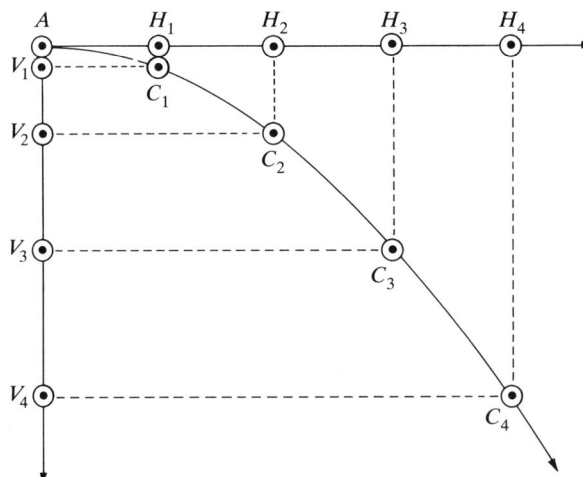

ne rollende Kugel. Da die vertikal durchfallene Strecke proportional zum Quadrat der vom Start an verstrichenen Zeit ist und da die in horizontaler Richtung zurückgelegte Strecke direkt proportional zu dieser Zeit ist, ergibt sich insgesamt folgendes: Die vertikal zurückgelegte Distanz ist proportional zum Quadrat der horizontal durchlaufenen. Diese Beziehung ist gerade charakteristisch für Parabeln.

Schauen wir uns nun an, wie Newton die Flugbahn der Kanonenkugel analysierte. Er ließ sich dabei von Ideen seines Kollegen Robert Hooke inspirieren. Nehmen wir zur Vereinfachung an, daß wir den Luftwiderstand vernachlässigen dürfen und daß sich keinerlei Objekte in der Flugbahn befinden. Nehmen wir weiter an, daß es sich um eine Kanone handelt, die weit größere Schubkraft besitzt als jede wirkliche Kanone, und daß wir sie nach jedem Schuß schnell beiseite schieben können. Die Kanone sei nun von der Spitze eines hohen Turmes aus abgefeuert. Je größer die anfängliche Geschwindigkeit der Kanonenkugel ist, in desto größerer Entfernung wird sie auf dem Erdboden auftreffen. Die Erde ist jedoch rund und krümmt sich von der Flugbahn der Kanonenkugel weg. Eine genügend starke Kanone könnte so die Kugel um den halben Erdball herumschießen. Je höher die Geschwindigkeit der Kugel beim Austritt aus der Mündung ist, desto weiter fliegt sie um die Erde. Reicht ihre Wucht aus, so könnte sie sogar ganz um die Erdkugel herumkommen und am Fuß des Turmes niedergehen. Erhöht man die Anfangsgeschwindigkeit noch weiter, so erreicht die Kanonenkugel den Erdboden überhaupt nicht mehr. Sie fliegt horizontal über die Turmspitze hinweg und wiederholt unaufhörlich ihre Kreisbewegung um die Erde. Aber trotz ihrer dauernden Beschleunigung zur Erdkugel hin wird sie nie auf ihr landen. Damit wäre die Kanonenkugel ein künstlicher Satellit — ein um die Erde kreisender Körper, ähnlich dem Mond.

Exkurs 3.4: Newton ging über Galileis Theorie der Ballistik hinaus. Die Abbildung links oben auf der nächsten Seite zeigt die Flugbahnen von Kugeln, die horizontal mit verschiedener Geschwindigkeit abgeschossen werden. Wäre die Erde flach, würden alle Kanonenkugeln die Erdoberfläche in derselben Zeit erreichen. Aber die Erde ist nicht flach. Der analoge Fall für die kugelförmige Erde ist in der Abbildung

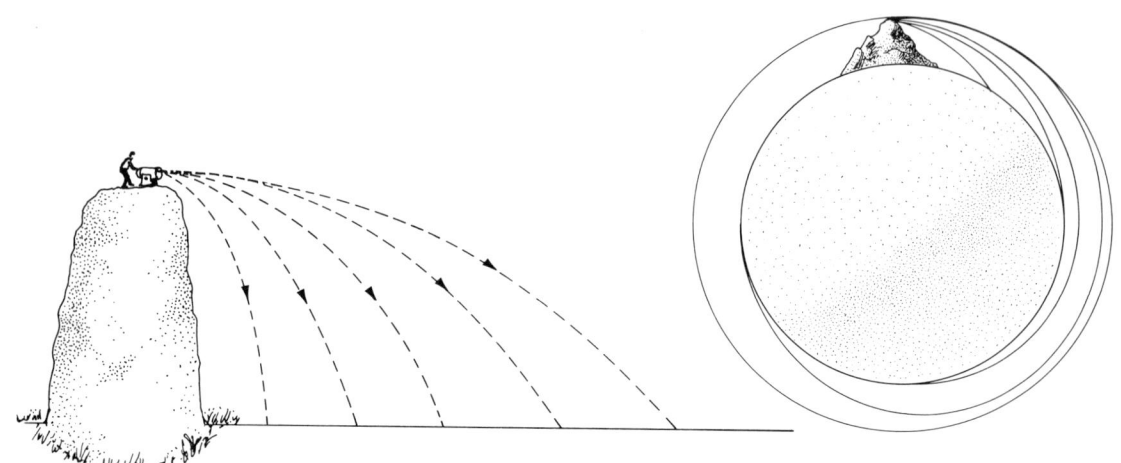

rechts dargestellt. Die Oberfläche der Erde krümmt sich von der fallenden Kugel weg, und die (vertikale) Anziehungskraft der Erdgravitation ändert fortwährend ihre Richtung. Beide Effekte tendieren dazu, sich zu kompensieren, was aber nicht vollständig gelingt. Wenn die Anfangsgeschwindigkeit groß genug ist, verfehlt die Kanonenkugel die Erde, während sie ständig um sie „herumfällt" — sie wird zum künstlichen Satelliten.

Es mag seltsam erscheinen, die Kreisbahn der Kanonenkugel als „Fall" zu bezeichnen, wo sie doch eine konstante Entfernung zur Erde bewahrt. Physikalisch gesehen ist aber die Geschwindigkeit eine Größe, die sowohl durch Richtung als auch durch Schnelligkeit charakterisiert ist. Ein Körper auf einer Kreisbahn mit konstanter Schnelligkeit ändert laufend seine Bewegungsrichtung und deshalb auch seine Geschwindigkeit — trotz seiner konstanten Schnelligkeit. Da sich seine Geschwindigkeit ändert, ist er per definitionem beschleunigt. Für eine Kreisbewegung mit konstanter Schnelligkeit ergibt sich, daß die Beschleunigung gerade auf das Zentrum der Kreisbahn gerichtet ist. In diesem Sinne fällt ein kreisender Satellit unaufhörlich zur Erde hinunter. Betrachten wir nun die Abbildung auf der rechten Seite. Ein Punkt, der sich von P aus mit konstanter Schnelligkeit auf einer Kreislinie mit Kreismitte in O bewegt, besitzt sowohl eine bestimmte Schnelligkeit als auch eine bestimmte Bewegungsrichtung. Falls der Punkt P nicht beschleunigt wäre — das heißt, bei konstanter Geschwindigkeit — würde er sich mit konstanter Schnelligkeit auf der Geraden durch P und T bewegen. Diese Gerade berührt den Kreis als Tangente in P. Offenbar ist nun die Entfernung $\overline{OT}$ größer als $\overline{OP}$ und $\overline{OQ}$. Wenn also die unbeschleunigte Bewegung zu einer Vergrößerung der radialen Distanz führt, dann erfordert die Beibehaltung einer konstanten radialen Distanz eine Beschleunigung auf *O* zu, selbst wenn die kreisende Bewegung als solche unverändert schnell bleibt. Dieser radiale Effekt kommt einer Beschleunigung gleich: Veränderte Bewegungsrichtung impliziert veränderte Geschwindigkeit und damit Beschleunigung.

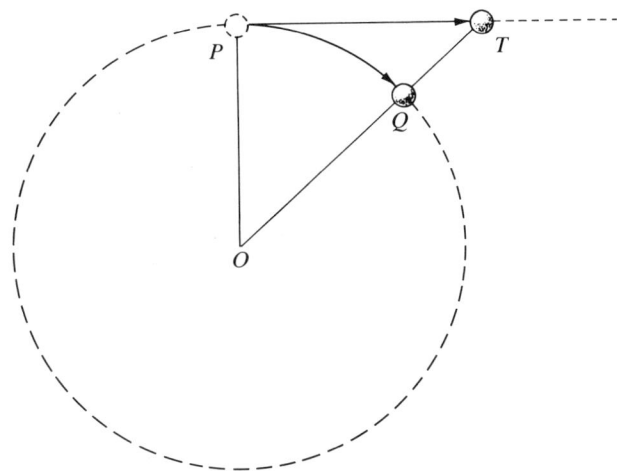

Eine berühmte Legende berichtet, ein fallender Apfel habe Newton inspiriert, als er sich während der Pestjahre 1665 und 1666 einmal in seinem ruhigen Garten in Woolsthorpe aufhielt. Die Schwerkraft, die den Apfel zur Erde zog, mußte zweifellos weit über den Wipfel des Apfelbaumes hinausreichen. Sie müßte auch auf den Gipfeln hoher Berge wirken, und auch dort würde sie kaum zu einem abrupten Halt kommen. Wie, wenn sie bis zum Mond reichte? Dann würden der Mond in seiner Umlaufbahn und der Apfel in seinem Fall in gleicher Weise von der Erde festgehalten. Ganz genauso müßte die Sonne mit der von ihr ausgehenden Gravitationskraft die Planetenschar beherrschen. Um diese Idee zu überprüfen, verglich Newton die Bewegung des Apfels mit der des Mondes. Falls beide Körper wirklich in gleicher Weise durch Gravitation an die Erde gebunden wären, sollten ihre Beschleunigungen zur Erde hin einander entsprechen. Zuerst mußte er herausfinden, ob die Gravitationskraft mit steigender Entfernung abnimmt. Denn die von der Erde ausgehende Anziehung könnte an einem Ort in einer so großen Entfernung wie der des Mondes durchaus abgeschwächt sein.

Der Schlüssel zu einer Antwort auf diese Frage war das Dritte Keplersche Gesetz. Indem Newton zur Vereinfachung kreisförmige Umlaufbahnen annahm, konnte er aus Keplers Drittem Gesetz ableiten, daß die Gravitationskraft umgekehrt zum Quadrat der Entfernung abnimmt. Das heißt, bei verdoppelter Entfernung ist die Kraft auf $1/2^2$, also auf ein Viertel, ihres ursprünglichen Betrages abgesunken. Bei dreifacher Entfernung bleibt noch $1/3^2$, also ein Neuntel, der ursprünglichen Kraft; bei vierfacher Entfernung entsprechend $1/4^2$, also noch ein Sechzehntel; und so fort. Mit Hilfe dieses Gesetzes der umgekehrt quadratischen Proportionalität konnte Newton nun den entscheidenden Test ausführen, der seine ganze spekulative Theorie entweder bestätigen oder widerlegen würde. Er kannte die Fallbeschleunigung, mit der zum Beispiel ein Apfel zur Erde stürzt. Er kannte außerdem das Gesetz, nach dem sich die Abnahme der Gravitationskraft bei zunehmender Entfernung berechnen läßt. Damit konnte er also die Beschleunigung ausrechnen, mit welcher der Mond zur Erde fallen müßte, falls er von ihrer Gravitation angezogen würde. Unabhängig davon konnte er diese Beschleunigung aber auch direkt (geometrisch) bestimmen, da er die Entfernung des Mondes von der Erde und seine Umlaufzeit von einem Monat kannte. Die Rechnungen wiesen einige Schwachstellen auf: So konnte Newton damals nur mutmaßen, daß die Entfernungen des Mondes und des Apfels vom Mittelpunkt der Erdkugel aus zu nehmen sind. Dies ist ein Lehrsatz, den er erst viel später beweisen konnte.

Wie entsprachen sich nun die beiden errechneten Werte für die Fallbeschleunigung des Mondes? Laut Newton kamen sie sich »recht nahe«. Er schreibt dies in seinen etwa fünfzig Jahre später verfaßten Erinnerungen.

Exkurs 3.5: Wir wollen nun skizzieren, wie Newton zuerst abgeleitet haben muß, daß sich die Gravitationskraft umgekehrt proportional zum Quadrat der Entfernung verhält. Der Einfachheit halber betrachtete er den Fall einer kreisförmigen Umlaufbahn. Außerdem nahm er an, daß die von einer homogenen Kugel ausgehende Gravitationskraft unverändert bleibt, wenn all ihre Masse im Kugelmittelpunkt konzentriert ist. (Dies zu beweisen, war er anscheinend erst zu einem viel späteren Zeitpunkt in der Lage.)

Ein Planet möge sich auf einer Kreisbahn um die Sonne bewegen. R sei der Radius der Bahn, und T sei die Bahnperiode, das heißt, die Zeit, in der die Bahn einmal durchlaufen wird. Das Symbol $\sim$ steht für die Relation *proportional zu*. Damit läßt sich das Dritte Keplersche Gesetz folgendermaßen schreiben:

$$T^2 \sim R^3. \tag{1}$$

Die Bahngeschwindigkeit v ist proportional zu R/T, also

$$v \sim R/T. \tag{2}$$

Nun ist die Beschleunigung des Planeten in Richtung Sonne proportional zu v^2/R. Newton und sein Zeitgenosse Christiaan Huygens hatten unabhängig voneinander dieses Gesetz entdeckt. Newton argumentierte nun, daß die zur Sonne gerichtete Beschleunigung proportional zu der von der Sonne auf den Planeten ausgeübten Gravitationskraft sein müsse. Diese Kraft sei mit F bezeichnet. Dann gilt

$$F \sim v^2/R,$$

also wegen Gleichung (2):

$$F \sim R/T^2.$$

Daher ergibt sich:

$$F \sim 1/R^2.$$

Wenn die numerischen Ergebnisse sich wirklich „recht nahe" kamen, so wäre dies ein wahrhaft überwältigendes Resultat. Seltsamerweise behielt Newton dies zunächst für sich und wandte sich seinen optischen Studien zu. Dieses merkwürdige Zaudern und ein wissenschaftlicher Irrtum, der ihm noch 1679 in einem Brief an Hooke unterlief, ließen Zweifel daran aufkommen, daß Newton diese großartigen Entdeckungen wirklich schon so früh gemacht hat, wie er selbst behauptete. Gar keinen Zweifel aber gibt es an der überwältigenden Bedeutung seines Werks *Principia*. Hier legte er in fünf knappen Sätzen die drei Gesetze der Bewegung dar. Verknüpft mit dem allgemeinen Gravitationsgesetz führten sie zu der atemberaubenden Schlußfolgerung, daß Himmel und Erde eine Einheit bilden: Überall im Universum sollten dieselben physikalischen Gesetze wirken.

Newtons Erstes Bewegungsgesetz, der *Trägheitssatz*, besagt, daß jeder Körper im Zustand der Ruhe oder der gleichförmi-

gen geradlinigen Bewegung verharrt, solange er nicht durch
äußere Kräfte gezwungen wird, diesen Zustand zu ändern.
Dieses Gesetz geht über Galileis Trägheitsprinzip weit hinaus.
Der Wortlaut ist zwar gleich, aber nicht der Geltungsbereich.
Galilei tendierte zur „Erdgebundenheit". Newton, der nach
der großen Synthese zwischen Himmel und Erde suchte, wagte es dagegen, seinen Gesetzen kosmische Gültigkeit zuzu-
schreiben.

Um die eigentliche Tiefe der Newtonschen Theorie zu erfassen, stellen wir uns vor, wir befänden uns draußen im All −
weit weg von der Erde. Wir fragen uns nun, wie wir garantie-
ren könnten, daß die Bewegung eines Körpers auf einer geraden Linie verläuft. Zur Veranschaulichung stelle man sich
den Körper als eine Perle vor, die auf einen Draht gefädelt
ist. Ist der Draht gerade, und bewegt sich die Perle entlang
des Drahtes, so scheint ihre Bewegung ganz ohne Zweifel
geradlinig zu verlaufen.

Dem ist jedoch nicht so − und wir haben es hier mit einem
entscheidenden Punkt zu tun! Angenommen, jemand läßt den
Draht im Kreis wirbeln wie ein Tambourmajor seinen Takt-
stock. Jetzt würden wir (selbst wenn der Draht gerade wäre)
kaum behaupten, daß die Perle auf einer geraden Linie läuft.
Dies würden wir jedoch ohne weiteres annehmen, wenn wir
den Draht ruhig hielten. Wie aber können wir wissen, ob der
Draht in Ruhe ist? Im All gibt es keine festen Pfähle oder
Markierungen, die wir als Bezugspunkte nutzen könnten, um
Ruhe festzustellen. Es würde nicht einmal weiterhelfen, zur
Erde zurückzukehren und dort den Draht in einem kräftigen
Schraubstock festzuklemmen. Ebensowenig wäre das Rollen
von Kugeln in geradlinigen Rinnen eine Lösung. Laut Koper-
nikus ist ja auch die Erde nicht in Ruhe. Sie dreht Pirouetten
um ihre Achse und läuft um die Sonne.

Wie können wir den Vorstellungen von Ruhe und geradliniger
Bewegung einen kosmischen Sinn geben, wenn wir die Erde
nicht mehr als ein ruhendes Bezugssystem betrachten können? Es gibt keine Lösung für dieses Problem. Aber Newton
brauchte eine − und erfand sie. Seine Lösung, die Annahme
eines absoluten Raumes, mag uns heute einfach vorkommen,
da sie schon seit Jahrhunderten Bestandteil unseres kulturel-

len Erbes ist. In den *Mathematischen Prinzipien der Naturlehre* schrieb Newton dazu:

»Der absolute Raum bleibt vermöge seiner Natur und ohne Beziehung auf einen äußeren Gegenstand stets gleich und unbeweglich.« (Seite 191)

Obwohl Newtons absoluter Raum äußerst wenige Merkmale besitzt, gibt er doch dem von uns betrachteten Draht oder einem beliebigen anderen Körper die Eigenschaft, relativ zu ihm entweder in Ruhe oder in Bewegung zu sein. Dieser Ausgangspunkt erlaubte es Newton, von absoluter Ruhe oder absoluter Bewegung zu sprechen.

Soviel zur Ruhe und zur geradlinigen Bewegung. Wie kann man nun entscheiden, ob eine geradlinige Bewegung gleichförmig ist? Ein direkter Weg bestünde darin, auf der Geraden in regelmäßigen Abständen Markierungen anzubringen und zu registrieren, ob diese Markierungen in regelmäßigen Zeitabständen durchlaufen werden. Aber Zeitmessungen bedürfen einer Uhr; und falls die Uhr falsch geht, läßt sie eine gleichförmige Bewegung beschleunigt erscheinen. Wie kann man entscheiden, ob eine Uhr zuverlässig ist? Nach welchem Standard darf man sie stellen? Und wie läßt sich prüfen, daß eine Eichuhr fehlerfrei ist? Auf diese Fragen gibt es keine befriedigende Antwort. Doch zeigen diese Fragen, daß wir im Innersten an die Existenz einer „wahren" Zeit glauben. Ungeachtet der begrenzten Genauigkeit von Uhrwerken stellen wir uns schemenhaft die Zeit selbst vor − unsichtbar, majestätisch, undefinierbar, aber uns allen vertraut. Newton stellte daher das Konzept einer absoluten Zeit auf. Er schrieb in den *Principia*:

»Die absolute, wahre und mathematische Zeit verfließt an sich und vermöge ihrer Natur gleichförmig, und ohne Beziehung auf irgendeinen äußeren Gegenstand. Sie wird so auch mit dem Namen: „Dauer" belegt.«

„Die absolute Zeit fließt gleichförmig" ist eine tautologische Aussage, das heißt, ein Satz ohne eine eigenständige inhaltliche Bedeutung. Denn wie könnte man den gleichmäßigen Fluß der absoluten Zeit überprüfen, wenn nicht mit der absoluten Zeit selbst; und wie könnte in diesem Fall ihr Fluß anders als gleichmäßig erscheinen.

Damit soll Newtons Konzept des absoluten Raumes und der absoluten Zeit jedoch keineswegs herabgewürdigt werden. Newtons Genialität bestand zum Teil gerade darin, daß er den Mut hatte, diese erstaunlich kraftvollen Begriffe trotz ihrer Schwachstellen zur Grundlage der Mechanik zu machen.

Mit den Begriffen eines absoluten Raumes und einer absoluten Zeit konnte Newton nun seine Gesetze auf den gesamten Kosmos beziehen. Das erste davon haben wir bereits diskutiert. Es erscheint uns jetzt in neuem Licht: Nunmehr sagt es aus, daß ein Körper, auf den keine äußeren Kräfte einwirken, entweder für immer in absoluter Ruhe verharrt oder sich entlang einer Geraden bewegt, die fest im absoluten Raum verankert ist. In absoluter Zeit gemessen behält er im zweiten Fall für immer dieselbe Geschwindigkeit bei.

Soviel zu Newtons Erstem Bewegungsgesetz – jedenfalls vorerst. Sein Zweites Gesetz handelt davon, wie Kräfte auf Körper wirken. Die gebräuchlichste Formulierung dieses Gesetzes ist: Kraft ist gleich Masse mal Beschleunigung, oder

$$F = m \times a.$$

Daraus ergibt sich, daß eine gegebene Kraft einen Körper um so weniger beschleunigt, je größer dessen Masse ist, und vice versa. Diese Schlußfolgerung stimmt mit unseren täglichen Erfahrungen überein: Je massiver ein Gegenstand ist, desto mehr Kraft benötigt man, um ihn von der Stelle zu bewegen oder, falls er schon in Bewegung ist, um ihn abzubremsen beziehungsweise zu beschleunigen. Somit kann man die Masse eines Körpers als Maß für seinen „Widerstand" gegen Beschleunigungen durch Kräfte ansehen. Der Fachausdruck dafür ist *Trägheit*.

Newtons Drittes Bewegungsgesetz besagt, daß ein Körper, der eine Kraft auf einen anderen Körper ausübt, seinerseits durch diesen zweiten Körper eine Kraft erfährt, die mit der gleichen Stärke in umgekehrter Richtung wirkt. Das erscheint zunächst ziemlich unglaublich. Demnach müßte nämlich ein

Apfel die Erde genauso stark gravitativ anziehen wie die Erde den Apfel. Newton konnte dieses Gesetz jedoch durch Experimente bestätigen.

In einem Experiment ließ er drei kleine Flöße auf einer Wasseroberfläche schwimmen. Auf einem davon befand sich ein Magnet, auf einem anderen ein Stück Eisen. Das dritte Floß trug eine Trennwand zwischen den beiden anderen Flößen. Sobald die vom Magneten ausgeübte Anziehungskraft überwöge, müßte der gesamte Aufbau in Richtung des Magneten schwimmen; wäre die vom Eisen erzeugte Kraft auf den Magneten größer, so sollten die Flöße zusammen in Richtung des Eisens gezogen werden. Da das System aber in Ruhe blieb, zog Newton die Schlußfolgerung, daß der Magnet mit gleicher Kraft am Eisen zieht wie das Eisen am Magneten.

Wir wollen nun einen kurzen Blick auf die epochemachende Theorie werfen, die Newton auf den wenigen und scheinbar unzureichenden Fundamenten seiner drei Bewegungsgesetze errichtete. Indem er von Keplers Flächensatz ausging (dem zufolge der Fahrstrahl zwischen Sonne und Planet in

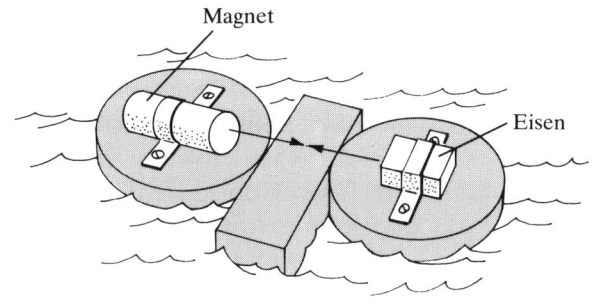

Magnet

Eisen

gleichen Zeiten gleiche Flächen überstreicht), konnte er zeigen, daß die Gravitationskraft zwischen Sonne und Planet entlang der Verbindungsgeraden ihrer Zentren verläuft. (Seitlich angreifende Kräfte waren zur Erklärung der Planetenbewegung überflüssig: Der Trägheitssatz, kombiniert mit radialer Anziehungskraft, genügte.)

Wir haben schon gesehen, wie Newton zu seiner Schlußfolgerung kommen konnte, daß die Gravitationskraft umgekehrt zum Quadrat der Entfernung abnimmt: Er hatte Keplers Drittes Gesetz in Verbindung mit kreisförmigen Umlaufbahnen untersucht. In seinen *Principia* ging er noch viel weiter. Er nahm an, daß die Massen der Planeten im Vergleich zur Sonne vernachlässigbar klein seien. (Für viele Anwendungen ist dies eine gute Näherung.) Mit dieser Annahme konnte Newton aus dem Ersten Keplerschen Gesetz, dem zufolge die

Planeten auf Ellipsen mit der Sonne im Brennpunkt umlaufen, ableiten, daß die Gravitationskraft umgekehrt proportional zum Quadrat der Entfernung abnimmt. Er bewies darüber hinaus, daß dieselbe Schlußfolgerung gilt, wenn die Planetenbahnen beliebige Kegelschnitte mit der Sonne in ihrem einen Brennpunkt sind – also Ellipsen, Parabeln oder Hyperbeln. Newton zeigte auch die Umkehrung: Wenn die Abnahme der Gravitationskraft umgekehrt proportional zum Quadrat des Abstands ist, muß die Planetenbahn ein Kegelschnitt mit der Sonne im Brennpunkt sein. (Kürzlich hat Robert Weinstock auf eine Lücke in Newtons Beweis hingewiesen, die aber an der Gültigkeit des Resultats nichts ändert.)

Alle diese Entdeckungen zählen zu den Kostbarkeiten in Newtons *Principia*. Merkwürdig ist aber, daß Newton nirgends in diesem Werk das allgemeine Gravitationsgesetz vollständig und bündig an einer Stelle zusammenfaßt. (Die vollständigste Aussage dazu taucht sozusagen als Nebenbemerkung im Korollar 4 des Satzes LXXVI in Buch I auf.) Wir wollen diese Lücke ausfüllen, indem wir die Teile zu einem Ganzen fügen: Nach Newton zieht jeder Körper alle anderen Körper im Universum durch eine unmittelbar in der Entfernung wirksame Anziehung zu sich hin. Wenn der eine Körper die Masse m und der andere die Masse M hat und wenn ihre Entfernung r ist, dann ist ihre gegenseitige Gravitationsanziehung proportional zu der Größe $M \times m/r^2$. Diese Anziehung wirkt radial, das heißt, entlang der Verbindungsgeraden beider Körper.

Wir werden uns später besonders der Frage widmen, wie man mit Newtons Theorie das Galileische Fallgesetz verstehen kann, dem zufolge alle Körper die gleiche Fallbeschleunigung erleiden, ungeachtet ihrer Masse oder Zusammensetzung. Newton schrieb der Masse eine Doppelrolle zu. Sie hatte die Gravitation des Körpers zu erzeugen und sollte zugleich seine Trägheit bemessen. Man vergleiche das Verhalten zweier fallender Körper, von denen der eine die doppelte Masse des anderen besitzt. Eine Verdoppelung der Masse bewirkt zwei Dinge: Erstens verdoppelt sich die Gravitationsanziehung der Erde auf den Körper; zweitens verdoppelt sich aber auch seine Trägheit, also sein Widerstand gegen Beschleunigung. Insgesamt fällt er mit der gleichen Fallbeschleunigung wie der erste − halb so massive − Körper. Selbstverständlich trifft diese Überlegung für Körper beliebiger Massen zu.

Auch mit den Begriffen *träge Masse* und *schwere Masse* läßt sich ausdrücken, wie das Galileische Gesetz in Newtons Theorie eingeht. Hierdurch sollen die unterschiedlichen Rollen des Begriffs der Masse scharf getrennt werden. Die *träge Masse* ist ein Maß für den Widerstand eines betrachteten Körpers gegen Beschleunigung; die *schwere Masse* bezieht sich als Maß seiner Gravitation auf seine Schwere. Daher sind träge Masse und schwere Masse ganz unterschiedliche Begriffe. In Newtons Theorie ergibt sich Galileis Fallgesetz daraus, daß träge und schwere Masse beide durch eine einzige Größe bemessen werden, die Newton einfach *Masse* nannte. Das heißt, Galileis Gesetz folgt aus der Äquivalenz von träger und schwerer Masse.

Newtons Theorie gilt für alle Körper − ob sie einer Umlaufbahn am Himmel folgen, von einem Turm fallen oder aus Kanonen abgeschossen werden. Mit Hilfe dieser Theorie konnte man den Zeitpunkt der Rückkehr von Kometen vorhersagen, man konnte unbekannte Planeten durch ihren Einfluß auf die Bewegung bekannter Planeten entdecken, und es sollte möglich werden, Menschen auf den Mond und wissenschaftliche Instrumente auf die Suche nach Leben im Weltraum zu schicken. Die Newtonsche Mechanik hatte großartige Erfolge.

Es gab aber auch Probleme. Unter anderem konnte Newton trotz intensiver Bemühung keine plausible Erklärung für die Abnahme der Gravitationskraft mit dem Quadrat der Entfernung finden. Newton selber sagte:

»Daß die Gravitation der Materie wesentlich, inhärent und unerschaffen sein sollte, so daß ein Körper auf einen anderen in jeder Entfernung durch den leeren Raum ohne Vermittlung von etwas wirken könnte, wodurch die Kraft von dem einen zum anderen geleitet wird, das ist nach meinem Dafürhalten eine so große Absurdität, daß kein Mensch, welcher in philosophischen Dingen eine genügende Denkfähigkeit hat, darauf verfallen kann.« (zitiert nach F. Rosenberger, *Isaac Newton und seine physikalischen Prinzipien*, Seite 412f)

Ein zweites Problem hing mit dem Begriff des *absoluten Raumes* zusammen. In seinen *Principia* führte Newton ein wirkungsvolles Argument zugunsten der Existenz des absoluten Raumes ins Feld. Er beschrieb ein wunderbar einfaches Experiment mit einem rotierenden Wassereimer. Der Eimer wird an einer langen Schnur aufgehängt, die man anschließend stark verdrillt; nachdem man nun Wasser in den Eimer geschüttet hat, versetzt man ihm einen plötzlichen Drall und überläßt ihn seiner freien Drehung. Die Schnur wickelt sich ab und hält so die Drehung des Eimers in Gang. Am Anfang bleibt die Wasseroberfläche eben. Sobald aber die Eimerdrehung beginnt, das Wasser mitzuziehen, wölbt sich die Wasseroberfläche konkav ein. Die Wölbung verstärkt sich, bis das Wasser sich mit derselben Schnelligkeit dreht wie der Eimer.

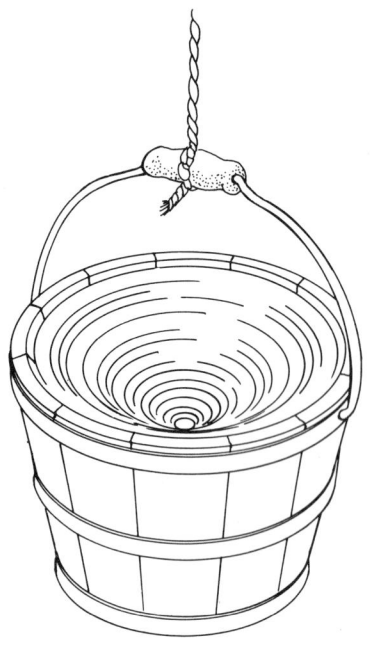

Das Experiment selbst erscheint belanglos, aber Newton verfolgte damit eine ganz bestimmte Absicht: Er wollte die Ursache dafür, daß sich die Wasseroberfläche zur Mitte hin einsenkt, aufzeigen. Die Drehung des Wassers relativ zum Eimer kann es nicht sein, denn diese konkave Einwölbung bildet sich nicht am Anfang, wenn der Unterschied der Rotationsgeschwindigkeiten von Eimer und Wasser am größten ist, sondern die Verformung wird vielmehr dann am stärksten, wenn die relative Rotation von Eimer und Wasser Null ist. Daher muß die konkave Einwölbung der Wasseroberfläche eine absolute Rotation des Wassers widerspiegeln – und dies, so argumentierte Newton, ergäbe nur in bezug auf einen absoluten Raum einen Sinn.

Bedeutende Zeitgenossen Newtons, insbesondere der britische Philosoph und Bischof George Berkeley sowie der deutsche Diplomat, Philosoph und Mathematiker Gottfried Wilhelm Leibniz, schätzten die Begriffe von absolutem Raum und absoluter Zeit höchst kritisch ein. Leibniz erklärte, daß Raum und Zeit nicht von sich aus existierten, sondern nur als Beziehungen zwischen materiellen Körpern zu verstehen seien. Im 19. Jahrhundert wurde die philosophische Kritik an den Konzepten des absoluten Raumes und der absoluten Zeit von neuem aufgenommen und besonders durch den österreichischen Philosophen und Physiker Ernst Mach verschärft. Seine Einwände beruhten zum Teil darauf, daß die Idee des absoluten Raumes Newtons eigenem Drittem Bewegungsgesetz widerspricht. Dieses Gesetz besagt ja, daß es zu jeder Kraft, die ein Körper auf einen anderen Körper ausübt, eine entgegengesetzte Kraft gibt, mit welcher der zweite Körper auf den ersten zurückwirkt. Aber obwohl in der Theorie Newtons die Trägheit eines Körpers ein Maß für seinen Widerstand gegen Beschleunigung relativ zum absoluten Raum ist und deswegen von einer Wirkung des absoluten Raumes auf den Körper herrühren muß, gibt es doch keine entgegengesetzte Einwirkung des Körpers auf den absoluten Raum; denn per definitionem wird der absolute Raum in keiner Weise von alldem beeinflußt, was in ihm vor sich geht.

Mach lehnte mit dem Konzept des absoluten Raumes auch den Begriff der absoluten Bewegung ab. Er behauptete, daß die Trägheit eines Teilchens auf dessen Wechselwirkung mit der übrigen Materie des Alls beruht, wobei er diese entfernte Materie häufig konkret als Fixsterne auffaßte. Nach Machs Ansicht war die Einsenkung in dem rotierenden Wassereimer nicht die Folge einer Drehung relativ zu einem absoluten Raum, sondern vielmehr eine Folge der Rotation relativ zu den anderen Massen des Universums. Man würde daher – so Machs Prinzip – dieselbe Einwölbung erhalten, wenn nicht das Wasser rotierte, sondern sich statt dessen der Rest des Universums mit der gleichen Geschwindigkeit um das Wasser drehen würde. Mach sollte später mit seinen Ideen, die er mehr in philosophischer Sprache als spezifisch mathematisch formuliert hatte, einen beträchtlichen Einfluß auf Einstein ausüben.

Wenn man diese Kritik an den Grundlagen der Newtonschen Theorie zusammenfaßt, wird die Bedeutung der Newtonschen Errungenschaften fast zwangsläufig geringer erscheinen. Einstein erkannte dieses Problem und reagierte darauf in seinem Text *Autobiographisches* mit einer unvergleichlichen Würde. Nach einer Diskussion der Einwände gegen Newtons Theorie als notwendige Einleitung zur Darstellung seiner eigenen Relativitätstheorie, die die Grenzen der Newtonschen Theorie überschreitet, bricht Einstein abrupt ab und spricht – die Jahrhunderte überbrückend – direkt zu Newton:

»Newton verzeih' mir; Du fandest den einzigen Weg, der zu Deiner Zeit für einen Menschen von höchster Denk- und Gestaltungskraft eben noch möglich war. Die Begriffe, die Du schufst, sind auch jetzt noch führend in unserem physikalischen Denken, obwohl wir nun wissen, daß sie durch andere, der Sphäre der unmittelbaren Erfahrung ferner stehende, ersetzt werden müssen, wenn wir ein tieferes Begreifen der Zusammenhänge anstreben.« (zitiert nach Schilpp, *Albert Einstein*)

Als Reaktion auf die Kritik von Berkeley und Leibniz fügte Newton noch im Alter von siebzig Jahren einen besonderen Abschnitt am Ende seiner *Principia* an. Hier Ausschnitte daraus (Seite 508):

»Der höchste Gott ist ein unendliches, ewiges und durchaus vollkommenes Wesen (...). Er ist ewig und unendlich, allmächtig und allwissend; das heißt er währt von Ewigkeit zu Ewigkeit, von Unendlichkeit zu Unendlichkeit, er regiert alles, er kennt alles, was ist oder was werden kann. Er ist weder die Ewigkeit noch die Unendlichkeit, aber er ist ewig und unendlich; er ist weder die Dauer noch der Raum, aber er währt fort und ist gegenwärtig. Er währt stets fort und ist überall gegenwärtig, er existiert stets und überall, er macht die Dauer und den Raum aus (...); denn Gott erleidet nichts durch die Bewegung der Körper und seine Allgegenwart läßt sie keinen Widerspruch empfinden.«

In seiner Abhandlung über die Optik beschreibt Newton den absoluten Raum auch als *Sensorium* Gottes.

Newton empfand eine bestimmte Folgerung, die er recht leicht aus seinen Gesetzen ableiten konnte, als sehr störend. Er gab ihr zwar keinen Namen, aber heute spricht man in

diesem Zusammenhang vom Newtonschen Relativitätsprinzip.
Die Newtonsche Formulierung des Relativitätsprinzips in den
Principia wird uns an das im ersten Kapitel erwähnte Beispiel
mit dem sanft dahinfliegenden Flugzeug erinnern:

»Körper, welche in einem gegebenen Raum eingeschlossen
sind, haben dieselbe Bewegung unter sich; dieser Raum mag
ruhen oder sich gleichförmig geradlinig, nicht aber im Kreise
fortbewegen.« (Seite 38)

Das Wort *Raum* hat hier nichts mit dem absoluten Raum zu
tun, sondern bezeichnet den inneren Raum beispielsweise
eines Fahrzeugs. Anders gesagt lautet das Newtonsche Relativitätsprinzip: Im Innern eines Laboratoriums, das sich gleichförmig und geradlinig im absoluten Raum bewegt und dabei
nicht rotiert, kann kein mechanisches Experiment die Bewe
gung des Labors aufzeigen. Alle mechanischen Prozesse laufen im Labor genauso ab, als wäre es in Ruhe.

Es ist unschwer einzusehen, warum dieses Relativitätsprinzip
Newton stören mußte. Er hatte den absoluten Raum eingeführt, um Ruhe und Bewegung scharf unterscheiden zu können. Praktisch jedoch − und als Konsequenz aus Newtons
eigenen Bewegungsgesetzen − existierte kein wirklicher, physikalischer und beobachtbarer Unterschied zwischen Ruhe
und gleichförmiger (geradliniger und unbeschleunigter) Bewegung. (Allerdings blieb der Unterschied zwischen Ruhe und
ungleichförmiger Bewegung bestehen; man denke hier nur
an ein Flugzeug in turbulentem Flug.) Nach den Newtonschen
Gesetzen sind Ruhe und gleichförmige Bewegung also nur
relativ, nicht absolut − obwohl ihnen der absolute Raum und
die absolute Zeit eigentlich Absolutheit verleihen sollten.
Einerseits sind Ruhe und Bewegung im Prinzip absolut, andererseits sind sie es in der Praxis nicht.

Newton ging dieses Problem auf subtile Weise an. Er wußte,
daß die Massen der Planeten im Vergleich zur Sonne zwar
klein, aber nicht völlig vernachlässigbar sind. Ebenso wie die
Sonne die Planeten anzieht, ziehen die Planeten die Sonne
an und zerren sie dabei hin und her. Die Sonne wird dadurch
zu einer ständigen unruhigen Bewegung gezwungen. Wenn diese Bewegung auch gering ist, so ist sie doch alles andere als

gleichförmig. Newton zeigte jedoch, daß es im Sonnensystem einen Punkt gibt, der unbeschleunigt bleibt: nämlich der Schwerpunkt. (Newton ließ den Einfluß der Sterne hierbei außer acht.) Dieser Punkt liegt zumeist im Innern der Sonne, und nie ist er weit von ihr entfernt. Als unbeschleunigter Punkt ist er entweder in Ruhe oder in gleichfömiger Bewegung. Aufgrund dieser Überlegung fügte Newton zu seinen Gesetzen das folgende Postulat hinzu (*Hypothesis I* im Kapitel *Weltsystem* der *Principia*, Seite 25, Kapitel 5): Der Mittelpunkt des Weltalls befindet sich in Ruhe.

Zur Unterstützung dieser Hypothese merkte Newton an, sie sei allgemein akzeptiert. Geteilter Meinung sei man nur darin, ob die Sonne oder die Erde den Platz im Zentrum des Weltalls einnähme. Da weder Sonne noch Erde in Ruhe sein konnten − beide waren ja beschleunigt −, kam als einziger Kandidat für die Rolle des Weltmittelpunktes der Schwerpunkt des Sonnensystems in Frage, der entweder ruhte oder sich gleichförmig bewegen mußte. Dadurch, daß Newton ihn zum Mittelpunkt des Alls erklärte, konnte er unter Hinweis auf Hypothese I behaupten, daß er in Ruhe sei. Mit diesem Schachzug etablierte Newton einen Fixpunkt in seinem System und verschaffte so absoluter Ruhe und absoluter Bewegung überall im Raum Geltung. Daß Newton sich vor der Notwendigkeit sah, eigens zu diesem Zweck die *Hypothese I* als Zusatzannahme zu seinen Bewegungsgesetzen hinzuzufügen, weist auf ein Unbehagen hin, das ihm das von seinen Gesetzen implizierte Relativitätsprinzip bereitet haben muß.

Man könnte nun vermuten, das moderne Relativitätsprinzip sei aus ähnlichen Fragestellungen hervorgegangen, wie sie bereits Newton Kopfzerbrechen bereiteten. Die Geschichte der Relativität verlief jedoch anders. Auf dem Weg zur Relativität müssen wir einen scheinbaren Umweg machen: Er führt − und das mag zunächst überraschen − in die Theorie der Optik, der Elektrizität und des Magnetismus. Die Meilensteine dieser Theorien werden uns im nächsten Kapitel einen direkten Zugang zur Relativitätstheorie Einsteins verschaffen.

4. Der Umsturz des Newtonschen Relativitätsprinzips durch die Optik

Die Frage, ob sich Licht bewegt, wäre bei Menschen prähistorischer Zeiten wohl auf völliges Unverständnis gestoßen. Vielleicht hätten sie auf die tanzenden hellen Flecken unter dem Blätterdach eines Baumes gezeigt, um zu bestätigen, daß Licht natürlich in Bewegung sei. Vielleicht war für sie – ähnlich wie für Kinder – aber auch die Dunkelheit viel ursprünglicher und gegenwärtiger als Licht: So gesehen, könnten sich Sonne, Mond und Sterne in einem Kampf gegen die Dunkelheit ablösen, bis die Zeit des Dunkels gekommen ist. Eines Tages verlöschen dann vielleicht die Gestirne – wie jedes irdische Feuer – und unterliegen im Kampf gegen das Dunkel. Wird dann für immer Dunkelheit herrschen?

Man sollte sich vor Augen halten, was für eine gedankliche Leistung es war, Licht als gegenständlich und Dunkelheit als ein Nichts aufzufassen. Und wieviel Scharfsinn hat es dann später erfordert, Licht physikalisch weder mit der Lichtquelle noch mit den Sinnesempfindungen gleichzusetzen, sondern es als ein aktives Geschehen zu verstehen, das zwischen Lichtquelle und Sinnesempfindung vermittelt!

Auf dieses aktive Geschehen bezieht sich die Frage nach der Bewegung von Licht. Handelt es sich um etwas, das gleichsam durch den Raum „reist"? Oder ist es über räumliche Entfernungen hinweg instantan vorhanden, ohne daß seine Ausbreitung Zeit erfordert? Lange galt Licht als etwas Instantanes – auch Kepler vertrat diese Ansicht. Galilei scheint der erste gewesen zu sein, der die Frage experimentell untersuchte. Er berichtet darüber in seinen *Discorsi*, die er in seinen späteren bitteren Jahren schrieb, als er unter Hausarrest gestellt war.

Galilei postierte für den Versuch bei Dunkelheit zwei Männer auf zwei benachbarten Hügeln, die etwa einen Kilometer weit entfernt waren. Jeder hatte eine Laterne bei sich, die er jedoch zunächst mit der Hand verdeckte. Einer der beiden nahm nun plötzlich die Hand weg, so daß das Licht seiner Laterne den anderen Hügel erreichen konnte. Sobald der dort postierte Mann den Lichtschein erblickte, zog er seinerseits seine Hand weg, so daß seine Laterne vom ersten Hügel

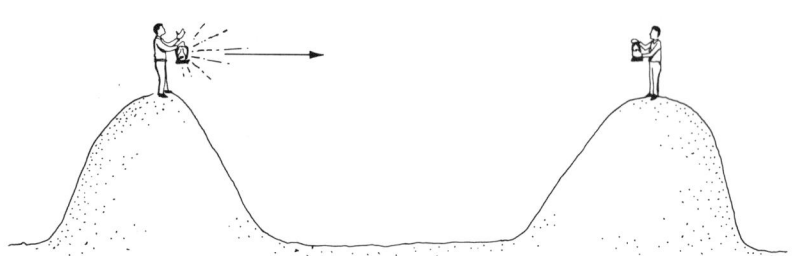

aus gesehen werden konnte. Auf diese Weise ließ sich die Zeit messen, die zwischen dem ersten Handwegziehen und dem Eintreffen des Antwortsignals verstrich. Diese Zeit mußte dann der Laufzeit entsprechen, die das Licht braucht, um von einem Mann zum anderen und wieder zurück zu kommen.

Angesichts der unvermeidlichen Reaktionszeiten beim Ausführen des Versuchs mag man diese Anordnung belächeln, aber man sollte Galilei nicht unterschätzen. Er war sich des Problems sehr wohl bewußt und traf entsprechende Maßnahmen. Die beiden Männer mußten ihre Aufgaben vor dem eigentlichen Versuch nahe beieinander trainieren, und Galilei notierte sich die Reaktionszeiten, die beide benötigten. Als sie schließlich auf dem Hügel standen, wußte Galilei also, welche Zeiten er von der gemessenen Zeitspanne abziehen mußte. Er stellte fest, daß die gesamte Zeitspanne vom „Aussenden" bis zur „Rückkehr" des Lichtes auf die Reaktionszeiten der beiden Männer zurückzuführen war.

Aus seinem experimentellen Ergebnis schloß Galilei, daß sich Licht möglicherweise instantan, aber in jedem Falle außerordentlich schnell ausbreitet. (Tatsächlich braucht Licht für eine Laufstrecke von drei Kilometern weniger als eine Hunderttausendstelsekunde.) Galilei machte eine charmant-verräterische Bemerkung: Er schlug vor, das Experiment bei doppelter und dreifacher Entfernung zu wiederholen. Wenn selbst bei einer Laufstrecke von insgesamt neun Kilometern kein Effekt auszumachen sei, dann könne man sicher schließen, daß Licht instantan sei.

Wie schon erwähnt, hatte Galilei vier Monde entdeckt, die den Planeten Jupiter umkreisen. Diese Entdeckung scheint zunächst nichts mit der Frage der Lichtgeschwindigkeit zu tun zu haben. Aber in der Naturwissenschaft stellt sich oft eine unerwartete Wendung ein. Ebenso wie unser Erdmond leuchten die Jupitermonde ja nicht selbst. Vielmehr reflektieren sie das Licht der Sonne. Wenn Jupiter dem Sonnenlicht im Weg steht, verfinstern sich also seine Monde. In den Jahren nach 1670 erforschte der dänische Mathematiker und Astronom Ole Rømer in Paris die Verfinsterungsperioden des Jupitermondes Io. Als innerster der vier Jupitermonde besitzt Io die kürzeste Umlaufzeit. Wie Rømer feststellte, folgen die Verfinsterungsperioden von Io einem unregelmäßigen Rhythmus, wobei Verzögerungen von bis zu 22 Minuten auftreten. Die Variationen der Hell-Dunkel-Perioden gehorchen einem bestimmten Schema: Die Verfinsterungen (Eklipsen) setzen um so verfrühter ein, je näher die Erde auf ihrer Umlaufbahn an den Jupiter herankommt. Sie verspäten sich um so mehr, je weiter sich die Erde von Jupiter entfernt. Rømer erkannte, daß diese Gesetzmäßigkeit mit der Laufzeit des Lichtes zusammenhängt. Eine Laufzeit von 22 Minuten für eine Strecke von der Länge des Durchmessers der Erdbahn würde die maximale Eklipsenverzögerung von 22 Minuten zwanglos erklären.

Der heutige Meßwert der Lichtgeschwindigkeit liegt bei etwa 300 000 Kilometern pro Sekunde; der Durchmesser der Erdumlaufbahn beträgt ungefähr 300 Millionen Kilometer. Man rechnet also leicht nach, daß das Licht in etwa 1000 Sekunden die Erdbahn durchquert.

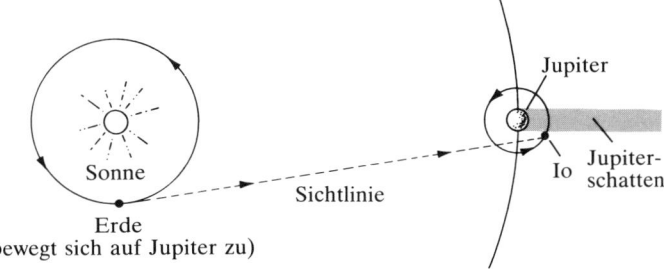

Die von Rømer gemessene Eklipsenverzögerung wird daher oft mit 1000 Sekunden, also etwa 17 Minuten, angegeben. Rømers eigentliches Ergebnis belief sich aber − wie erwähnt − auf 22 Minuten, enthielt also einen Meßfehler von etwa fünf Minuten. Mit dem zu jener Zeit geschätzten Wert des Erdbahndurchmessers ergab sich aus Rømers Messung eine Lichtgeschwindigkeit von etwa 210 000 Kilometern pro Sekunde.

Wenige waren bereit zu akzeptieren, daß Licht nicht instantan (also bewegungslos) ist, und noch schwerer fiel es zu glauben, daß es sich so unfaßbar schnell ausbreitet. Isaac Newton zählte zu den wenigen Wissenschaftlern, die Rømers Ergebnis ernst nahmen. Veröffentlicht wurde es 1675, aber mehr als fünfzig Jahre sollten vergehen, bevor es auf recht unerwartete Weise bestätigt wurde.

Exkurs 4.1: Ole Rømer erklärte die Verfinsterungsperioden von Io, dem innersten der Jupitermonde, mit der Laufzeit des Lichtes. Die Verfinsterungen (Eklipsen) werden früher beobachtet, wenn die Erde dem Jupiter nahe kommt, und später, wenn sie sich von ihm entfernt. In der Abbildung unten sind die Positionen von Erde und Jupiter zu zwei verschiedenen Zeitpunkten gezeigt: zum Zeitpunkt größter Annäherung (E_1 und J_1) und bei maximaler Entfernung (E_2 und J_2). Sobald ein Jupitermond aus einer Eklipse herauskommt, leuchtet er auf. Auf der Erde beobachtet man dies aber erst, wenn das beim Aufleuchten ausgesandte Licht dort ankommt. Das Licht muß von J_1 zu E_1 die Strecke $\overline{J_1 E_1}$ und Licht von J_2 zu E_2 die Strecke $\overline{J_2 E_2}$ durchqueren. Die beiden Strecken unterscheiden sich um den Betrag des Erdbahndurchmessers. Rømer begründete die zeitliche Verzögerung zwischen den beobachteten Eklipsen in E_2 und E_1 mit der zusätzlichen Laufzeit des Lichtes beim Durchqueren der Erdbahn.

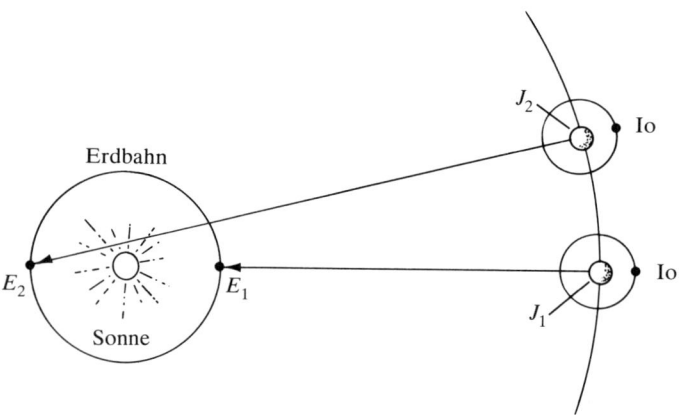

In der Antike stellte man sich den Sternhimmel als eine riesige Kristallsphäre vor, an die die Sterne wie Edelsteine geheftet sind; diese Sphäre sollte sich einmal am Tag um die Erde drehen. Dies ist ja auch das Bild des Sternhimmels, wie es sich dem bloßen Auge darbietet. In der Mitte des 17. Jahrhunderts aber beobachteten mehrere Astronomen mit ihren Fernrohren, daß die Sterne in jährlicher Wiederholung eine merkwürdige Zusatzbewegung vollführen. Als erstem fiel sie dem Franzosen Jean Picard auf. Es war, als ob die Sterne an ihren Himmelspositionen nicht völlig fixiert wären, sondern ständig etwas „wackeln" würden. Diese Bewegung wurde dann zu Beginn des 18. Jahrhunderts über mehrere Jahre von dem englischen Astronomen James Bradley untersucht (der anfangs zusammen mit seinem Freund Samuel Moleyneux arbeitete). Wir wollen sie im Licht unseres heutigen Wissens beschreiben.

Kein einziger Stern scheint eine wirklich feste Position am Himmel einzunehmen, sondern jeder durchläuft eine winzige Schleife von der Form einer Ellipse. Alle Sterne brauchen gleichermaßen ein Jahr, um ihre Ellipsen zu durchlaufen. Die zum Teil breiten, zum Teil schmalen Ellipsen liegen alle genau parallel zur Ebene der Erdumlaufbahn. Ihre großen Halbachsen erscheinen übereinstimmend unter einem Winkel von ungefähr 40 Bogensekunden. (Unter diesem Winkel sieht man etwa ein nicht zu feines Haar, wenn man es in Armlänge vor das Gesicht hält.)

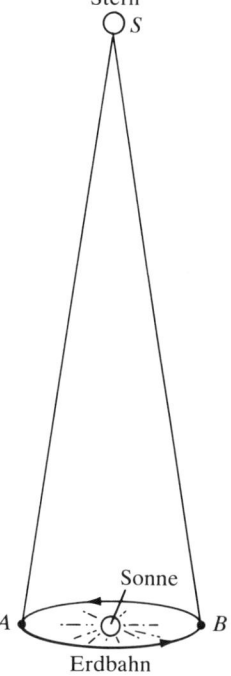

Am ganzen Himmel tanzt also ein Sternenballett im Rhythmus der Jahreszeiten und in Schritten von einer Haaresbreite. Bradley war sich darüber im klaren, daß er es mit bloßem Schein und nicht mit der Wirklichkeit zu tun hatte. Es war naheliegend, hinter der beobachteten Bewegung die Parallaxe zu vermuten, also die perspektivischen Positionsverschiebungen der Sterne, wie sie ein Beobachter auf der Erde wegen der wechselnden Bahnpositionen sieht. In der Abbildung rechts sind die Sichtlinien zum Stern S skizziert, die sich für die Positionen A und B auf der Erdumlaufbahn ergeben. Die Verbindungslinien $\overline{AS}$ und $\overline{BS}$ von Erde und Stern zeigen schräg nach rechts beziehungsweise nach links. Von A aus sollte die Position des Sterns also nach rechts versetzt erscheinen, von B aus nach links verschoben sein. Bradley und sein Freund fanden aber heraus, daß die Verschiebungen in ganz andere Richtungen erfolgten. Man beachte, daß die schrägen Verbindungslinien $\overline{AS}$ und $\overline{BS}$ Parallaxenverschiebungen repräsentieren, die in der Papierebene liegen. Sie stehen senkrecht auf der momentanen Bewegungsrichtung der Erde, die rechtwinklig durch die Papierebene hindurchstößt. Die Bradleyschen Verschiebungen lagen aber immer parallel zur momentanen Erdbewegung — und keineswegs senkrecht dazu!

Mit der Parallaxe waren sie daher nicht zu erklären. (Die Parallaxen von Sternen wurden erst 1838 nachgewiesen, mehr als ein Jahrhundert später.)

Im September des Jahres 1728 kam Bradley auf die Erklärung für die seltsame Sternbewegung. Er teilte sie Edmund Halley in einem Brief mit, der im folgenden Januar der Royal Society of London verlesen wurde. In dem Brief war die Rede von der *Aberration des Lichtes*. Dieses Phänomen verdient besondere Beachtung, weil es eine Bestätigung der These lie-

Stehen   Laufen

ferte, daß sich Licht mit einer bestimmten Geschwindigkeit ausbreitet. (Auch unter einem anderen Gesichtspunkt wird die Lichtaberration uns noch beschäftigen.)

Zur Veranschaulichung des Phänomens stelle man sich vor, mit einem Schirm im Regen zu stehen, der senkrecht herabfällt, weil gerade Windstille herrscht. Solange man steht, sollte man den Schirm senkrecht halten, weil der Regen senkrecht herabtropft; wenn man jedoch mit seinem Schirm durch den Regen zu laufen beginnt, kommen die Tropfen schräg von vorne. Nun muß der Schirm entsprechend schräg gehalten werden. Man setze nun an die Stelle von Regen und Schirm Sternlicht und Fernrohr. Damit der Stern im Okular des Fernrohrs erscheint, muß das Instrument so ausgerichtet werden, daß das Sternlicht durch das Rohr einfallen kann. Da sich die Erde bewegt, muß das Teleskop (analog zum Schirm) ein wenig in Richtung dieser Bewegung gekippt werden. Der Stern wird daher so angepeilt, als sei er leicht in Richtung der Erdbewegung verschoben.

Da die Erde auf ihrer Bahn die Bewegungsrichtung ständig ändert, wird die scheinbare Verschiebung der Sternposition sich entsprechend ändern. Wie aus einer genaueren Betrachtung hervorgeht, beschreibt sie in einem Jahr eine winzige geschlossene Kurve − eine Ellipse.

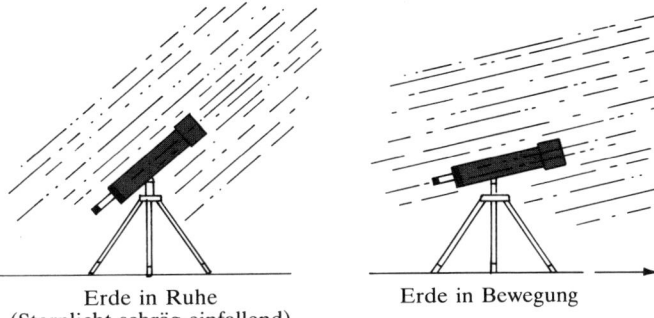

Erde in Ruhe
(Sternlicht schräg einfallend)

Erde in Bewegung

Exkurs 4.2: Wir wollen nun skizzieren, wie Bradley die Aberration des Lichtes mit dessen endlicher Geschwindigkeit erklärte. Man stellte sich damals vor, daß Licht ein Strom kleiner Partikel sei. Denken wir uns einen Stern über uns, dessen Licht senkrecht auf den Erdboden zu uns herabfällt. Um in den Grundzügen zu verstehen, wie sich die Aberration auf die beobachtete Sternposition auswirkt, kann man die Sonne als raumfest betrachten. Diese Vereinfachung ist zulässig, weil eine einigermaßen stetige Sonnenbewegung das beobachtete Muster der Aberration nur verschieben − nicht aber verzerren − würde. Die tägliche Erddrehung kann ebenfalls vernachlässigt werden, da sie sich viel geringer als die Bahnbewegung auswirkt. Sei $\overline{AB}$ eine vertikale Strecke mit dem Fußpunkt B auf dem Erdboden. Wäre die Erde in Ruhe, so würde Licht, das vom Punkt A aus vertikal einfällt, den Erdboden in Punkt B erreichen. Da sie sich aber bewegt, rückt der Punkt B ein wenig vorwärts, während das Licht sich auf der Reise von A zum Erdboden befindet. Daher kommt es in einem Punkt C auf dem Erdboden an, der geringfügig hinter B zurückliegt. Die Steigung der Strecke $\overline{CA}$ ist gegeben durch den Quotienten der Längen von $\overline{AB}$ und $\overline{CB}$. Dieser Quotient ist gleich dem Quotienten von Lichtgeschwindigkeit und Erdgeschwindigkeit, der etwa 10 000 beträgt. Die Länge der Strecke $\overline{CB}$ im Bild ist also stark übertrieben gezeichnet. Relativ zur Erde kommt das Licht des betrachteten Sterns nicht aus der Vertikalen, sondern aus schräger Richtung längs $\overline{AC}$. Der Stern täuscht so einen nach vorne in Erdbahnrichtung versetzten Standort vor, obschon er in Wirklichkeit senkrecht oben steht. Da die Erde sich in einer Umlaufbahn befindet, ändert sie beständig ihre Vorwärtsrichtung. An der Himmelskugel scheint der Stern deshalb eine Miniaturkopie der Erdumlaufbahn auszuführen. Im wesentlichen gilt das für alle Sterne, wenn sich auch die zugehörigen Miniaturkopien der Erdbahn je nach Position des Sterns mehr oder weniger stark abflachen.

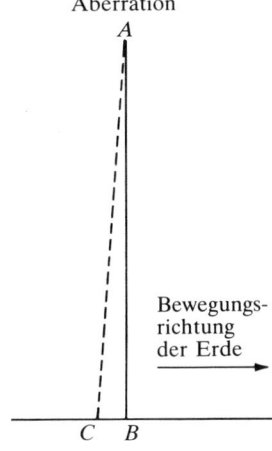

Aberration
A

Bewegungsrichtung der Erde

C B

Wir sehen, daß die Geschwindigkeit des Lichtes die beobachtete Aberration qualitativ erklärt. Stimmt diese Erklärung aber auch quantitativ? Da der Aberrationswinkel von dem Quotienten aus der Lichtgeschwindigkeit und der Bahngeschwindigkeit der Erde abhängt (wie in Exkurs 4.2 erwähnt), konnte Bradley aus seinen Aberrationsmessungen auf die Geschwindigkeit des Lichtes schließen.

Rømer hatte gefunden, daß das Licht elf Minuten brauchte, um den Radius der Erdbahn zu durchlaufen (das sind also 22 Minuten für den Erdbahndurchmesser). Spätere Messungen an den Jupitermonden ergaben allerdings beträchtlich kleinere Zeiten – einige Astronomen kamen sogar auf Werte von nur etwa sieben Minuten. Bradleys Aberrationsbestimmung ergab nun 8 Minuten und 13 Sekunden – ein Wert, der verblüffend gut mit späteren Schätzungen von Rømer übereinstimmte. Der korrespondierende Wert der Lichtgeschwindigkeit beträgt 303 000 Kilometer pro Sekunde, was dem heutigen Wert von 299 792 Kilometern pro Sekunde ziemlich nahe kommt.

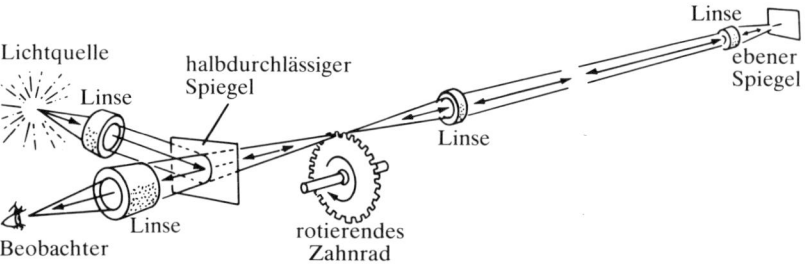

Viel später, im Jahr 1849, gelang dem französischen Physiker Armand Fizeau die erste terrestrische Messung der Lichtgeschwindigkeit. Er ließ Licht zwischen zwei Spiegeln hin- und herlaufen, die acht Kilometer voneinander entfernt waren. Mit einem schnell rotierenden Zahnrad zerhackte er den Lichtstrahl in kurze Pulse: Zähne in der Strahlführung blockierten das Licht, Zahnkranzlücken ließen es durch. Beispielsweise stellte Fizeau die Drehzahl so ein, daß Licht, das durch eine Lücke im Zahnkranz gefallen und die acht Kilometer hin- und zurückgelaufen war, gerade auf den nachkommenden Zahn treffen mußte. Da er die vom Licht durchlaufene

Entfernung, die Drehzahl des Zahnrades und die Breite der Zähne (beziehungsweise der Lücken zwischen ihnen) kannte, konnte er die Lichtgeschwindigkeit berechnen.

Im Jahr 1862 gelang es dem französischen Physiker Jean Foucault, einem Freund Fizeaus, die Schnelligkeit des Lichtes mit einer kompakteren Apparatur zu vermessen, die er vollständig in einem Laborraum unterbrachte: Er verwendete schnell rotierende Spiegel. Danach wurden immer raffiniertere und präzisere Meßmethoden zur Bestimmung der Lichtgeschwindigkeit ersonnen.

Aber was ist eigentlich dieses Licht, das sich derart schnell ausbreitet? Newton glaubte, daß es aus Teilchen bestehe – mit dem Argument, daß ja Gegenstände scharfe Schatten werfen. Sein Zeitgenosse, der holländische Physiker Christiaan Huygens, war dagegen der Ansicht, daß es sich um eine Wellenerscheinung handele. Zunächst wurde die Teilchentheorie der Wellentheorie vorgezogen, was nicht allein mit Newtons Autorität zu erklären ist. Genial wie er war, konnte Newton praktisch alle damals bekannten Eigenschaften des Lichtes mit seiner Teilchentheorie erklären, wenngleich er dabei auch Konzepte der Wellentheorie ins Spiel brachte.

Zu Beginn des 19. Jahrhunderts zog Thomas Young, ein englischer Arzt, Physiker und Ägyptologe, die Teilchentheorie des Lichtes erneut in Zweifel und führte neue überzeugende Argumente für die Wellenhypothese ins Feld. Beispielsweise beschrieb er eine Reihe von Phänomenen des Lichtes, die er unter der Bezeichnung *Interferenz* zusammenfaßte: Wenn Licht mit anderem Licht zusammenfällt, erzeugt die Überlagerung unter bestimmten Umständen Dunkelheit. Im Rahmen der Teilchentheorie schien es keinen Weg zu geben, diese Erscheinungen zu erklären. Teilchen können andere Teilchen nicht auslöschen. Für die Wellentheorie war die Interferenz dagegen kein Problem. Falls zwei Wellen an einem bestimmten Raumpunkt ständig exakt im Gegentakt schwingen, so daß die eine also immer dann einen Berg erzeugt, wenn die andere gerade ein Tal hervorruft (und umgekehrt), dann löschen sich die Wellen an den betreffenden Punkten aus; an diesen Punkten fehlt jede Wellenbewegung. Im Falle des Lichtes ist dies gleichbedeutend mit Dunkelheit.

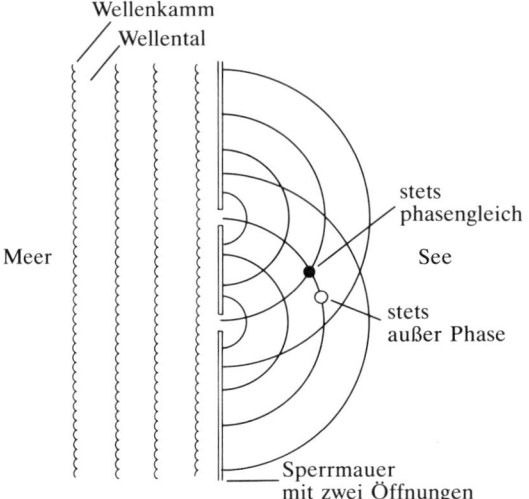

Wellenkamm
Wellental
Meer
stets
phasengleich
See
stets
außer Phase
Sperrmauer
mit zwei Öffnungen

Exkurs 4.3: Wenn Wasserwellen wie in der Abbildung links auf ein Hindernis mit zwei Spaltöffnungen treffen, erzeugen sie kreisförmige Wellenfronten, die sich von den Spalten radial ausbreiten. An den Spalten sind die Wellen immer im Gleichtakt (in Phase), weil die Wellenkämme dort gleichzeitig erscheinen. Auch an vielen anderen Stellen schwingen die Wellen im Gleichtakt (ein solcher Punkt ist in der Abbildung schwarz gekennzeichnet). Dort kombinieren sie daher zu einer Schwingung mit verstärkter Amplitude. Der kleine Kreis in der Abbildung bezeichnet eine Stelle, an der die Wellenfronten gerade im Gegentakt aufeinandertreffen. Ein Kamm der vom oberen Spalt kommenden Kreiswelle trifft mit einem Tal der vom unteren Spalt kommenden Welle zusammen — und umgekehrt. Und wenn beispielsweise die erste Welle ihren Kamm gerade zu drei Vierteln an diese Stelle geschoben hat, sind von der anderen Welle bereits drei Viertel eines Tales eingetroffen, so daß sich die beiden Wellen auslöschen und die Wasseroberfläche glatt bleibt. Stellen wir uns nun vor, daß eine Lichtwelle auf zwei Spalte trifft. Analog zu den Mustern der Wasserwellen erzeugt das durchkommende Licht Muster von Helligkeit und Dunkelheit. Diese Lichtmuster werden als *Interferenzfigur* bezeichnet.

Youngs Konzept der Lichtwelle wurde zunächst lächerlich gemacht, aber schon nach einem Vierteljahrhundert hatte es die Teilchentheorie verdrängt. Dieser Meinungsumschwung beruhte vor allem auf verblüffenden optischen Experimenten, die der französische Wissenschaftler Augustin Fresnel 1815 begann.

Exkurs 4.4: Die These, daß Licht nicht aus Teilchen, sondern aus Wellen besteht, begründeten die Physiker im 19. Jahrhundert mit der folgenden Überlegung: Wenn ein Lichtstrahl von Luft in Wasser übertritt, wird er gebrochen. Newton führte diese Brechung darauf zurück, daß die Lichtteilchen bei extremer Annäherung an das Wasser eine Anziehung erfahren müßten, weil Wasser schwerer ist als Luft. Da die Lichtteilchen durch diese senkrecht zur Wasseroberfläche wirkende Anziehung beschleunigt werden sollten, mußten sie folglich im Wasser in Richtung der Beschleunigung schneller sein als in Luft.

Auch die Wellentheorie konnte die Lichtbrechung im Detail erklären — allerdings ganz anders. Die Wellen werden gemäß dieser Theorie beim Eintritt ins Wasser langsamer, und die Brechung kommt dadurch zustande, daß die zuerst eintauchenden Teile der Wellenfront hinter dem Rest dieser Front „hinterherhinken". Nach dieser Theorie mußte die Lichtgeschwindigkeit im Wasser kleiner sein als in Luft.

Im Jahre 1850 gelang es Foucault, in einem Experiment die Lichtgeschwindigkeiten in Wasser und in Luft zu vergleichen. In Wasser war Licht tatsächlich um den Betrag langsamer, den die Wellentheorie voraussagte.

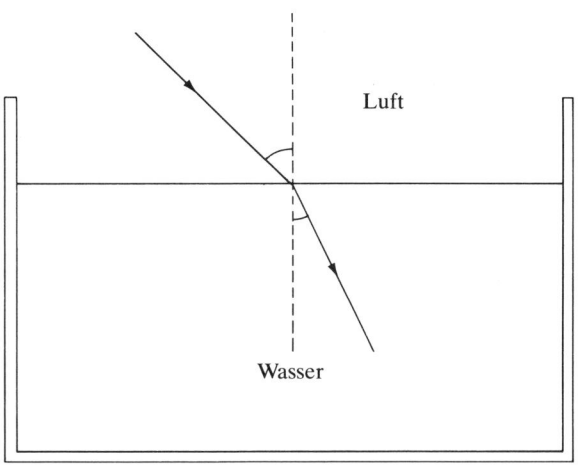

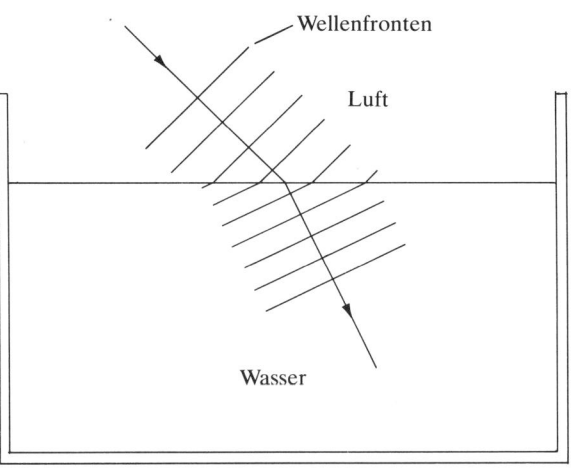

Die Wellentheorie des Lichtes führte zu vielen und vielfältigen Anwendungen. Ein relativ frühes Beispiel war der Schatten einer runden Scheibe. Nach der Wellentheorie — nicht der Teilchentheorie — wäre der Schatten einer Scheibe, die im Strahlengang einer punktförmigen Lichtquelle steht, nicht einfach eine überall dunkle Kreisscheibe, sondern eine dunkle Kreisscheibe mit einem hellen Fleck im Mittelpunkt. Schatten entsteht nach der Teilchentheorie dadurch, daß kein Licht in den Schattenraum gelangt. Die Wellentheorie sagt

Im Zentrum des Schattens einer undurchsichtigen Kreisscheibe ist hier durch Lichtbeugung ein heller Fleck entstanden, der Fresnelscher, Aragoscher oder Poissonscher Fleck heißt.

dagegen, daß Schatten auftritt, wenn alles Licht, das von verschiedenen Stellen herkommt, sich durch Interferenz selbst auslöscht. Im Mittelpunkt des runden Schattens ist eine solche Auslöschung nach der Wellentheorie allerdings nicht möglich, so daß dort ein heller Fleck entstehen sollte. Die experimentelle Bestätigung dieser erstaunlichen Vorhersage war ein starkes Argument zugunsten der Wellentheorie des Lichtes.

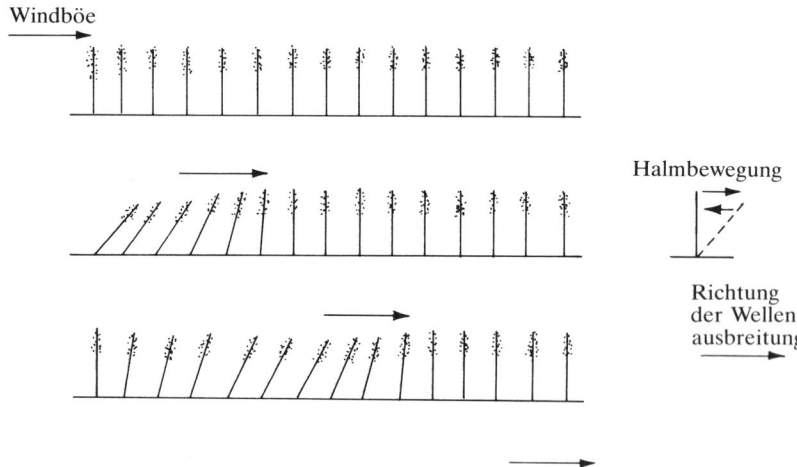

Ein Weizenfeld, über das eine Windböe streicht, ist ein Beispiel für eine Longitudinalwelle. Man beachte, daß die Wellenbewegung nur dadurch zustandekommt, daß sich Weizenhalme in Richtung der Wellenausbreitung (Pfeile) hin- und herbiegen.

Was ist eine Welle? Wenn eine Windböe über ein Weizenfeld fegt, dann sehen wir eine Welle über das Feld laufen. Jeder Weizenhalm bewegt sich im Wind vor und zurück, aber kein Halm wird dabei entwurzelt, und obschon die Welle von einem Ende des Feldes zum anderen wandert, verläßt kein Halm seinen Platz. Auch wenn wir ein straffes Seil an einem Ende hin und her schwingen, läuft eine Welle am Seil entlang, während sich das Seil selbst ja keineswegs aus unserer Hand löst, um der Welle hinterher-zueilen. Wellen transportieren nichts Materielles, sondern sie übermitteln Energie und In-formation. Eine Welle, bei der die Teilchen des Mediums wie die Weizenhalme in der Aus-breitungsrichtung vor- und zurückschwingen, heißt *Longi-tudinalwelle*. Zum Beispiel sind die Schallwellen der Luft ähn-lich wie die Wogen des Getrei-defeldes longitudinale Wellen. Wenn dagegen wie beim Seil die Teilchen des Mediums senkrecht zur Ausbreitungs-richtung der Welle schwingen, spricht man von einer *transver-salen* Welle.

Anfangs betrachteten Young und Fresnel Lichtwellen als Analogie zu Schallwellen – so, wie es schon Huygens zu Zei-ten Newtons getan hatte. Danach wäre Licht ebenso wie Schall eine longitudinale Wel-le. Aber bereits seit Newtons Zeiten wußte man, daß Licht *polarisierbar* ist – eine Eigen-schaft, die longitudinale Wel-len nicht besitzen. Heute kann man polarisiertes Licht beob-achten, wenn man Polarisa-tionsfolien oder Polarisations-sonnenbrillen zur Hand hat. Einzeln betrachtet sind solche Folien oder Gläser durchsich-tig. Wenn man sie jedoch über-einanderlegt und gegeneinan-

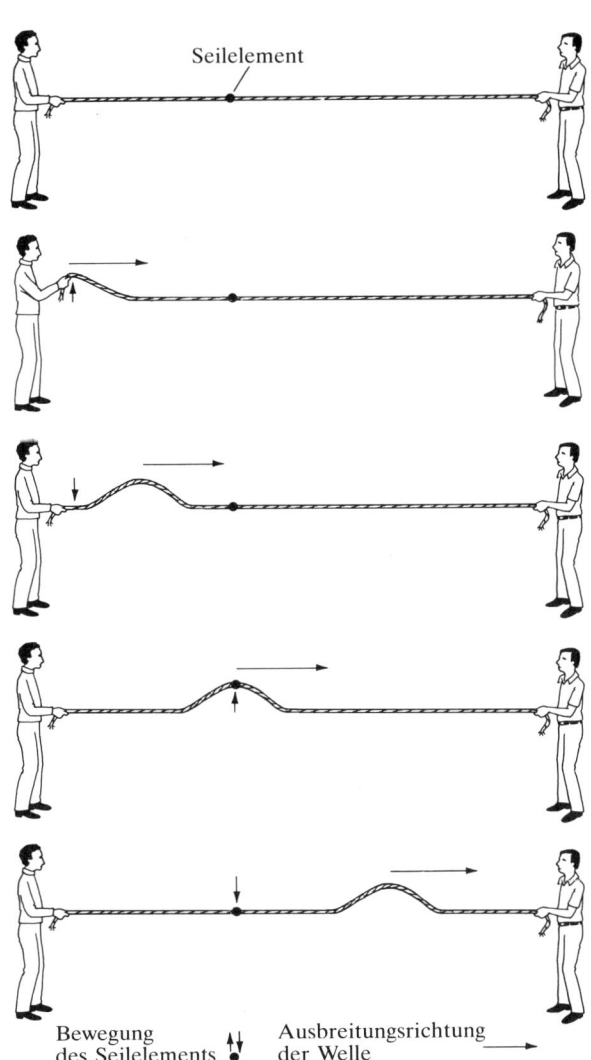

Bewegung eines Seiles als Beispiel für eine Transversalwelle. Beachten Sie, daß jeder Punkt des Seiles senkrecht zur Ausbreitungs-richtung der Welle schwingt (kurze Pfeile).

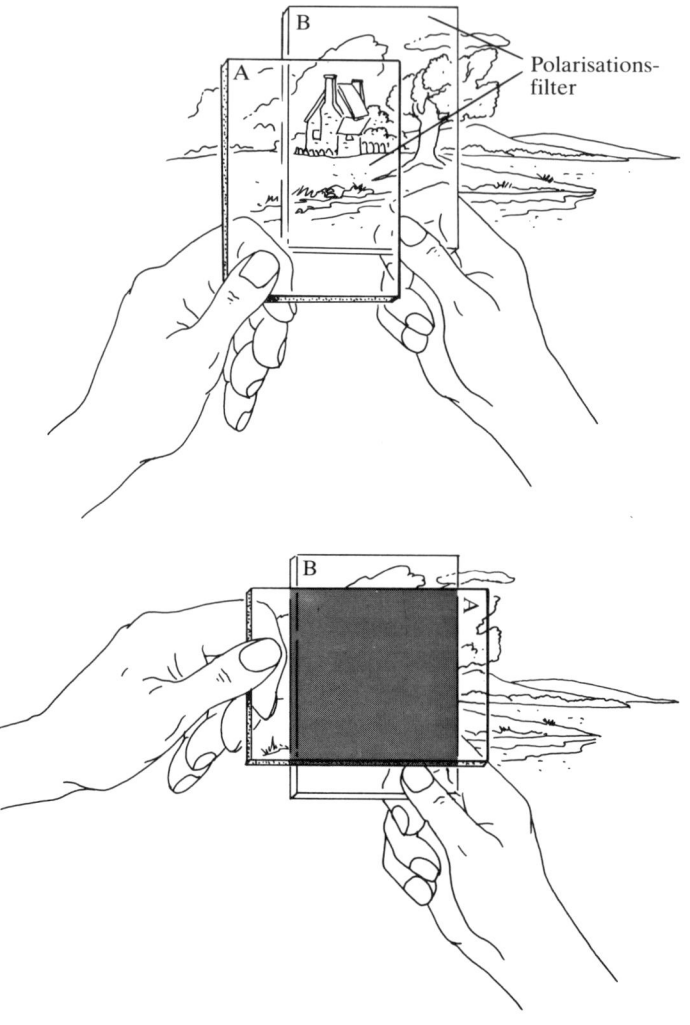

Polarisations-
filter

der um einen rechten Winkel dreht, wird Licht nicht mehr durchgelassen.

Newton erklärte die Polarisation damit, daß Licht *Seiten* habe. Man kann sich das so vorstellen, daß die Lichtteilchen nicht kugelförmig sind, sondern in Flugrichtung verlängert erscheinen, wenn sie auf den Beobachter zukommen. Young und Fresnel konnten die Polarisation des Lichtes zunächst nicht theoretisch begründen. Nach langem Rätseln kamen sie schließlich darauf, daß die Lichtpolarisation eine ganz natürliche Erklärung findet, wenn man sich Licht nicht als longitudinale, sondern als transversale Welle vorstellt.

Dieses Konzept erwies sich zwar als höchst fruchtbar, hatte aber auch einen Nachteil: Wellen brauchen ein Medium, in dem sie sich fortpflanzen. Ein derartiges Medium war für Licht nicht bekannt und mußte daher rein theoretisch postuliert werden. Man bezeichnete es als *Lichtäther* oder einfach *Äther*. Dieser Äther sollte den gesamten Raum erfüllen, den wir mit den besten Teleskopen überblicken; wenn wir nämlich ein Objekt sehen, heißt das, daß ein lückenloses Medium die Lichtwelle vom gesehenen Objekt zum Auge übermittelt haben muß. Nun können transversale Wellen aber nicht in Gasen oder Flüssigkeiten auftreten, weil in solchen Medien keine seitlichen Kräfte entstehen. Man brauchte vielmehr ein Medium, das sich wie ein elastischer Festkörper verhielt. Darüber hinaus mußte dieser Festkörper extrem starr sein, damit sich die

Lichtwellen darin mit der ihnen eigenen ungeheuer hohen Geschwindigkeit verbreiten konnten. Wenn sich die Planeten durch einen solchen Äther bewegten und dabei auch nur ein wenig abgebremst würden, hätte man das in der kumulativen Wirkung schnell bemerken müssen. Aber die Astronomen hatten immer eine gute Übereinstimmung zwischen der Planetenbewegung und den Newtonschen Gleichungen festgestellt. Wie also kam es, daß ein allgegenwärtiger elastischer fester Äther überhaupt keinen beobachtbaren Einfluß auf die Planetenbewegung hatte?

Es wurden viele feinsinnige Erklärungen ersonnen, doch keine war zufriedenstellend. Man gewöhnte sich daran, mit dem Problem zu leben, zumal die Wellentheorie des Lichtes viel zu erfolgreich war, als daß man sie hätte aufgeben können.

Exkurs 4.5: Die verschiedenen Polarisationsphänomene des Lichtes und insbesondere die Lichtundurchlässigkeit der gekreuzten Polarisationsfilter lassen sich alle im Bild der transversalen Welle verstehen: Betrachten wir beispielsweise eine Streifen-Polarisationsfolie wie in der Abbildung auf dieser Seite, bei der das Licht in Längsrichtung polarisiert wird. Polarisiertes Licht besteht aus Transversalwellen, die alle in dieselbe Richtung schwingen. Senkrecht polarisiertes Licht tritt durch eine senkrecht ausgerichtete Polarisationsfolie ungehindert hindurch. Waagerecht polarisierte Lichtwellen werden dagegen nicht durchgelassen. Die Wirkung einer Polarisationsfolie ist in der Abbildung auf der nächsten Seite für einen senkrecht und einen waagerecht polarisierten Lichtpuls gezeigt. Ist die Polarisationsrichtung des Lichtes um einen spitzen Winkel gegen die Vertikale geneigt, so bleibt die vertikale Auf- und Abbewegung als Schwingungskomponente ein Teil der Gesamtbewegung. Diese vertikale Komponente

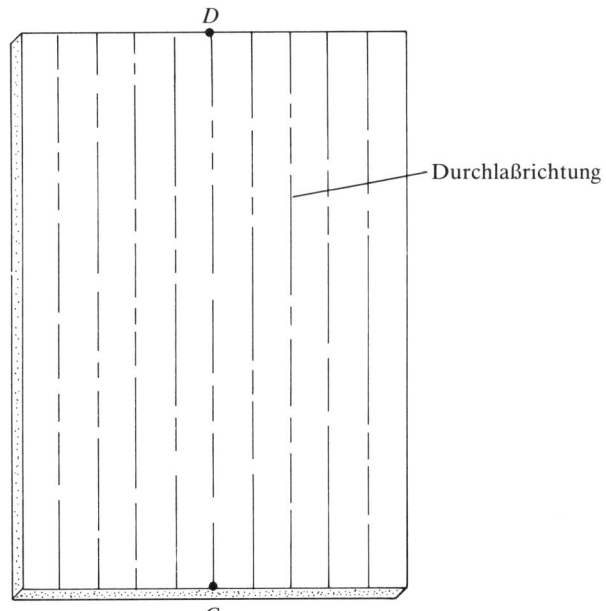

der Lichtwelle wird durchgelassen und bildet hinter der Folie einen senkrecht polarisierten Strahl. Der Betrag der senkrechten Schwingungskomponente nimmt ab, wenn die Polarisationsrichtung des einfallenden Lichtes sich der Horizontalen annähert. Ist das Licht vollständig waagerecht polarisiert, so wird die senkrechte Schwingungskomponente zu Null, und der vertikale Folienstreifen blockiert das Licht völlig.

Damit ist auch klar, warum zwei gekreuzte Polarisationsfolien undurchsichtig sind: Unpolarisiertes Licht besteht aus einem Gemisch von Lichtwellen verschiedener Polarisationsrichtungen. Fällt es durch einen horizontalen Folienstreifen, kommt es horizontal polarisiert heraus. Es kommt also durch einen vertikal gestellten Folienstreifen nicht mehr hindurch.

Man beachte, daß die Transversalität hier die ausschlaggebende Eigenschaft der Lichtwelle ist.

Ausbreitungrichtung der Lichtwelle ⟶

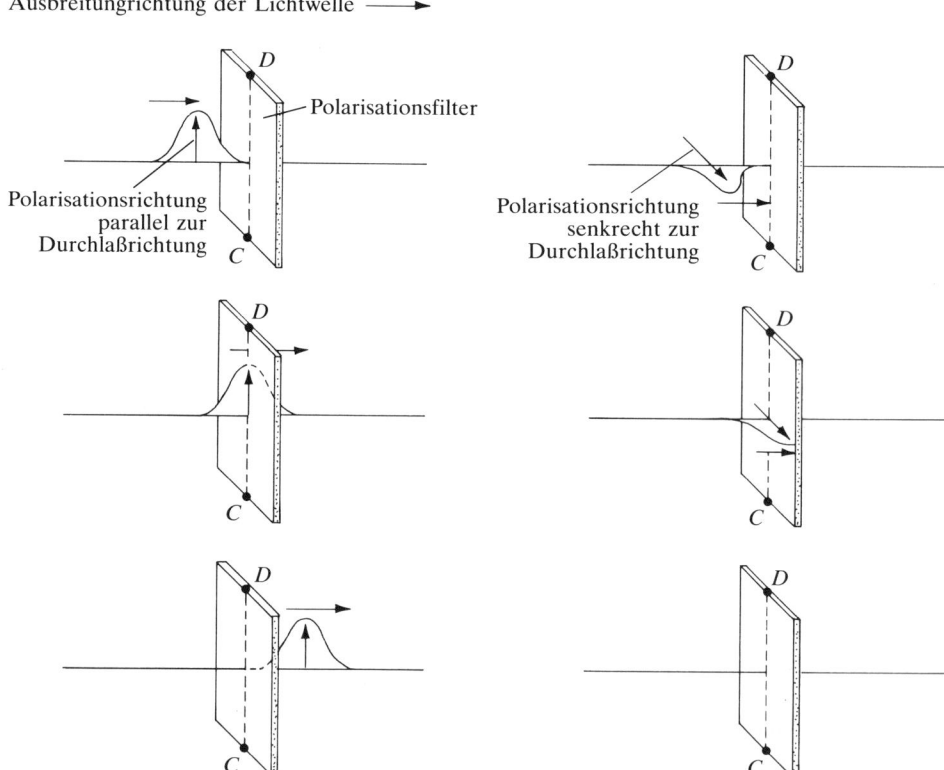

72

Bradley hatte die Aberration des Lichtes im Rahmen der Teilchentheorie erklärt. Wenn man nun die Wellentheorie auf dieses Problem anwenden wollte, war man gezwungen anzunehmen, daß der Lichtäther widerstandsfrei durch Materie hindurchfließt. Um zu verstehen, warum man im Rahmen der Wellentheorie diese Annahme machen mußte, betrachten wir den Fall, daß die Erde den Äther nahe ihrer Oberfläche mit sich zieht. Wie unschwer einleuchtet, kann dann keine Lichtaberration entstehen, die ja aus der Differenz von Licht- und Erdgeschwindigkeit resultiert. Der mitgezogene Äther würde die Lichtwellen mit sich führen, also die abzuziehende Geschwindigkeit wieder hinzufügen und den Aberrationseffekt aufheben. Die Aberration des Lichtes erzwingt daher die Annahme, daß der Äther widerstandsfrei durch materielle Körper fließt. Um eine bildhafte Analogie von Young zu gebrauchen: Der Äther dringt ebenso frei durch Materie, wie ein Wind durch ein Wäldchen weht.

Stehen   Laufen

Stehen mit Wind   Laufen mit Wind

Diese Vorstellung hat eine außerordentliche Tragweite. Wir erinnern uns, daß Newton den absoluten Raum eingeführt hatte, um von absoluter Ruhe und absoluter Bewegung sprechen zu können, wobei aus seinen Gesetzen ein Relativitätsprinzip folgt, nach dem Ruhe und gleichförmige Bewegung relativ sind. Wenn nun der Äther den gesamten Raum ausfüllen und überdies von den Bewegungen materieller Körper völlig unbeeinflußt bleiben sollte (mit Ausnahme der „Kräuselungen" durch Lichtwellen), dann schien es vernünftig anzunehmen, daß der Äther im absoluten Raum ruht. So gesehen würde er den absoluten Raum gleichsam materiell verkörpern. Wenn es nun gelänge, unsere Bewegungen relativ zum Äther zu messen, dann hätten wir zugleich auch unsere absolute Bewegung bestimmt. Diese Vorstellung hätte Newton wahrscheinlich gefallen, da die störende Relativität nur noch mechanische Vorgänge beträfe. In optischen Experimenten müßte sich jedoch die Absolutheit bestätigen, die Newton von Anfang an postuliert hatte.

Natürlich wurden nun Experimente entworfen, um die absolute Bewegung der Erde – also ihre Bewegung relativ zum Äther – zu messen. Nun haben wir bereits erwähnt, daß es keine festen Markierungen im Raum gibt, die uns zur Identifikation der absoluten Ruhe verhelfen – wir hatten das für ein Experiment mit einer Perle auf einem möglicherweise bewegten Draht erläutert. Ebensowenig sind solche Markierungen im Äther vorhanden. Allerdings hat der Äther in diesem Zusammenhang einen Vorteil: Er überträgt Lichtwellen. Wie wir im folgenden noch sehen werden, können Lichtwellen auf unterschiedliche Weise die Rolle von Markierungen übernehmen. Auch wenn es sich dabei um bewegte Markierungen handelt, kann man sie benutzen, um absolute Ruhe und absolute Bewegung zu messen.

Betrachten wir dazu ein Gedankenexperiment zur Messung der Geschwindigkeit relativ zum Äther – wobei sich dieses Experiment aus vielen Gründen in Wirklichkeit nicht durchführen läßt. Das Prinzip wollen wir anhand einer Analogie erläutern: Wir befinden uns auf einem Boot, das auf einem ruhigen See fährt. Das Ufer liegt unsichtbar im dichten Nebel, der wie der Äther keine festen Grenzen erkennen läßt. Wir möchten herausfinden, wie schnell das Boot auf dem Wasser fährt. Zur Vereinfachung sei angenommen, daß es sich in Längsrichtung vorwärts bewegt. Schwimmbojen sind keine zu sehen. Man könnte schwimmende Gegenstände vom Boot aus als Bojen ins Wasser werfen und die Bootsgeschwindigkeit relativ zu ihnen messen. Damit wäre das Problem auf einer Wasseroberfläche tatsächlich gelöst – aber im Äther würde dieses Verfahren nicht weiterhelfen. Dort käme eine ausgeworfene Boje nie zum Stillstand, weil sie keinerlei Reibung erführe. Wenn wir für die Geschwindigkeitsmessung keine im Wasser treibenden Bojen einsetzen wollen, was könnten wir dann tun? Eine Möglichkeit wäre, zwei Ballastsäcke mit Schwung ins Wasser zu werfen, einen nach achtern und einen voraus. Natürlich sinken beide sofort, aber beim Aufschlag auf dem Wasser erzeugen sie kreisförmige Wellen. Von beiden Aufschlagspunkten kommen Wellenfronten auf das Boot zu – die einen von vorne, die anderen von hinten. Wir messen nun die Geschwindigkeiten, mit denen die Wellen am Boot vorbeikommen. Angenommen, die Wellen von vorne kommen mit elf Kilometern pro Stunde an uns vorbei und die Wellen von hinten haben eine Geschwindigkeit von neun Kilometern pro Stunde, dann können wir schließen, daß die wahre Wellengeschwindigkeit auf dem Wassser zehn Kilometer pro Stunde beträgt (was dem Durchschnitt der beiden Geschwindigkeiten entspricht) und daß das Boot sich einen Kilometer pro Stunde vorwärts bewegt (nämlich mit der halben Geschwindigkeitsdifferenz). Wir sehen also, wie Wellen tatsächlich als bewegte Markierungen genutzt werden können, um Geschwindigkeiten zu messen.

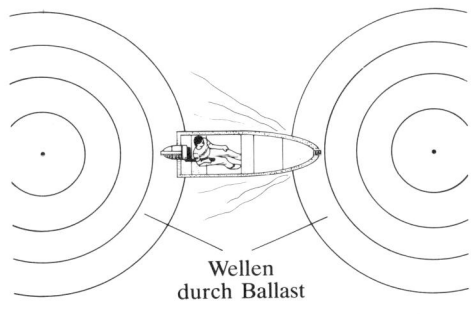

Wellen
durch Ballast

Im Fall einer Bewegung durch den Äther würde man in Analogie zu den Ballastsäcken nun Lampen oder irgendwelche anderen Lichtquellen benutzen. Wenn wir die Geschwindigkeit von Licht im Äther mit c bezeichnen und unsere eigene Geschwindigkeit v beträgt, würden wir erwarten, daß die Wellen von vorne mit einer Geschwindigkeit von $c + v$ auf uns zukommen und die Wellen von hinten uns mit einer Geschwindigkeit von $c - v$ erreichen. Der Mittelwert dieser beiden Geschwindigkeiten ist gerade die Lichtgeschwindigkeit c, und die halbe Differenz entspricht v. Da wir nicht wissen, in welcher Richtung wir uns durch den Äther bewegen — was wir zweifellos ja tun —, führen wir unseren Versuch für verschiedene Orientierungen durch. Der größte Wert von v zeigt uns unsere Bewegungsrichtung an — er ist identisch mit unserer Geschwindigkeit im Äther.

Natürlich wollte man die Bewegung der Erde mit Hilfe der Lichtausbreitung im Äther vermessen. Man kannte zwar die Bahn um die Sonne, wußte aber nicht, wie sich die Sonne selbst — mitsamt ihrer Planetenschar — bewegt. Bereits 1818 führte der französische Wissenschaftler François Arago ein solches Experiment durch, um die Erdgeschwindigkeit zu bestimmen. Es war eine Messung *erster Ordnung*, das heißt, ihre Empfindlichkeit erlaubte nur, Effekte der Größenordnung v/c zu registrieren. Hier ist v die Geschwindigkeit des Labors und c die Lichtgeschwindigkeit. Wenn v die Bahngeschwindigkeit der Erde ist, beträgt v/c etwa 1/10 000.

Das Experiment von Arago beruht im wesentlichen auf der folgenden Überlegung: Lichtstrahlen werden beim Durchgang durch ein Glasprisma um einen Winkel gebrochen, der unter anderem vom jeweiligen Brechungsindex des Glases abhängt. Als *Brechungsindex* bezeichnet man in der Wellentheorie des Lichtes den Quotienten aus der Lichtgeschwindigkeit im Vakuum und der Lichtgeschwindigkeit in Glas. Stellen wir uns vor, wir hätten ein Glasprisma, das im Äther ruht. Nehmen wir der Einfachheit halber außerdem an, daß die Lichtgeschwindigkeit außerhalb des Glases drei Einheiten und innerhalb des Glases zwei Einheiten beträgt. Dann wäre der Brechungsindex gleich 3/2.

Gesetzt den Fall, das Prisma befindet sich nicht relativ zum Äther, sondern relativ zur Erde in Ruhe, wobei sich die Erde mit einer Geschwindigkeit von einer Einheit nach rechts bewegt. Dann hätte Licht, das von rechts kommt, außerhalb des Prismas eine Geschwindigkeit von 3 + 1 Einheiten; innerhalb des Glases wären es 2 + 1 Einheiten. Unter diesen Bedingungen ergäbe sich für den Brechungsindex nicht 3/2, sondern (3 + 1)/(2 + 1), also 4/3. Für Licht aus anderen Richtungen hätte der Brechungsindex wiederum andere Werte. Demnach wäre zu erwarten, daß der Brechungswinkel bei Licht, das durch ein erdgebundenes Prisma tritt, von der Bewegung der Erde abhängt. Auch eine eingehendere mathematische Betrachtung liefert dieses Ergebnis.

Als Arago sein Experiment durchführte, entdeckte er zu seiner großen Überraschung, daß die Erdbewegung *keinen* merklichen Einfluß auf den Brechungsindex von Glas hat. Dieses unerwartete Resultat teilte er seinem Freund Fresnel mit. Fresnel schlug eine bemerkenswerte Deutung vor, die in der Geschichte der Physik eine sehr interessante Rolle spielen sollte – wenn auch aus damals noch nicht absehbaren Gründen. Er nahm an, daß der Äther innerhalb und außerhalb der Materie jeweils gleichförmig verteilt ist und reibungsfrei durch Materie hindurchfließt, daß aber eine zusätzliche Menge Äther permanent im Glas eingeschlossen ist und daß dasselbe für alle transparenten Körper gilt. Wieviel Äther pro Volumeneinheit jeweils eingeschlossen ist, ergab sich anhand der Brechungsindizes. So sollte im Innern des Prismas mehr Äther vorhanden sein als in einem gleichen materiefreien Volumen. Angenommen, das Prisma bewegt sich gemeinsam mit der Erde, wie wird sich der eingeschlossene Äther dann verhalten? Offenbar müßte er sich wie ein Körper zusammen mit dem Prisma bewegen – andernfalls könnte man ihn ja kaum als eingeschlossen bezeichnen. Dennoch dürfte weder der mitgezogene, eingeschlossene Äther noch das bewegte Prisma selbst den geringsten Einfluß auf den allgegenwärtigen Äther haben, der im absoluten Raum ruht.

Wenn Licht in ein Prisma eindringt, das sich selbst bewegt, ergibt sich eine komplexere Situation: Für einen absolutruhenden Beobachter müßte es außer dem gewöhnlichen ruhenden Äther einen eingeschlossenen bewegten Äther geben – wobei sich beide Ätherbestandteile nicht wechselseitig beeinflussen. Nun ergibt sich die Frage, wie schnell sich Licht in dieser Äthermischung fortpflanzt. Fresnel vermutete, daß sich die Lichtgeschwindigkeit im bewegten Prisma ergibt, wenn man zur normalen Lichtgeschwindigkeit nun eine Art Durchschnittsgeschwindigkeit beider Ätherteile hinzu addiert. Das war eine Vorstellung, die sehr merkwürdig zu sein schien, jedoch auf eine grundlegende neue Formel für die Lichtgeschwindigkeit in bewegtem Glas und in anderen

Medien führte – und diese Formel erklärte auch, warum Arago keinerlei Einfluß der Erdbewegung auf den Brechungsindex gemessen hatte. Im Jahre 1851 gelang es Fizeau, die Fresnelsche Formel für die Lichtgeschwindigkeit in bewegten Medien direkt zu bestätigen, indem er die Lichtgeschwindigkeit in fließendem Wasser maß – ein überaus schwieriges Experiment, das außerordentlichen Scharfsinn erforderte.

Fresnels Formel ließ sich nicht nur auf die Lichtbrechung in bewegten Prismen anwenden, sondern auch auf viele andere Lichtphänomene. Dazu gehörte beispielsweise die Aberration des Sternlichtes. Erinnern wir uns: Die Aberration ergibt sich rechnerisch aus der Differenz zwischen der Erdgeschwindigkeit und der Geschwindigkeit des einfallenden Lichtes. Angenommen, man würde ein Teleskop mit Wasser füllen, dann müßte sich Sternlicht darin langsamer ausbreiten, als wenn kein Wasser vorhanden wäre. Zieht man nun die Erdgeschwindigkeit von dieser verlangsamten Lichtgeschwindigkeit ab, so ergibt sich eine größere Aberration als zuvor. Dagegen kam Fresnel aufgrund seiner Formel zu dem Ergebnis, daß das Wasser bei einer solchen Messung erster Ordnung keinen nachweisbaren Einfluß auf die Aberration hat. Diese Vorhersage hat dann viel später – im Jahre 1871 – der englische Astronom George Airy bestätigt.

Man hat viele optische Experimente erster Ordnung durchgeführt, um die Geschwindigkeit der Erde bei ihrem Lauf durch den Äther zu messen und somit ihre absolute Geschwindigkeit zu bestimmen. Immer ergab sich die Geschwindigkeit Null. Anhand der Fresnelschen Theorie konnte man schließlich zeigen, daß alle derartigen Experimente zwangsläufig zum Scheitern verurteilt waren.

Die Nullresultate, die sich für die absolute Geschwindigkeit der Erde bei all diesen Messungen ergeben – und damit auch Fresnels Theorie – trugen bereits den Keim des Relativitätsgedankens in sich. Mag Fresnels Vorstellung von einem eingeschlossenen Äther auch zunächst gekünstelt und unwahrscheinlich wirken, so wird man seine Theorie angesichts ihrer Erfolge letztlich begrüßen. Aber das sollte man mit der richtigen Begründung tun. Tatsächlich war Fresnels Theorie in sich widersprüchlich. Danach soll zum Beispiel der Brechungsindex ein Maß für die eingeschlossene Äthermenge sein, aber dieser Index hängt unter anderem von der Farbe des Lichtes ab. Sollte sich also die Menge des eingeschlossenen Äthers ändern, wenn wir bei Brechungsexperimenten blaues statt rotes Licht verwenden? Wenn das Äthermodell überhaupt einen Sinn haben soll, darf die Menge des eingeschlossenen Äthers nicht auf eine solche Weise variieren. Sie muß vielmehr einen festen, exakt definierbaren Wert haben. Andernfalls wäre kaum noch vorstellbar, wie die Äthermenge aussehen müßte, wenn weißes Licht − Mischlicht aus allen Spektralfarben − durch ein Prisma fällt.

Wir sehen also, daß Fresnels Idee nicht haltbar ist. Was nun? Wenn man sie einfach als lächerlich abtun wollte, würde man dem Wesen von Wissenschaft nicht gerecht. Fresnel stand ja vor Problemen, die im Rahmen der Newtonschen Theorie unlösbar waren und unweigerlich zu Widersprüchen führen mußten. Man kann eigentlich nur bewundern, mit welcher sicheren Intuition Fresnel der Lösung des Problems einen wichtigen Schritt näher kam, obwohl erst die Relativitätstheorie die richtigen Methoden dafür an die Hand gibt. Derart weitsichtige Lösungsversuche setzen höchste wissenschaftliche Fähigkeiten voraus und zeigen einmal mehr, daß Wissenschaft über Logik hinausgeht.

Wir werden bald sehen, wie der schottische Physiker James Clerk Maxwell noch wichtigere relativistische Ergebnisse mit fast ebenso gewagten Methoden erzielte. Zur Vorbereitung wollen wir zunächst den Elektromagnetismus kennenlernen − ein Thema, das uns direkt zur Relativitätstheorie führt.

Zu Beginn des 19. Jahrhunderts war der Elektromagnetismus noch kein spezielles Forschungsgebiet. Man kannte − seit der Antike − den Magnetismus als die Anziehungskraft, die das Mineral Magneteisenstein auf Eisen ausübt. Die Elektrizität galt als eine andere Kraft, die Bernstein auf verschiedenste Materialien ausübt, wenn man ihn mit einem Katzenfell reibt. Erst seit dem 13. Jahrhundert gab es bei der Erforschung von Elektrizität und Magnetismus merkliche Fortschritte.

In der Neuzeit entdeckte man frappierende Analogien zwischen Magnetismus und Elektrizität. Ein Magnet hat bei-

spielsweise zwei Pole: Nord- und Südpol. Zwei gleichartige
Pole – zwei Nordpole oder aber zwei Südpole – stoßen sich
gegenseitig ab. Entgegengesetzte Pole ziehen sich an. Die
magnetische Kraft zwischen zwei Polen, sei sie nun abstoßend
oder anziehend, wirkt in Richtung ihrer Verbindungslinie.
Diese Kraft ist umgekehrt proportional zum Quadrat des
Abstandes der Pole; sie nimmt also mit wachsendem Abstand
ziemlich rasch ab.

Kommen wir zur Elektrizität. Man erklärt sie heute mit winzigen Teilchen, die positive oder negative Ladung tragen.
Gleichnamige elektrische Ladungen – beide positiv oder beide negativ – stoßen sich ab; entgegengesetzte Ladungen ziehen sich an. Die Kraft zwischen ihnen ist wiederum umgekehrt proportional zum Quadrat des Abstandes.

Angesichts der offensichtlichen Analogien zwischen Elektrizität und Magnetismus ist es kein Wunder, daß man nach
Zusammenhängen forschte. Aber zunächst schien es keine
zu geben. Wenn eine elektrische Ladung und ein magnetischer Pol nahe beieinander liegen, lassen sich keinerlei Kraft-
einwirkungen zwischen ihnen beobachten. Andererseits wiesen einige Naturerscheinungen auf eine Beziehung zwischen
Elektrizität und Magnetismus hin: So kann ein Blitz Eisen
magnetisieren und Kompaßnadeln bewegen. Diese Zusammenhänge ließen sich jedoch bis zum Jahre 1820 nicht näher
bestimmen. Zu diesem Zeitpunkt wußte man nur, daß elektrische Ladungen ziemlich frei durch Metalle oder andere leiten-
de Festkörper fließen können und dann einen elektrischen
Strom darstellen.

Im Jahre 1820 machte der dänische Physiker Hans Christian
Ørsted – ein lebenslanger Freund des großen Märchenschrift-
stellers Hans Christian Andersen – eine wichtige Entdek-
kung: Ein elektrischer Strom, der in einem Draht fließt, kann
Kompaßnadeln ablenken. Damit war die langgesuchte Verknüpfung von Elektrizität und Magnetismus hergestellt. Man
konnte nun auch verstehen, warum dies so lange gedauert hatte, denn in ihren Details entsprach die Ørstedsche Entdek-
kung keineswegs den Erwartungen. So war der entdeckte
Effekt nicht statisch, sondern dynamisch. Bewegung war das
Entscheidende: Ohne elektrischen Strom im Draht, also ohne

den Fluß elektrischer Ladungen, war keine Wirkung auf die Magnetnadel zu beobachten. Außerdem zeigte die Kraft zwischen Strom und Nadel in eine andere Richtung, als man sie aufgrund der bereits bekannten Kräfte erwartet hatte. Gravitation, Elektrizität und Magnetismus äußern sich bei ruhenden Teilchen beziehungsweise Polen in Kräften, die entlang der Verbindungslinien wirken. Der elektrische Strom hatte eine völlig andere Wirkung auf die Magnetnadel, wie man aus der Abbildung unten ersehen kann. Der Punkt C in der Bildmitte kennzeichnet die Position eines geraden Drahtes, der die Papierebene senkrecht durchstößt. Eine Magnetnadel in P wird dann nach rechts, also zum unteren Seitenrand hin abgelenkt. Eine Nadel in S erfährt eine Drehung zum oberen Seitenrand hin. Der elektrische Strom erzeugt eine Kraft, die im rechten Winkel zur Stromrichtung wirkt. Um die Wirkung des elektrischen Stromes auf die Magnetnadel zu verbildlichen, stellte sich Ørsted vor, daß sich um die Stromrichtung (in einer senkrechten Ebene) ein magnetischer Wirbel bildet.

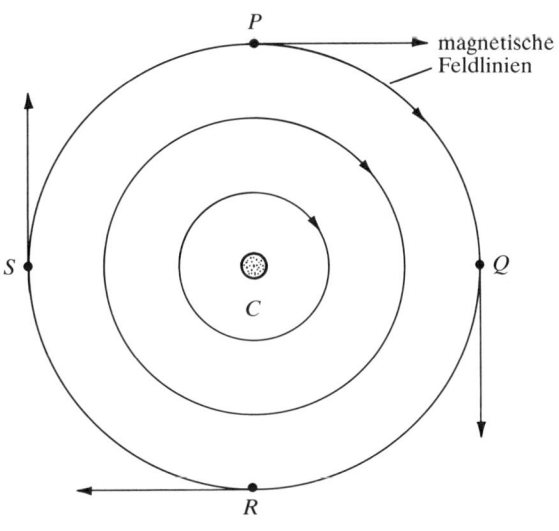

Ørsteds Entdeckung weckte alsbald das Interesse des französischen Physikers André Marie Ampère. Er entdeckte bei seiner inzwischen klassischen theoretischen und experimentellen Untersuchung in nur drei Jahren grundlegende Gesetzmäßigkeiten für alle bis dahin bekannten Aspekte der neuen Elektrodynamik. Ampères Arbeit war so umfassend und überzeugend, daß Maxwell ihn den *Newton der Elektrizität* nannte. In dieser Charakterisierung lag eine tiefere Wahrheit, als Maxwell selbst geahnt haben mag. Ampère hatte seine Theorie auf Konzepten aufgebaut, die damals als Inbegriff Newtonscher Physik galten: Kräfte, die über Entfernungen hinweg wirken und deren Richtung mit der Verbindungslinie der beteiligten Körper oder Pole zusammenfällt. Maxwells eigene Entdeckungen standen im Widerspruch zu diesen Konzepten.

Es war zunächst nicht auszuschließen, daß die elektrischen Ströme irgendwelche unbekannten Kräfte auf Magnetnadeln ausübten. Ampère zeigte jedoch, daß sie in jeder erkennbaren Beziehung reinen Magnetismus erzeugen. Der umgekehrte Effekt – daß nämlich Magnetismus elektrische Ströme hervorruft – wurde 1831 von dem englischen Experimentalphysiker Michael Faraday entdeckt. Unabhängig davon gelang dieselbe Entdeckung etwa zur gleichen Zeit dem Amerikaner Joseph Henry und wenig später dem Russen H. F. E. Lenz. Man bezeichnet diesen Effekt als *magnetische Induktion*.

Michael Faraday gilt als einer der größten Experimentalphysiker aller Zeiten. Einstein hat die Bedeutung der Faradayschen Arbeiten für Maxwell mit der Beziehung von Galilei und Newton verglichen. Faraday wurde 1791 als Sohn eines Hufschmieds geboren, und von seinem 13. und bis zum 21. Lebensjahr arbeitete er als Buchbinder. Wissenschaftlich bildete er sich hauptsächlich als Autodidakt – indem er eifrig die Bücher las, die er zum Binden erhielt. Ein aufmerksamer Kunde nahm ihn schließlich in die populärwissenschaftlichen Vorträge mit, die der Präsident der Royal Institution in London im Rahmen einer Vorlesungsreihe hielt. Faraday machte sich sorgfältige Aufzeichnungen und sandte seine Vorlesungsmitschrift auf Drängen jenes Kunden in Leder gebunden an den Dozenten. Das brachte ihm seine erste Anstellung im Dienst der Wissenschaft ein. Er kam als kleiner Laborassistent zur Royal Institution – und sollte später ihr Direktor werden. Faradays weitreichende und umfangreiche Forschungsarbeiten bilden die Grundlage der modernen Elektrotechnik, aber man wird in seinen Werken vergeblich nach mathematischen Formeln suchen, die über gelegentliche Rückgriffe auf einfache Arithmetik hinausgingen und nicht ebensogut in Worten ausgedrückt werden könnten.

Es wäre voreilig, einen Nachteil darin zu sehen, daß Faraday keine mathematische Beschreibung gab. Ohne Mathematik war er gezwungen, über elektromagnetische Phänomene in Bildern nachzudenken. Man betrachte beispielsweise den einfachen Fall eines Hufeisenmagneten, der einen winzigen Kompaß anzieht. Für den Theoretiker sind dann die Form des Magneten und das $1/r^2$-Gesetz für die Anziehung zwischen den Magnetpolen die wichtigsten Einflußfaktoren.

Faraday maß den magnetischen Körpern keine so große
Bedeutung bei. Sie fielen dem Beobachter zwar unmittelbar
ins Auge, waren in Faradays Vorstellung jedoch für sich
genommen relativ belanglos. Er stellte sich vor, daß beispielsweise von einem Hufeisenmagneten ein Kraftfeld ausgeht, das
den gesamten Raum durchdringt. Wie mit unzähligen Fang-
armen ziehen die Magnetpole an der Nadel und an anderen
magnetischen Gegenständen. Man kann die magnetischen
„Fangarme" mit Eisenpfeilspänen sichtbar machen, aber sie
sind − ob sichtbar oder nicht − immer vorhanden. Faraday
sprach hier von *Kraftlinien*,
und für ihn waren diese Kraftlinien eine physikalische Realität: Der Raum um einen
Magneten ist nicht leer, sondern von magnetischen Kraftlinien durchsetzt, die das
magnetische Feld bilden.

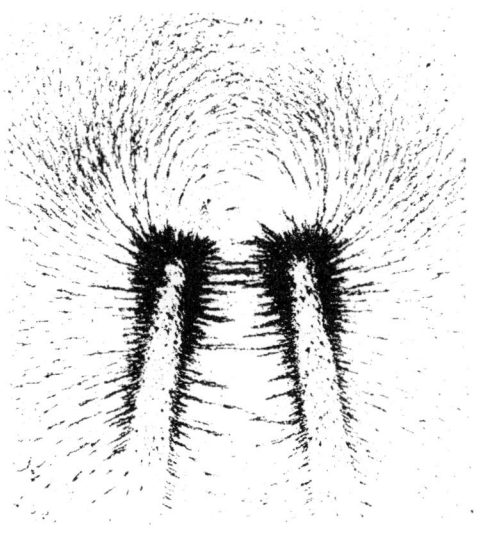

Ganz analog stellte sich Faraday vor, daß von elektrischen
Ladungen elektrische Kraftlinien ausgehen. Sie sollten die
primäre Realität bei allen elektrischen Erscheinungen sein −
sie konstituierten das elektrische Feld.

Gibt es solche Kraftlinien wirklich, oder sind sie nur eine
bildhafte Hilfsvorstellung, mit der Faraday ohne Mathematik
eine vage Ordnung in die experimentellen Beobachtungen
bringen konnte?

Verglichen mit den Formeln der mathematischen Physik schie-
nen die Kraftlinien eine naive und ungenaue Beschreibung
zu sein. Aber noch zu Lebzeiten Faradays, etwa 25 Jahre
später, zeigte sich, daß in dieser Beschreibung doch ein reich-
haltiger mathematischer Inhalt lag. Er sollte im Werk Maxwells
auf spektakuläre Weise zur Geltung kommen.

An einem einfachen Beispiel können wir leicht sehen, wie das
Bild von den Kraftlinien zu präzisen mathematischen Geset-

zen führt, ohne daß wir uns dabei um die Details der Infinite-
simalrechnung kümmern müßten. Nehmen wir mit Faraday
an, daß der Zug, den eine Kraftlinie ausübt, unabhängig von
ihrer Länge ist. Der mathematische Aspekt kommt nun mit
der Vorstellung herein, daß die Kraftlinien so dünn, so zahl-
reich und so dichtgepackt sind, daß sie trotz ihrer Individuali-
tät gleichmäßig und lückenlos den Raum ausfüllen.

Schauen wir uns den Fall einer einzelnen elektrischen Ladung
an, deren Kraftlinien radial in alle Richtungen streben. Man
stelle sich nun eine Kugelschale um die Ladung vor, wobei
die Ladung im Mittelpunkt der Kugel liegen soll. Dann wird
die Kugelschale von allen Kraftlinien durchstoßen. Eine kleine Probeladung, die auf der Kugelschale sitzt, wird von einer
bestimmten Anzahl von Kraftlinien getroffen, die an ihr ziehen. Die Beiträge der einzelnen Kraftlinien summieren sich
zu einer Gesamtkraft, die an der elektrischen Probeladung
angreift. Angenommen, die Kugelschale hat den Radius 1.
Wenn man diesen Radius verdoppelt, wird sich die Oberfläche vervierfachen, und die durchstoßenden Kraftlinien
werden weiter auseinanderrücken. Verglichen mit vorher wird
nur noch ein Viertel von ihnen auf eine Einheitsfläche der
Kugeloberfläche treffen, und entsprechend weniger stark wird
eine Probeladung auf dieser Oberfläche zum Mittelpunkt hin
gezogen. Beim doppelten Radius verringert sich die Kraft auf
ein Viertel. Die scheinbar so unmathematischen Kraftlinien
führen uns demnach zu der Schlußfolgerung, daß die elektrische Kraft umgekehrt proportional zum Quadrat des Ladungs-
abstandes ist, und das entspricht ja gerade einem seit langem
bekannten Gesetz.

Der behandelte Fall ist natürlich besonders einfach. Aber
selbst im komplizierten Wechselspiel vieler Ladungen folgen
die Kraftlinien immer noch diesem $1/r^2$-Gesetz, das in dem
Gewirr der Kräfte beinahe kaum noch erkennbar ist.

Das ist noch nicht alles: Auch in anderen Situationen zeigte
sich die Effizienz des Kraftlinienbildes. Im Falle der elektromagnetischen Induktion beispielsweise konnte Faraday die
Quintessenz seiner detaillierten Untersuchungen mit Hilfe der
Kraftlinien in einem grundlegenden physikalischen Gesetz
formulieren – im Induktionsgesetz. Es beinhaltet, daß man in

einer geschlossenen Drahtschleife einen elektrischen Strom erzeugen kann, indem man die Zahl der durch die Schleife hindurchtretenden magnetischen Kraftlinien ändert. Es ist unwichtig, wie die Anzahl der Feldlinien variiert wird. Man kann den Magneten bewegen oder seine Stärke verändern, man kann die Drahtschleife bewegen oder verbiegen und man kann schließlich eine beliebige Kombination dieser Maßnahmen wählen. Solange sich die Zahl der Feldlinien ändert, die die Drahtschleife umschlingt, wird im Draht ein elektrischer Strom induziert. Dieser Strom ist proportional zur zeitlichen Änderung der Feldlinienzahl innerhalb der Drahtschleife. Diese Entdeckung Faradays war ein überwältigender Erfolg seines scheinbar unmathematischen Kraftlinienkonzeptes, mit dem er das Wesen des Elektromagnetismus erfaßte.

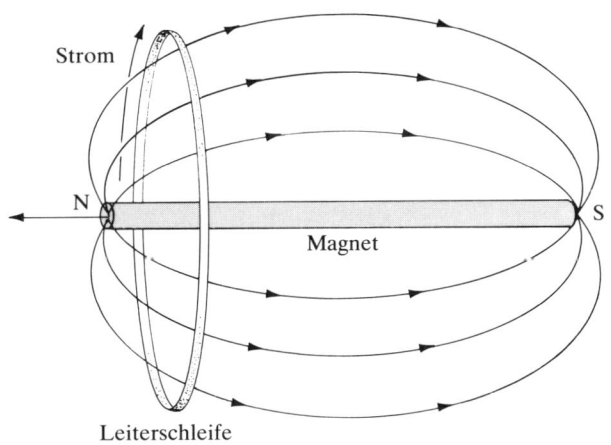

Als sich die Naturphilosophen noch die Frage stellten, warum ein bewegter Körper seine Bewegung beibehält, hatte Galilei ihnen gesagt, man müsse umgekehrt fragen und nach der Ursache forschen, die einen Körper zur Ruhe bringt oder seine Bewegung auf andere Weise ändert. Faraday regte ein ganz ähnliches Umdenken an: In einer Zeit, in der die Forscher ihre Aufmerksamkeit auf die faßbaren magnetischen Körper konzentrierten, lenkte er das Denken auf den reichen, unsichtbaren Inhalt des umgebenden Raumes: das elektromagnetische Feld. So wie Newton Galileis Ideen mit mathematischer Brillanz und physikalischer Intuition weiterentwickelte, so faßte Maxwell Faradays Gesetz in eine mathematische Theorie.

James Clerk Maxwell wurde 1831 in Edinburgh geboren, als Faraday 40 Jahre alt war. Faraday war also schon ein alternder Mann, als Maxwell die mathematische Struktur hinter seinen Ideen und Entdeckungen herauszuarbeiten begann. Diese Aufgabe erforderte hervorragende mathematische Fähigkeiten und eine enorme Intuition, und doch war ihr Maxwell mehr als gewachsen. Maxwells Arbeiten wurden stark von dem schottischen Physiker Thomson − dem späteren Lord Kelvin − beeinflußt. In jungen Jahren schon hatte Thomson begonnen, die Faradayschen Ideen in eine mathematische Form zu bringen, indem er eine Analogie zwischen den elektrischen Kräften und der Wärmeleitung in festen Körpern zog.

Offenbar auf Anraten Thomsons stellte Maxwell seine mathematischen Untersuchungen über Elektrizität und Magnetismus solange zurück, bis er Faradays umfangreiches Werk zu diesem Thema von Grund auf beherrschte. Auf diese Weise konnte er unbefangen an Faradays Ergebnisse herangehen und mathematische Zusammenhänge darin finden, die anderen Mathematikern entgangen waren.

Maxwell ließ sich zunächst von Thomsons Ansatz leiten, als er das Problem des Elektromagnetismus anging. Er untersuchte die mathematischen Beziehungen zwischen elektrischen Kraftlinien und Strömungen in einer Art Flüssigkeit − in einem spekulativen *Fludium*, das sich unendlich weit ausdehnen sollte. Maxwell stellte sich vor, daß Fludium von den elektrischen Ladungen eines Vorzeichens zu Ladungen entgegengesetzten Vorzeichens strömt. Indem er die auftretenden Drücke bestimmte, konnte er präzise die Anziehung und Abstoßung zwischen den Ladungen ausrechnen. Auch für den Magnetismus fand er eine ähnliche Analogie. Aber bei der elektromagnetischen Induktion konnte Maxwell keinen plausiblen Strömungsmechanismus finden. Er setzte daher einfach fest, daß seine Strömungslinien sich in einer Weise verhielten, die das Faradaysche Induktionsgesetz erfüllte. Der Bereich elektromagnetischer Phänomene, den Maxwell mit seinem neuen mathematischen Ansatz erfaßte, war enorm. Seine mathematische Analogie befand sich aber noch im Stadium der Erprobung. Dazu äußerte er sich sehr deutlich in seiner Publikation *Ueber Faradays Kraftlinien*:

»Ich bilde mir nicht ein, daß sie auch nur den Schatten einer wahren physikalischen Theorie enthalten; ihr Hauptverdienst als ein provisorisches Werkzeug zu weiteren Untersuchungen ist vielmehr, von jeder vorgefaßten Meinung frei zu sein.«

Auffällig ist, daß Maxwell − wie vor ihm auch Thomson − ein *Medium* betrachtete, das ein Pendant zu Faradays Feldvorstellung darstellt. Das Feld, also die dichtgedrängten Kraftlinien im Raum, hatte Faraday als grundlegend angesehen. Jede Theorie, die an diese Vorstellung anknüpfen wollte, mußte von Feldern im leeren Raum handeln.

Maxwell wandte sich 1861 erneut dem Problem des Elektromagnetismus zu — etwa sechs Jahre, nachdem er die oben beschriebenen Untersuchungen durchgeführt hatte und erstmals mit Faraday zusammengetroffen war. Diesmal ging er über eine rein mathematische Analogie hinaus. Er entwarf das kühne mechanische Modell eines *Äthers*, der mit den elektromagnetischen Phänomenen einhergeht und deren Gesetzmäßigkeiten bedingt. Erinnern wir uns an Ørsteds Vorstellung, daß elektrische Ströme von einer Art magnetischem Wirbel umgeben sind, der Magnetnadeln zu bewegen vermag. Ampère war nach sorgfältigen Untersuchungen zu der Schlußfolgerung gelangt, daß Magnetismus ein Sekundäreffekt ist, der von elektrischen Kreisströmen herrührt. Es ist interessant, all dies mit Maxwells neuer Idee zu vergleichen. Er begann seine Untersuchung mit einer Betrachtung des reinen Magnetismus. Wie Faraday und Thomson beschrieb auch Maxwell den Magnetismus als eine Rotation. Er veranschaulichte diese Rotation mit dem Begriff des Äthers, der aus winzigen rotierenden *molekularen Wirbeln* bestehen sollte; die magnetischen Kraftlinien sollten dann an jedem Ort längs der Rotationsachse des dortigen molekularen Wirbels liegen. Eine Umkehrung des Drehsinnes käme dann einer Umkehrung der Kraftlinienrichtung gleich. In seinen grundlegenden Annahmen unterschied sich Maxwell also von Ørsted, der weit ausgedehnte Wirbel um die elektrischen Ströme vermutet hatte. Von Ampère wich er dahingehend ab, daß er dem Magnetismus eine primäre Bedeutung beimaß und daß er die Vorstellung einer Fernwirkung ohne materielles Medium vermied, indem er das Feldkonzept benutzte.

Nachdem Maxwell das Modell der molekularen Wirbel entwickelt hatte, wandte er sich der Reibungsproblematik zu. In einem glatten magnetischen Feld müßten die molekularen Wirbel innerhalb eines größeren Gebietes nämlich alle im selben Drehsinn rotieren. Dann aber würden sich die Ränder benachbarter Wirbel an ihren Berührungspunkten in entgegengesetzter Richtung bewegen und sich unter Reibung streifen. Maxwell benötigte jedoch Nachbarwirbel, die sich ohne Reibung im selben Sinn drehen konnten. Dieses Problem war bereits für die Konstruktion von Zahnradgetrieben gelöst: Dort führt man Zwischenräder ein. Die Abbildung links zeigt, wie ein gegen den Uhrzeigersinn rotierendes Zwischenrad bewirken kann, daß sich zwei Zahnräder ohne (Gleit-)Reibung im Uhrzeigersinn drehen können. Aufgrund dieser Überlegung führte Maxwell eine Trennschicht aus winzigen Kügelchen zwischen benachbarten molekularen Wirbeln ein. Das zeigt die Abbildung rechts, die nach einer Illustration von Maxwell gezeichnet wurde. Sie verdeutlicht, wie sich die molekularen

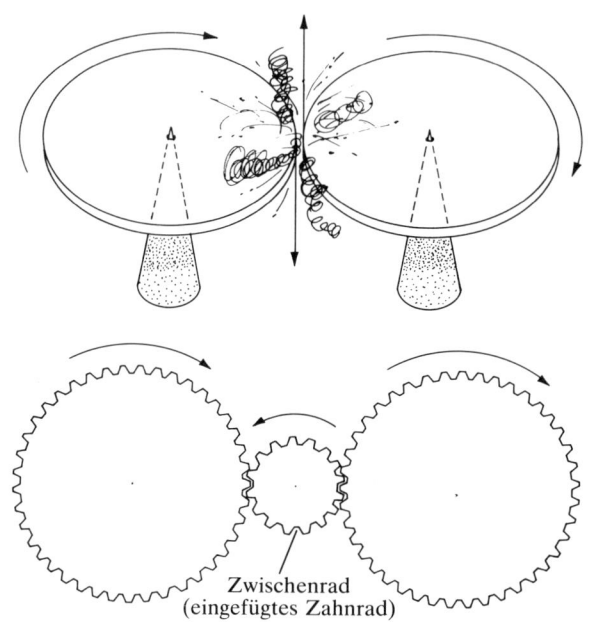

Zwischenrad
(eingefügtes Zahnrad)

Wirbel durch eine einzige Schicht von Kügelchen trennen lassen, aber es stellt sich sofort die Frage, ob die einander berührenden Kügelchen nicht selber gerade die Art von Reibung untereinander erzeugen, die sie beseitigen sollen.

Was waren das überhaupt für Kügelchen? Waren sie nur ein Schmiermittel zur Minderung der Reibung, mit dem ein schlechtes wissenschaftliches Gewissen beschwichtigt werden sollte? Keineswegs. Zwar hatte Maxwell die Kügelchen als Teilchen im Dienste der Wirbelbewegung eingeführt, aber er schrieb ihnen dann doch einen zentralen Stellenwert zu, indem er ihre Translationsbewegung mit dem elektrischen Strom identifizierte und ihnen so eine elektrische Bedeutung gab. Maxwells elektromagnetisches Modell bestand somit aus einem System von Wirbeln und sie umgebenden Teilchen. Er äußerte sich in seiner Arbeit *Ueber Physikalische Kraftlinien* recht unverblümt zu seinem *System molekularer Wirbel*:

»Die Vorstellung von Theilchen, deren Bewegung durch die Bedingung bestimmt ist, dass sie an den beiderseits anliegen-

den Wirbeln ohne Gleitung rollen, mag einigermassen unbefriedigend scheinen. Ich will sie nicht als die richtige Ansicht
über das, was in der Natur existiert, oder als eine Hypothese
über das Wesen der Elektrizität im bisherigen Sinne dieses
Wortes angesehen wissen. Diese Art der Verbindung ist jedoch
mechanisch denkbar, leicht zu untersuchen und geeignet,
die wirklichen mechanischen Beziehungen zwischen den bekannten elektromagnetischen Erscheinungen darzustellen. Ich
stehe daher nicht an zu glauben, dass jeder, der den proviso-
rischen Charakter dieser Hypothese richtig aufgefasst hat,
durch dieselbe bei Untersuchungen über die wahre Deutung
der Phänomene nicht mehr gefördert als gehemmt werden
wird.«

Maxwells Modell – so hoffnungslos bizarr es zunächst
erschien – führte ihn auf wunderbare Weise zu seinen Gleichungen für das elektromagnetische Feld, mit denen er alle
damals bekannten Gesetzmäßigkeiten bis ins Detail mathematisch beschreiben konnte: die Entdeckungen Ørsteds und
die daran anknüpfenden Beobachtungen und Gesetze von
Ampère und Faraday. Nachdem Maxwell seine Feldgleichungen aufgestellt hatte, machte er sie zum Fundament seiner
Theorie. Auf die Wirbel und Zwischenräder konnte er nun
verzichten – sie hatten ihren Zweck erfüllt. An ihre Stelle traten nun neue theoretische Konzepte.

Zur Begründung seiner Gleichungen tat Maxwell einen
entscheidenden und kontro-
versen Schritt: Er führte den
Verschiebungsstrom ein. Um zu
verstehen, was damit gemeint
ist, betrachte man eine Substanz wie Glas, die den elektrischen Strom nicht leitet. Man
würde also vermuten, daß in
einem solchen Nichtleiter kein
elektrischer Strom fließen
kann. Maxwell behauptete
jedoch das Gegenteil – und
folgte darin Faradays Vorstellungen. Seiner Meinung nach

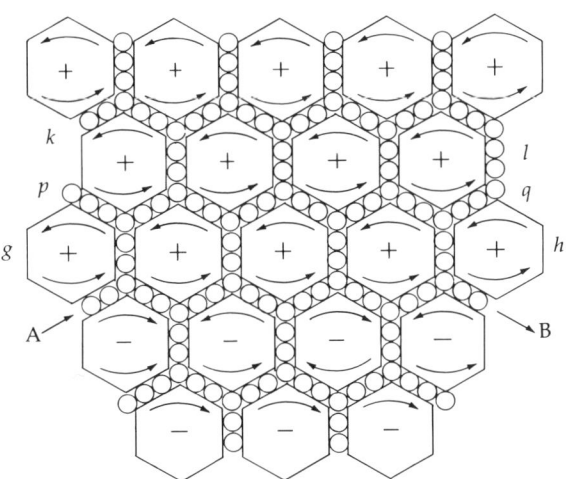

haben die Glasmoleküle elektrische Ladungen in sich. Wenn
elektrische Kräfte auf das Glas einwirken, ziehen die Ladungen an ihren Bindungen und verschieben sich ein wenig. Diese kurzzeitige Verschiebung entspricht einem momentanen
Fluß elektrischer Ladungen und somit einem elektrischen
Strom, dem Verschiebungsstrom. Maxwell beschrieb das so:
Ein Verschiebungsstrom sei eigentlich kein Strom, sondern
der Beginn eines Stromes. Man konnte allerdings auch einen
länger anhaltenden Verschiebungsstrom erzeugen, indem man
ständig das elektrische Feld änderte, weil sich dann ja auch
die Verschiebung ständig mit veränderte.

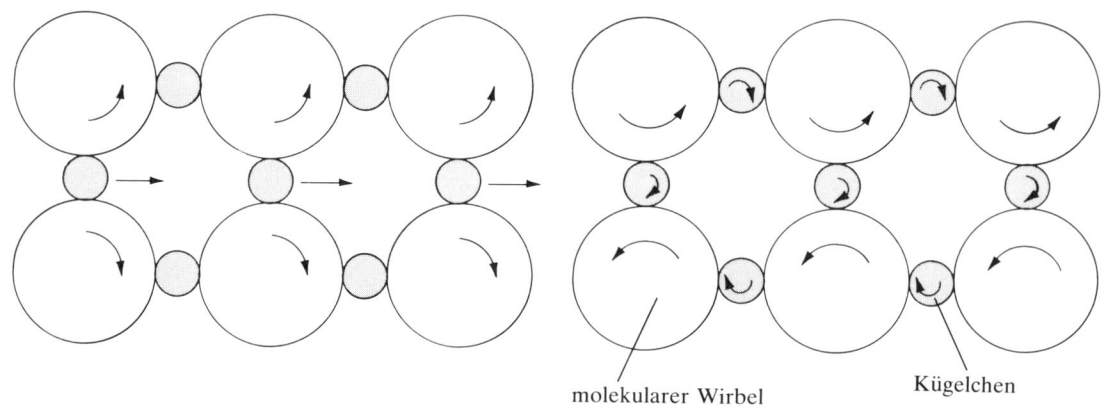

molekularer Wirbel   Kügelchen

Exkurs 4.6: Man kann auch ohne Mathematik sehen, wie Maxwells
molekulare Wirbel die magnetische Wirkung des elektrischen Stromes
bestimmen. Man betrachte dazu die kombinierten Rotationen von Wirbeln und Kügelchen, die in der Abbildung oben für ein homogenes
magnetisches Feld dargestellt sind. Solange das gesamte System
ruht, sind weder Magnetismus noch ein elektrischer Strom vorhanden.
Um einen Strom von links nach rechts zu erzeugen, können wir nun
wie folgt vorgehen. Wir verschieben die drei Kügelchen in der mittleren waagerechten Reihe nach rechts (linkes Teilbild der Abbildung).
Hierdurch werden die angrenzenden molekularen Wirbel in Rotation
versetzt (rechtes Teilbild). Diese Bewegung ist mit Magnetismus verknüpft. Man beachte, daß sich die oberen Wirbel gegen den Uhrzeigersinn und die unteren entgegengesetzt dazu drehen. Das heißt,
oberhalb des elektrischen Stromes (mittlere Kügelchenebene) laufen
die magnetischen Feldlinien auf uns zu, während sie bei den Wirbeln
unterhalb des Stromes von uns weg weisen. Stellen wir uns das Ganze in drei Dimensionen vor, dann wird deutlich, daß die magnetischen

Feldlinien kreisförmig um die Stromrichtung verlaufen. Das entspricht dem Bild eines magnetischen Wirbels um den elektrischen Strom, das Ørsted 40 Jahre vor Maxwells Überlegungen beschrieben hatte.

Einige führende Wissenschaftler hatten große Schwierigkeiten, Maxwells gewagte Ideen zu akzeptieren – und zu ihnen gehörte auch Maxwells Freund und Mentor Thomson. Besonders problematisch schien ihnen der Verschiebungsstrom. Angesichts der Schlüsselrolle, die die Glasmoleküle in der oben skizzierten Argumentation haben, scheinen Verschiebungsströme im leeren Raum kaum vorstellbar. Nun hatte Maxwell dem Äther unter anderm die Eigenschaft zugeschrieben, als Träger von elektrischen Verschiebungsströmen aufzutreten, was durchaus Vorbehalte wecken konnte. Aber noch größere Bedenken hatten Maxwells Zeitgenossen, den Verschiebungsstrom als wirklichem Strom zu akzeptieren. Beispielsweise war ihnen unverständlich, wie der Gesamtstrom – die Summe aus regulärem Strom und Verschiebungsstrom – zu einer lokalen Anhäufung von elektrischer Ladung führen konnte. Schließlich war doch anzunehmen, daß der Gesamtstrom in einem geschlossenen Kreis fließt.

Ob zu Recht oder Unrecht – der Begriff des elektrischen Verschiebungsstromes wurde als Widerspruch zu Maxwells anderen Konzepten von elektrischen Ladungen und Strömen empfunden. Das allgemeine Unbehagen gegenüber Maxwells Ideen wird spürbar, wenn man die folgenden Bemerkungen des brillanten deutschen Physikers Heinrich Hertz liest. In seinen *Untersuchungen ueber die Ausbreitung der elektrischen Kraft* von 1822 schrieb Hertz, der übrigens ein großer Bewunderer Maxwells war:

»Und so hat leider das Wort „Elektricität" in Maxwell's Werk offenbar einen Doppelsinn. Einmal bezeichnet es dasjenige, was auch wir so bezeichnen, eine Grösse, welche positiv und negativ sein kann, und welche den Ausgangspunkt mindestens scheinbarer Fernkräfte bildet. Zweitens bezeichnet es jenes hypothetische Fluidum, von welchem keine, auch keine scheinbaren Fernkräfte ausgehen, und dessen Menge in einem Raum unter allen Umständen nur eine positive Grösse sein kann. Liest man die Ausführungen Maxwell's, indem man beständig den Sinn des Wortes „Elektricität" in geeigneter Weise interpretiert, so lassen sich die zuerst überraschenden Widersprüche fast immer zum Verschwinden bringen. Ich muss indess bekennen, dass mir dies in Vollständigkeit und zu meiner vollkommenen Befriedigung doch nicht hat gelingen wollen; ich würde sonst bestimmter und nicht so zweifelnd reden.«

Wie bereits erwähnt, hielt Maxwell selbst sein Äthermodell molekularer Wirbel nicht für Wirklichkeit. Nachdem es ihn zu den elektromagnetischen Feldgleichungen geführt hatte, gebrauchte er es nicht mehr. Etwas ganz Ähnliches geschah mit den Vorstellungen, die dem Konzept des elektrischen Verschiebungsstromes zugrundelagen. Im Rahmen der Relativitätstheorie stellte sich heraus, daß die Maxwellschen Gleichungen ohne den mathematischen Ausdruck des Verschiebungsstromes zu einem Widerspruch führen würden. Nachdem der entsprechende mathematische Term für die Konsistenz der Maxwellschen Gleichungen notwendig war, hatten die anschaulichen Bilder des Verschiebungsstromes trotz aller Schwächen ihren Zweck erfüllt und durften beiseitegestellt werden. Maxwell hatte mehr erreicht, als er selbst ahnen konnte. Seine Feldgleichungen fügen sich wunderbar in die relativistische Struktur von Raum und Zeit ein, die über den Rahmen der Newtonsche Theorie – die Maxwells Denken bestimmte – weit hinausgeht. So gesehen verwundert es auch nicht, daß die Maxwellschen Gleichungen im Newtonschen System des absoluten Raumes und der absoluten Zeit einige Rätsel aufgaben.

Mit Hilfe des Verschiebungsstromes lassen sich die Maxwellschen Gleichungen in einer faszinierend symmetrischen Form schreiben: Die Symbole für das elektrische und das magnetische Feld treten darin in beinahe formgleichen Ausdrücken auf. Diese Symmetrie hängt eng mit einer verblüffenden mathematischen Konsequenz zusammen, die auch Maxwell bereits zog, obgleich er die Symmetrie selbst nicht näher untersuchte. Die mathematische Schlußfolgerung besagt, daß es elektromagnetische Wellen gibt und daß diese Wellen stets transversal sind. Für die Ausbreitungsgeschwindigkeit folgt aus den Maxwellschen Gleichungen, daß ihr Betrag dem Verhältnis zweier verschiedener Einheiten für die elektrische

Ladung entspricht. Eine davon ist ein Maß für die elektrische Kraft zwischen zwei ruhenden Ladungen, die andere ein Maß für die magnetische Kraft zwischen zwei Strömen, das heißt, bewegten Ladungen. Das Verhältnis dieser beiden Ladungseinheiten war experimentell schon bestimmt worden, und innerhalb der experimentellen Genauigkeit stimmte sein Wert mit der Lichtgeschwindigkeit überein. Allerdings betraf das Experiment weder Licht noch andere Wellen: Wie Maxwell pointiert anmerkte, spielte Licht nur insofern eine Rolle, als man die Meßinstrumente ablesen mußte. Die Tatsache, daß das gemessene Zahlenverhältnis mit der Lichtgeschwindigkeit übereinstimmt, wurde weithin als Zufall angesehen. Maxwell erkannte darin jedoch einen Zusammenhang mit den theoretisch vorausgesagten transversalen elektromagnetischen Wellen, und er erklärte, daß das Licht aus elektromagnetischen Wellen bestehe.

Das elektromagnetische Strahlungsspektrum

| Gamma- und Röntgenstrahlung | Ultra-violett | sichtbares Licht | Infrarot | Mikro-wellen | Radiowellen |

0,001 nm   1 nm   1000 nm   1 mm   1 m   1 km   1000 km

zunehmende Wellenlänge ⟶

Elektrizität und Magnetismus sind nach Maxwells Theorie so eng verknüpft und so symmetrisch, als seien sie nur verschiedene Erscheinungformen einer einzigen Kraft. Darüber hinaus war nun das Licht in die Theorie des Elektromagnetismus integriert, so daß es nicht mehr länger als ein unabhängiges Phänomen erklärt werden mußte. Der elektromagnetische Äther war identisch mit dem Lichtäther – dem Medium der Lichtwellen.

Maxwells Theorie war also eine gelungene Vereinigung von Optik und Elektromagnetismus. Trotzdem stieß sie in den ersten Jahren auf Skepsis. Die Bestätigung seiner Theorie hat

Maxwell selbst nicht mehr erlebt; er starb 1879 im Alter von 49 Jahren. Erst neun Jahre nach seinem Tod wurde seine Theorie durch ein Experiment direkt bewiesen – von dem bereits erwähnten Physiker Heinrich Hertz.

Bei diesem Experiment gelang es Hertz, (unsichtbare) elektromagnetische Wellen zu erzeugen und zu zeigen, daß ihr Verhalten den Vorhersagen Maxwells entsprach. Daraufhin setzte sich die Maxwellsche Theorie endgültig in der wissenschaftlichen Welt durch. Aber einige konzeptuelle Schwierigkeiten blieben nach wie vor bestehen. Einerseits hatte Hertz enthusiastisch geschrieben: »Die Maxwellsche Theorie übertraf von vornherein die übrigen elektrischen Theorien durch Schönheit und Reichthum der Beziehungen, welche sie zwischen den Erscheinungen annahm.« Aber andererseits blieb er verwirrt über »die besonderen Vorstellungen und Methoden Maxwells«.

„Besonders" waren Maxwells Vorstellungen und Methoden in der Tat. Es waren großartige wissenschaftliche Konzepte, die außerdem zur Grundlage technischer Anwendungen wurden, die uns heute alltäglich sind. Man denke nur daran, daß Radio- und Fernsehsendungen durch elektromagnetische Wellen übertragen werden. Aber nur wenige Radiohörer oder Fernsehzuschauer kennen den Namen Maxwells, geschweige denn seine Theorie.

Neben seiner Arbeit an der elektromagnetischen Feldtheorie beschäftigte sich Maxwell auch mit der Bewegung der Erde durch den Äther. Er schlug vor, ihre Bahngeschwindigkeit mit Hilfe der Jupitereklipsen zu bestimmen. Maxwells Überlegung zielte auf etwas anderes ab als das Experiment von Rømer, der anhand dieser Eklipsen die Lichtgeschwindigkeit gemessen hatte. Angenommen, das Sonnensystem bewegt sich wie in der oberen Zeichnung in der linken Marginalie gezeigt relativ zum Äther nach rechts, dann läuft ein Lichtsignal von Jupiter der näherkommenden Erde entgegen und kommt verfrüht dort an. Wenn Erde und Jupiter hingegen die unten gezeigte Konstellation haben, dann verspätet sich die Ankunft der Signale, denn sie müssen der Erdbewegung hinterherlaufen. Indem man die Änderung des Eklipsenrhythmus mißt, so wie er auf der Erde beobachtet wird, müßte man also die

Erde

Jupiter

Jupiter

Erde

Geschwindigkeit des Sonnensystems und der Erde relativ zum Äther ableiten können.

Im Jahre 1879 beendete der amerikanische Astronom L. P. Todd seine sorgfältigen Messungen der Jupitereklipsen. Er schickte seine Tabellen an Maxwell – und erhielt dafür einen langen Dankesbrief. Einige Monate später starb Maxwell. Wegen der historischen Bedeutung, die dem Brief nunmehr zukam, sandte Todd ihn der *Royal Society of London* zu. Man publizierte den Brief zuerst in den *Proceedings* der Royal Society und später in der englischen Wissenschaftszeitschrift *Nature*, die weltweit gelesen wurde. Auch der amerikanische Physiker Albert Michelson wurde durch den *Nature*-Beitrag auf Maxwells Brief aufmerksam.

In diesem Brief schrieb Maxwell, daß theoretisch die Erdbewegung die Laufzeit des Lichtes beeinflussen müßte, daß aber dieser Einfluß bei einem Lichtsignal, das im Labor zwischen Spiegeln hin- und herläuft, so gering sei, daß man ihn nicht messen könne. Maxwells Skepsis ist verständlich, wenn man bedenkt, daß sich die Bahngeschwindigkeit der Erde mit dieser Methode nur bei einer Meßgenauigkeit von einem Millionstel einer Milliardstelsekunde bestimmen läßt. Maxwell hatte jedoch nicht mit dem Erfindungsreichtum Michelsons gerechnet. Der Effekt sei leicht meßbar, erklärte Michelson und begann sofort, eine Apparatur zu entwerfen.

Albert Michelson wurde 1852 in Polen geboren, kam aber schon als kleines Kind in die Vereinigten Staaten, weil seine Familie – wohl um dem Antisemitismus im Lande zu entgehen – emigrierte. Er wurde später Leutnant und Ausbilder an der U.S. Naval Academy. Hier spezialisierte er sich auf experimentelle Untersuchungen über die Eigenschaften des Lichtes und war bald ein anerkannter Experte auf diesem Gebiet. Im Jahre 1880 ging er zu einem Studienaufenthalt nach Berlin. Dort entwickelte er ein *Interferometer*, ein hochempfindliches Meßinstrument, mit dem er das von Maxwell vorgeschlagene Experiment zur Vermessung der absoluten Bewegung der Erde durchführen wollte.

Beim Entwurf seines Interferometers nutzte Michelson vor allem zwei Eigenschaften des Lichtes aus: die extrem hohe

Geschwindigkeit und die extrem geringe Wellenlänge (nur 1/20 000 Zentimeter). Wie schon erwähnt, erforderte das Experiment eine Meßgenauigkeit, mit der sich Zeiten von nur Milliardstelbruchteilen einer Millionstelsekunde messen ließen. Eine so unglaublich kurze Zeit ließ sich nur indirekt bestimmen – anhand der Laufstrecke, die Licht in dieser winzigen Zeitspanne zurücklegt. Diese Strecke stimmt nun gerade annähernd mit der Wellenlänge des sichtbaren Lichtes überein. Michelson benutzte deshalb die Wellenlänge des Lichtes als Maßstab: Er erzeugte mit zwei Lichtstrahlen in seinem Interferometer ein Muster aus hellen und dunklen Interferenzstreifen und konnte so sehr kleine Distanzen mit dem Maßstab der Lichtwellenlänge bestimmen.

Die Empfindlichkeit des Interferometers hatte aber auch ihre Nachteile. Als Michelson den Apparat in einem Labor des Physikalischen Instituts in Berlin aufbaute, wirkten sich die Erschütterungen durch den Straßenverkehr verheerend auf die Meßanzeige aus. Er zog daher nach Potsdam um und baute das Experiment im Keller eines ruhigen Gebäudes auf, in dem auch das Teleskop des Observatoriums beherbergt war. Immer noch genügte es, daß jemand hundert Meter weiter auf das Pflaster stampfte, um den Apparat für gewisse Zeit zu dejustieren. Und dies geschah mit einem Interferometer, das – wie Michelson klagte – absichtlich unempfindlich gemacht worden war.

Exkurs 4.7: Das Meßprinzip des Experiments von Michelson fand zu Recht den Beifall der Physiker. Der Ätherwind sollte dabei wie folgt nachgewiesen werden: Man läßt Lichtstrahlen durch zwei Strecken laufen, $\overline{OA}$ und $\overline{OB}$, die im rechten Winkel zueinander stehen. Sofern kein Ätherwind vorhanden ist, braucht Licht für die Strecke von O zum Spiegel in A und zurück genauso lange wie von O zum Spiegel in B und zurück.

Nehmen wir nun an, die Erde trägt diesen Apparat durch den Äther, sagen wir von links nach rechts. Um den Sachverhalt deutlicher hervorzuheben, wollen wir außerdem voraussetzen, daß die Erdgeschwindigkeit ein merklicher Bruchteil der Lichtgeschwindigkeit ist. Damit ein Lichtstrahl den bewegten Spiegel in B treffen kann, muß er ein wenig in Vorwärtsrichtung der Erdbewegung geneigt sein. (Die Verhältnisse sind hier ähnlich wie bei der Aberration.) Wie die Abbildung auf der nächsten Seite zeigt, sind die beiden Lichtwege relativ zum Äther-Bezugssystem nun verschieden, so daß die Laufzeiten des Lichtes längs der beiden Wege voneinander abweichen. Aus der Differenz ergibt sich die Geschwindigkeit v der Erde relativ zum Äther.

Die wesentlichen Teile der Apparatur von Michelson sind in der Abbildung auf Seite 99 dargestellt: Ein halbdurchlässiger Spiegel in O und zwei normale Spiegel in A und B bestimmen die Lichtwege des Interferometers. Von der Lichtquelle in Q fällt ein Strahl auf den Strahlteiler O, wo er in zwei Teilstrahlen aufgespalten wird. Diese Teilstrahlen treffen auf die Spiegel in A beziehungsweise in B und werden von dort wieder zu O reflektiert. Falls die Lichtwege exakt gleich sind, treffen die Teilstrahlen bei O im „Gleichschritt" (in Phase) zusammen. Sie erzeugen dort ein Interferenzmuster aus abwechselnd hellen und dunklen Ringen, wobei in der Mitte ein heller Fleck liegt. Die-

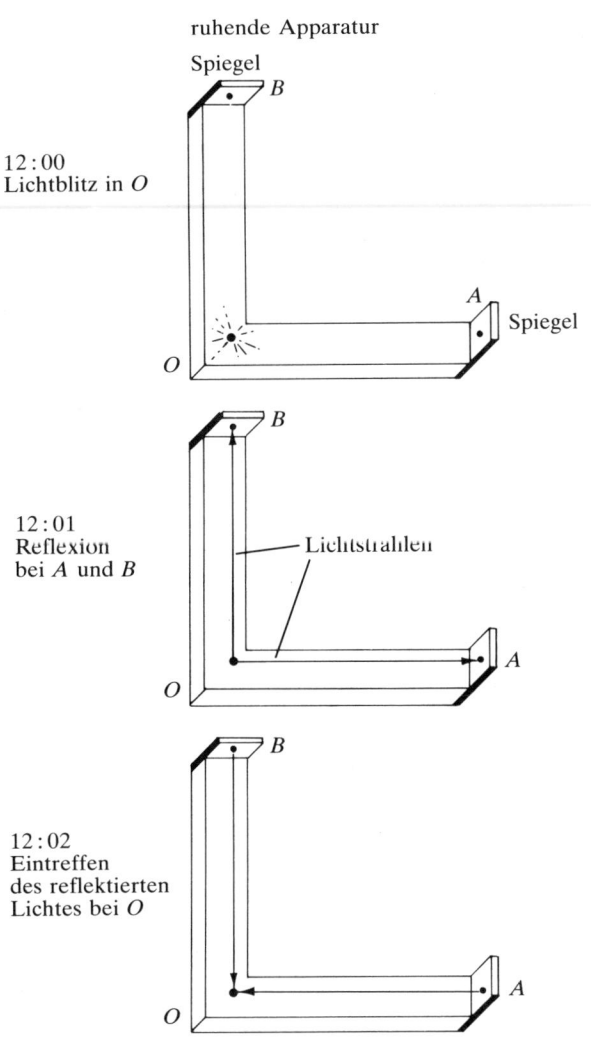

ses Muster kann mit dem Fernrohr F beobachtet werden. Wenn nun das Licht für einen der Lichtwege ein wenig länger braucht als für den anderen, dann verschiebt sich das System von Interferenzringen. Für einen Gangunterschied von einer halben Wellenlänge läßt sich das besonders einfach einsehen. An allen vorher hellen Stellen hatten sich die Lichtwellen „im Gleichtakt" getroffen. Nun treffen sie an denselben Stellen wegen ihres Gangunterschiedes vollständig „im Gegentakt" aufeinander. Wellenberge kompensieren Wellentäler: Das Ergebnis ist Dunkelheit. Analog hellen sich die vorher dunklen Stellen nun auf. Die Radien der Interferenzringe verschieben sich also gerade um eine Ringbreite.

bewegte Apparatur

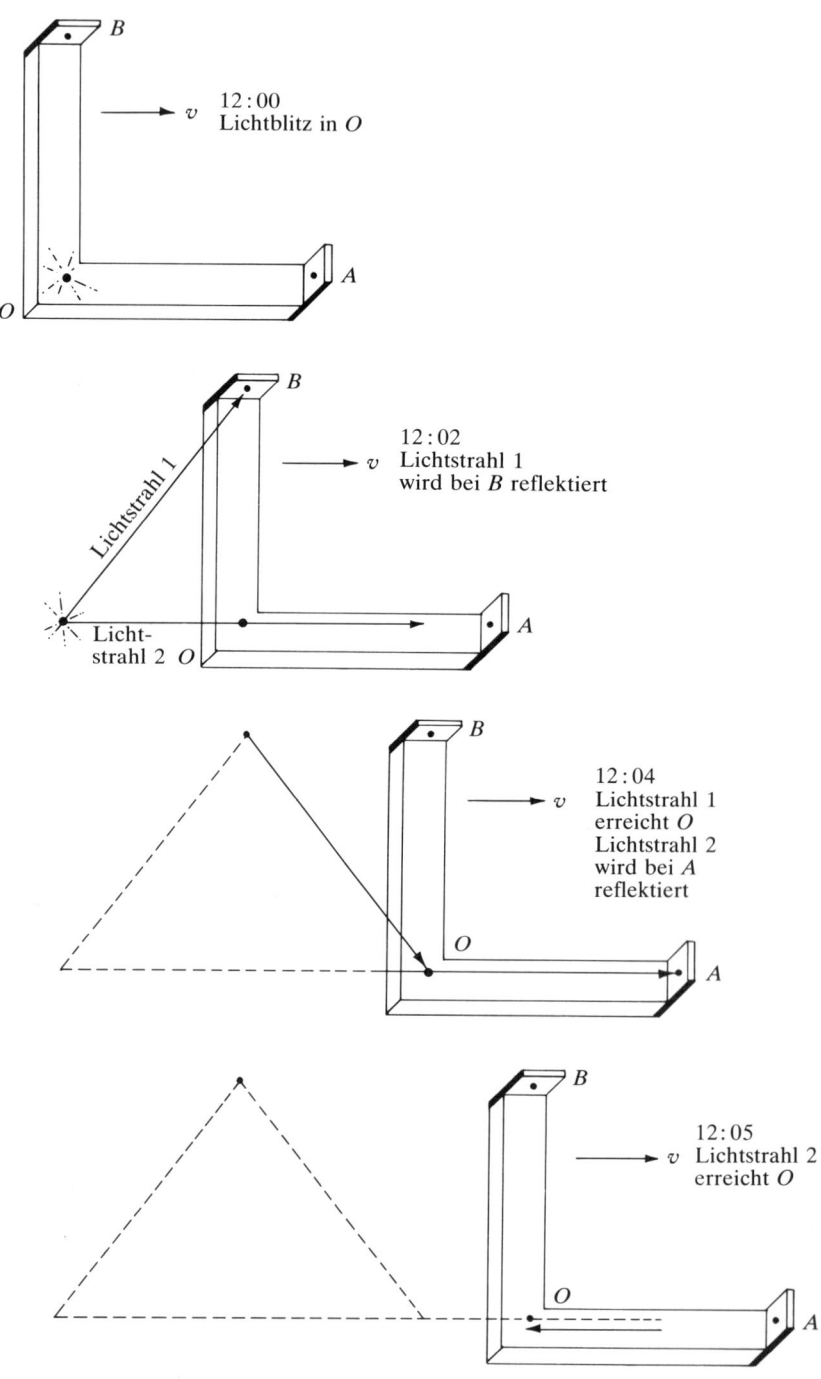

12:00
Lichtblitz in O

12:02
Lichtstrahl 1
wird bei B reflektiert

Lichtstrahl 1

Licht-
strahl 2 O

12:04
Lichtstrahl 1
erreicht O
Lichtstrahl 2
wird bei A
reflektiert

12:05
Lichtstrahl 2
erreicht O

Angenommen, die Bewegung der Erde beeinflußt die Lichtwege so, wie es die Äthertheorie voraussagt. Dann sollte sich das Interferenzmuster ändern, wenn man die Apparatur dreht. Aus den Verschiebungen, die man bei unterschiedlichen Drehwinkeln beobachten sollte, könnte man dann die Richtung der Erdbewegung durch den Äther sowie ihre Geschwindigkeit bestimmen. (Allerdings ließe sich so nicht feststellen, in welchem Sinn — vorwärts oder rückwärts — die Erde ihre Bahn durchläuft.)

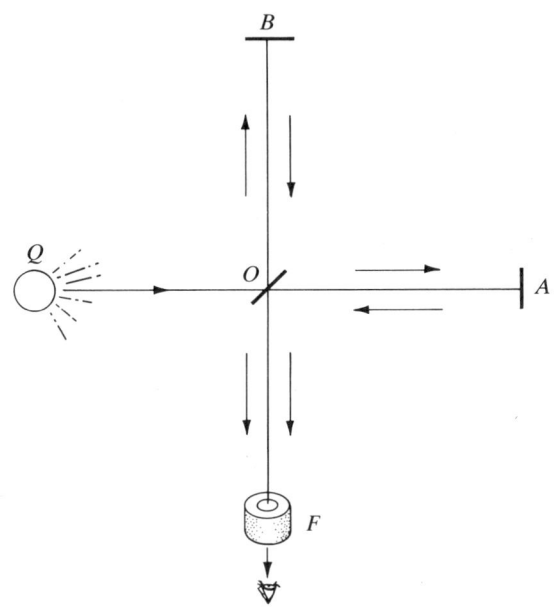

Das Ergebnis des Experiments war eine große Überraschung: Es gab keinerlei Anzeichen für eine Erdbewegung oder einen Ätherwind. Dabei war die Apparatur so präzise, daß man Wegunterschiede von einem Hundertstel einer Wellenlänge in jedem Fall bemerkt hätte.

Als Michelson die Ergebnisse seines Experiments von 1881 veröffentlichte, war er der Überzeugung, daß sich keinerlei Hinweise auf eine Bewegung der Erde relativ zum Äther ergeben hätten. Er hatte jedoch den Einfluß der Erdbahnbewegung auf seine Messungen falsch berechnet. Der korrekte Wert war nur halb so groß wie von ihm berechnet. Deshalb ließ das Resultat seines Experiments noch keine endgültigen Schlüsse zu. Michelson konnte aber zeigen, daß die Erdbewegung — sofern der vermutete Äther vorhanden wäre — schon bei geringfügig höherer Meßgenauigkeit doch noch nachweisbar sein müßte.

Im Jahre 1887 wiederholte Michelson sein Experiment — nun zusammen mit dem Chemiker Edward Morley an der Case School of Applied Science in Cleveland (Ohio). Die Apparatur war erheblich verbessert worden — sie war nun weit empfindlicher und genauer als vorher. Diesmal konnte überzeugend nachgewiesen werden, daß es kein Anzeichen für eine Bewegung der Erde im Äther gibt.

Mit diesem gut abgesicherten Nullergebnis hatte man sich aber ein Problem eingehandelt. Wegen der Aberration des Lichtes mußte man davon ausgehen, daß ein Lichtäther ohne Widerstand durch Materie strömt. Somit mußte die Erde, während sie durch den Äther lief, also einem durch nichts abschirmbaren Ätherwind ausgesetzt sein. Bei verschiedenen Messungen erster Ordnung war der Nachweis des Ätherwindes bereits vorher gescheitert, aber das hatte man noch mit Fresnels Idee des gebundenen Äthers erklären wollen, der zum freien Äther hinzukommen sollte. Michelsons und Morleys Experiment war dagegen genau genug, um auch Abweichungen zweiter Ordnung registrieren zu können. Das heißt, meßbar waren nicht nur Beträge in der Größenordnung von (v/c), deren Fehlen die Fresnelschen Formeln erklärten, sondern auch die weit geringeren $(v/c)^2$-Beiträge, für deren Fehlen es keine Erklärung gab.

Kurzum: Die Theorie der Lichtaberration forderte die Existenz eines Ätherwindes. Das Michelson-Morley-Experiment bewies aber, daß es keinen Ätherwind gibt.

5. Die Spezielle Relativitätstheorie

 Im Jahre 1902 schrieb Michelson über das Experiment, das er 15 Jahre zuvor mit Morley gemacht hatte:

»Das Experiment scheint mir historisch interessant zu sein, da das Interferometer entworfen wurde, um der Lösung dieses Problems [der Bewegung im Äther] zu dienen. Ich denke, man wird zugeben, daß das Problem insofern für das negative experimentelle Ergebnis mehr als entschädigte, als es zur Erfindung des Interferometers führte.«

Michelsons Enttäuschung ist verständlich. Er hatte ja gehofft, als erster die Bewegung der Erde im Äther nachzuweisen; aber aus seiner Sicht war es ihm „nur" gelungen zu zeigen, daß der Äther nicht frei durch die Erde strömte, sondern von ihr mitgerissen wurde. Schon 1845 – lange vor Michelsons Experiment – hatte der englische Physiker George Stokes das vermutet. Seiner Meinung nach sollte der Äther nahe der Erdoberfläche, nicht aber in größerer Höhe über dem Erdboden, vollständig mitgezogen werden. Um die Lichtaberration zu erklären, mußte Stokes annehmen, daß der Äther eine wirbelfreie inkompressible Flüssigkeit sei. Aber andere Physiker, insbesondere Hendrik Anton Lorentz, hatten gezeigt, daß sich ein solcher Äther nicht über die gesamte Erdoberfläche hinweg an die Erdbewegung anpassen könnte. Auch diese Annahme gab also keine Antwort auf die Frage, warum man den Ätherwind nicht nachweisen konnte.

Kurze Zeit, nachdem Michelson und Morley ihr Experiment durchgeführt hatten, schlug der irische Physiker George Fitzgerald in seinen Vorlesungen eine Erklärung für das negative Resultat vor. Sie bestand darin anzunehmen, daß sich ein Objekt bei seiner Bewegung durch den Äther verkürzt, und zwar um den Faktor $\sqrt{(1 - v^2/c^2)}$, wobei v die Geschwindigkeit im Äther und c die Lichtgeschwindigkeit ist. Bei Geschwindigkeiten, wie wir sie aus dem Alltag kennen, sollte diese Verkürzung vernachlässigbar gering sein. Selbst die schnelle Bahnbewegung der Erde um die Sonne dürfte die Erde nur unmerklich verkürzen – um ganze sechs Zentimeter, die Länge eines Grashalms. Wenn sich die Geschwindigkeiten jedoch der Lichtgeschwindigkeit nähern, dürfte das eine merkliche

Kontraktion zur Folge haben. Sobald Lichtgeschwindigkeit erreicht wäre, müßte sich das Objekt in Bewegungsrichtung sogar auf die Länge Null verkürzen! Eine derartige Kontraktion würde den Beitrag zweiter Ordnung, auf den das Michelson-Morley-Experiment abzielte, gerade aufheben. Aber mit seiner Kontraktionshypothese erntete Fitzgerald selbst bei Physikern, mit denen er befreundet war, zu seinem Kummer nur Gelächter.

Unabhängig von Fitzgerald veröffentlichte 1892 der bereits erwähnte holländische Physiker Hendrik Anton Lorentz eine Kontraktionstheorie. Als er zwei Jahre später davon hörte, daß Fitzgerald bereits den gleichen Gedanken gehabt hatte, reagierte er überaus fair: Er fragte bei Fitzgerald nach, ob es eine Veröffentlichung gebe, erhielt aber in einem Antwortschreiben die Versicherung, daß Fitzgerald nichts publiziert hätte. Damit hatte Fitzgerald eigentlich Lorentz die Priorität zugestanden. Aber Lorentz strich nun seinerseits das Verdienst Fitzgeralds öffentlich heraus. Dabei beließ er es nicht bei der Behauptung, daß Fitzgerald unabhängig von ihm an eine Kontraktion gedacht habe, sondern wies auch darauf hin, daß Fitzgerald möglicherweise als erster auf den richtigen Gedanken gekommen war.

Die Geschichte ging noch weiter. Der amerikanische Wissenschaftler Stephen Brush entdeckte 1967, daß Fitzgerald selbst über die tatsächlichen Vorgänge nicht richtig informiert war. Er hatte nämlich schon 1889 seine Überlegungen in einem Brief an die amerikanische Zeitschrift *Science* dargelegt. Aber *Science* mußte damals aus finanziellen Gründen vorübergehend ihr Erscheinen einstellen. Fitzgerald glaubte an ein endgültiges Ende der Zeitschrift und ahnte nicht, daß sein Artikel noch im selben Jahr in *Science* erschienen war − drei Jahre vor der Lorentzschen Veröffentlichung und nur zwei Jahre nach dem Michelson-Morley-Experiment.

Die Priorität gebührte also Fitzgerald; das Verdienst von Lorentz war es, die Kontraktionshypothese energisch weiterzuverfolgen. Er war damals der beste Kenner der Maxwellschen Theorie, die er bis 1895 entscheidend erweitert und vereinfacht hat. Lorentz betrachtete den Äther mit Ausnahme einer Kräuselung durch die elektromagnetischen Wellen als ruhend. Die elektromagnetischen Feldgleichungen sollten für Bezugssysteme gelten, die im stationären Äther ruhten. Das warf die Frage auf, wie sich die Maxwellschen Gleichungen ändern würden, wenn man zu einem Bezugssystem überging, das sich gleichförmig im Äther bewegt. Bevor wir diese grundlegende Frage beantworten können, müssen wir noch einige Bemerkungen darüber, wie man Raum- und Zeitpunkte mathematisch beschreibt, vorausschicken.

Um den Ort eines Punktes auf einer Papierseite zu beschreiben, denken wir uns ein Netz aus senkrechten und waagerechten Linien, wie man es bei kariertem Papier findet. Einen der Schnittpunkte wählen wir als Ursprung O und legen eine x- und eine y-Achse durch O. Nun kann man einem Punkt P die Koordinaten (x,y) zuordnen. Beispielsweise bekommt der Punkt P in der Abbildung rechts die Koordinaten (3,1). Die Koordinaten des Ursprungs sind (0,0).

Im dreidimensionalen Raum bauchen wir eine dritte Koordinate (die z-Koordinate). Hierzu können wir die Höhe des Punktes über der Papierebene wählen. Liegt ein Punkt beispielsweise vier Einheiten senkrecht über P, dann hat er die Koordinaten $x = 3$, $y = 1$ und $z = 4$, also kurz (3,1,4). Der Ursprung hat im dreidimensionalen System die Koordinaten (0,0,0).

Wenn wir von zwei Dimensionen auf drei übergehen, können wir das flache Karo-Gitter durch ein dreidimensionales Gerüst ersetzen, wählen einen Ursprungspunkt O und legen drei zueinander senkrechte Gerüststangen als x-Achse, y-Achse und z-Achse durch O. Das Gerüst ist natürlich nur ein Bild. Gleichwohl kann man sich vorstellen, daß sich ein dreidimensionales Koordinatengitter über den gesamten Raum erstreckt und daß es an allen Schnittpunkten Uhren gibt, mit denen man am jeweiligen Ort die Zeit messen kann. Ein derartiges System nennen wir *Bezugssystem*.

Wir wollen nun Messungen vergleichen, die zwei Beobachter in verschiedenen Bezugssystemen machen. Wir nehmen dabei an, daß sich die beiden Bezugssysteme relativ zueinander gleichförmig bewegen. Um die Koordinaten (x, y, z) des einen Beobachters von denen des anderen zu unterscheiden, schreiben wir die letzteren als (x', y', z'). Die folgenden Gleichungen sind ein „Rezept", wie man aus den Koordinaten des einen Beobachters die des anderen ausrechnet. Man bezeichnet sie als *Galilei-Transformation*:

$$x' = x - vt, \qquad y' = y, \qquad z' = z$$

oder umgeformt:

$$x = x' + vt, \qquad y = y', \qquad z = z'.$$

Dabei ist v die Geschwindigkeit des gestrichenen Bezugssystems relativ zum ungestrichenen. An einem etwas konstruierten Beispiel soll die wichtige Rolle dieser Transformationsgleichungen verdeutlicht werden. Angenommen, der Beobachter im ungestrichenen System findet bei seinen Experimenten heraus, daß bei allen Körpern, die sich frei bewegen, für die Koordinaten x und y das Gesetz $x = y$ erfüllt ist. (Das ist natürlich ein absurdes „Gesetz", aber für unseren Zweck ist es instruktiv.) Wie würde sich dieses Gesetz nun dem anderen Beobachter in bezug auf die Koordinaten x' und y' darstellen? Um das herauszufinden, wenden wir die Galilei-Transformation auf die ungestrichenen Koordinaten in dem „Gesetz" $x = y$ an. Da $x = x' + vt$ und $y = y'$ ist, ergibt die Transformation der Gleichung $x = y$:

$$x' + vt = y'.$$

Nach der Transformation erhalten wir also eine Gleichung, die sich von der ungestrichenen Gleichung durch den Term v unterscheidet. Die Relativgeschwindigkeit v der Bezugssysteme bestimmt also die Gleichung in den gestrichenen Koordinaten. Das ungestrichene System scheint somit ein Sonderfall zu sein, bei dem v nicht in der zugehörigen Gleichung ($x = y$) auftaucht – offenbar kann es als im absoluten Raum oder im Äther ruhend betrachtet werden; dagegen bewegt sich das gestrichene System mit gleichförmiger Geschwindigkeit v.

Exkurs 5.1: Eine Galilei-Transformation verknüpft die Koordinaten zweier Bezugssysteme, die sich im Newtonschen absoluten Raum und in einer absoluten Zeit bewegen, und zwar mit einer konstanten Relativgeschwindigkeit. Häufig betrachtet man den Fall eines ruhenden Systems (ungestrichene Koordinaten) und eines relativ dazu mit der Geschwindigkeit v bewegten Systems (gestrichene Koordinaten). Zur Vereinfachung kann man die folgenden drei Annahmen machen: Erstens sollen in beiden Systemen die gleichen Einheiten von Länge und Zeit benutzt werden; zweitens sollen zum Zeitpunkt $t = 0$ die gestrichenen Koordinatenachsen mit den ungestrichenen zusammenfallen, und drittens sollen die x-Achse und x'-Achse so gelegt werden, daß sie in Bewegungsrichtung verlaufen.

Für einen beliebigen Punkt P ist die x-Koordinate gleich dem Abstand $\overline{AP}$ und die x'-Koordinate entspricht dem Abstand $\overline{BP}$. Zur Zeit t ist die Entfernung $\overline{AB}$ gleich vt, weil die beiden Systeme sich mit der Geschwindigkeit v voneinander entfernen. Außerdem gilt $\overline{BP} = \overline{AP} - \overline{AB}$. Daher ist $x' = x - vt$, und das ergibt zusammen mit $y' = y$ und $z' = z$ ein Gleichungssystem, das eine Galilei-Transformation definiert. Diese Transformation „übersetzt" ungestrichene Koordinaten in gestrichene. Im Hinblick auf spätere Überlegungen wollen wir die Gleichung $t' = t$ hinzufügen, die besagt, daß die Uhranzeige im gestrichenen System mit der Anzeige im ungestrichenen System übereinstimmt; das entspricht der Annahme, daß die Uhren in beiden Systemen die absolute Zeit anzeigen. Insgesamt kann man die Galilei-Transformation also wie folgt schreiben:

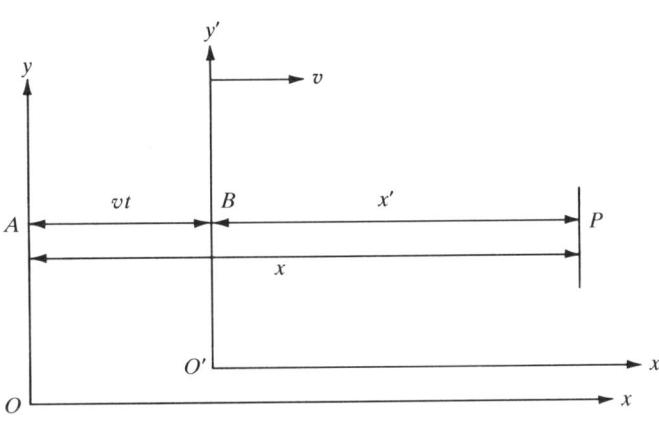

$$x' = x - vt, \qquad y' = y, \qquad z' = z, \qquad t' = t.$$

Durch Auflösen nach ungestrichenen Koordinaten ergibt sich:

$$x = x' + vt, \qquad y = y', \qquad z = z', \qquad t = t'.$$

Dieses Gleichungssystem transformiert die gestrichenen Koordinaten eines Punktes in seine ungestrichenen Koordinaten.

Angenommen, ein Beobachter im bewegten System mißt die (gestrichenen) Koordinaten eines freien Teilchens, und er findet zur Zeit $t' = 1$ die Werte $x' = 4$ und $y' = 10$. Wenn er diese Werte in die transformierte Gleichung $x' + vt' = y'$ einsetzt, erhält er: $4 + v = 10$, also $v = 6$. Das heißt, indem der Beobachter die Koordinaten im bewegten System mißt, bestimmt er die absolute Geschwindigkeit dieses Bezugssystems. Wenn das „Gesetz" $x = y$ gültig wäre, müßte diese Geschwindigkeit v absolut sein.

Von diesem nur zum Zweck der Illustration erfundenen, unphysikalischen „Gesetz" gehen wir nun über zu Newtons Bewegungsgesetzen. Wir wollen betrachten, wie sich die Galilei-Transformation auf die Newtonschen Bewegungsgesetze auswirkt, die sich ja ebenfalls mit Hilfe der Koordinaten x, y, z und t eines im absoluten Raum ruhenden Systems ausdrükken lassen. Wenden wir darauf die Galilei-Transformation an, so erhalten wir Gleichungen, welche die Gesetze im bewegten System beschreiben. Dabei stellt sich heraus, daß diese Gleichungen (bis auf die Strichelchen) die gleiche Form haben wie im unbewegten System – die Geschwindigkeit v taucht nicht in den gestrichenen Gleichungen auf. Das heißt, daß keine noch so große Zahl von Koordinatenmessungen im bewegten System einen Hinweis auf v liefern kann.

Das sollte nicht überraschen, wenn wir uns daran erinnern, was man in einem ruhig dahinfliegenden Flugzeug beobachtet. Seine gleichförmige Geschwindigkeit v hat keinen Einfluß auf die Vorgänge im Innenraum. Wir haben nun eine mathematische Formulierung des Relativitätsprinzips gefunden, das schon Newton aus seinen Bewegungsgesetzen ableitete.

Newtons Gleichungen gehören in die Mechanik; in den Maxwellschen Gleichungen drücken sich die Gesetze des Elektromagnetismus aus. Nehmen wir an, die Maxwellschen Gleichungen seien in einem Bezugssystem gültig, das relativ zum Äther ruht. Wendet man nun eine Galilei-Transformation an, so erhält man Gleichungen mit gestrichenen Symbolen, in denen die Geschwindigkeit v in Termen erster Ordnung (v/c) und zweiter Ordnung (v^2/c^2) vorkommt. Da v in den gestrichenen Gleichungen auftaucht, müßte ein Beobachter im bewegten System den Wert von v durch elektromagnetische (beispielsweise optische) Messungen herausfinden können. Es sollte also möglich sein, den von der Bewegung durch den Äther rührenden Ätherwind nachzuweisen. Wie wir aber wissen, war genau dies in verschiedenen Experimenten, die auf Effekte erster Ordnung abgezielt hatten, mißlungen.

In dieser Situation machte Lorentz eine wichtige Entdeckung. Er untersuchte eine Modifikation der Galilei-Transformation, in der er die Beziehung $t' = t$ durch die kompliziertere Gleichung $t' = t - vx/c^2$ ersetzte. Damit hing t' von der Koordinate x ab. Um t' von der wahren, universellen Zeit t zu unterscheiden, nannte Lorentz t' die *lokale Zeit*. Als er diese modifizierte Galilei-Transformation auf die Maxwellschen Gleichungen anwandte, ergaben sich im gestrichenen System Gleichungen, die v nur noch in Form der quadratischen Kombination v^2 enthielten − und die hat nur einen kleinen Betrag. Die größeren Terme erster Ordnung in v fehlten. Das bedeutete, daß elektromagnetische Experimente in gleichförmig bewegten und in unbewegten Systemen in erster Ordnung (das heißt, innerhalb der Größenordnung von v/c) identische Ergebnisse liefern müßten, wenn man die Resultate im bewegten System in bezug auf die lokale Zeit und im ruhenden System anhand der wahren Zeit interpretiert. Durch Messen der Größen erster Ordnung ließ sich also nicht zwischen gleichförmig bewegten und ruhenden Laboratorien unterscheiden. Lorentz zog den Schluß, daß eine Bewegung relativ zum Äther in keinem Fall durch solche Messungen nachweisbar wäre. Darüber hinaus gelang es ihm, mit Hilfe seiner modifizierten Transformation Fresnels Formel für die Lichtgeschwindigkeit in bewegten Medien abzuleiten − ohne die störende Annahme der eingeschlossenen Äthermengen mit all ihren Widersprüchen.

Der französische Mathematiker, theoretische Physiker und Wissenschaftsphilosoph Henri Poincaré betrachtete das Problem aus einer umfassenden Perspektive. Viele seiner Äußerungen sollten sich später auf überraschende Weise bestätigen. So wandte er sich schon 1895 gegen das theoretische Flickwerk, mit dem man erklären wollte, warum alle Versuche, den Ätherwind zu messen, mißlungen waren. Er kritisierte Fresnels Erklärung für das Scheitern der (v/c)-Messungen und die Kontraktionstheorie, die dem Nichtvorhandensein von Größen zweiter Ordnung in den Messungen von Michelson und Morley Rechnung tragen sollte. Was wäre – fragte Poincaré –, wenn auch in zukünftigen Experimenten kein Ätherwind festzustellen wäre? Sollte man dann für jedes Experiment eine Behelfstheorie aufstellen? Seiner Ansicht nach galt es, für all dies eine gemeinsame Erklärung zu finden. Im Jahre 1904 sprach Poincaré sogar von einem *Relativitätsprinzip*, und er vermutete, es müsse eine neue Mechanik geben, in der sich kein Körper schneller als mit Lichtgeschwindigkeit bewegen könnte.

Bis 1904 hatte man nach dem Michelson-Morley-Experiment verschiedene neue Experimente auf der Grundlage anderer Meßprinzipien durchgeführt. Aber auch diese Versuche, Effekte zweiter Ordnung nachzuweisen, blieben vergeblich. Stark beeinflußt durch Poincarés heftige Kritik an „theoretischer Flickschusterei", publizierte Lorentz im Jahre 1904 einen Artikel mit dem Titel: *Elektromagnetische Erscheinungen in einem System, das sich mit beliebiger, die des Lichtes nicht erreichender Geschwindigkeit bewegt.* Die Einschränkung für die Geschwindigkeit wurde im Titel erwähnt, weil sich bei Lichtgeschwindigkeit alle Längen auf Null kontrahieren müßten.

In dieser Arbeit vermied es Lorentz, verschiedene Theorien zusammenzustückeln – so, wie es Poincaré gefordert hatte. Er integrierte die Längenkontraktion in seine Transformationsgleichungen und definierte den Begriff der lokalen Zeit entsprechend um. So entstand aus der Fitzgerald-Lorentz-Transformation eine neue Transformation, der Poincaré 1905 den Namen Lorentz-Transformation gab.

Exkurs 5.2: In der Relativitätstheorie tritt an die Stelle der Galilei-Transformation eine Transformation, die Poincaré 1905 als *Lorentz-Transformation* bezeichnet hat. Wenn man in die Gleichungen für die Galilei-Transformation

$$x' = x - vt, \qquad y' = y, \qquad z' = z, \qquad t' = t$$

die *lokale Zeit* einführt, ergibt sich:

$$x' = x - vt, \qquad y' = y, \qquad z' = z, \qquad t' = t - vx/c^2.$$

Von diesen Gleichungen weicht die Lorentz-Transformation nur durch einen Faktor β ab:

$$x' = \beta(x - v \times t), \qquad y' = y, \qquad z' = z, \qquad t' = \beta(t - vx/c^2).$$

Dieser Faktor β ist durch die Gleichung $\beta = 1/\sqrt{1 - v^2/c^2}$ gegeben. Man beachte, daß im Nenner von β gerade der Faktor steht, um den sich die Längen in der Lorentz-Fitzgerald-Kontraktion verkürzen.

Diese mathematische Transformation war bereits 1898 von dem englischen Physiker Joseph Larmor angewandt worden, und noch früher, im Jahre 1887, hatte der deutsche Physiker W. Voigt von einer sehr ähnlichen Transformation Gebrauch gemacht.

Die zentrale Bedeutung der Lorentz-Transformation wird klar, wenn man sie auf die Maxwellschen Gleichungen in einem unbewegten Bezugssystem anwendet und das Ergebnis mit dem vergleicht, was bei der Galilei-Transformation herauskommt. Die Galilei-Transformation führt zu (gestrichenen) Gleichungen, in denen Terme erster Ordnung v/c und zweiter Ordnung v^2/c^2 auftauchen. Wendet man jedoch die modifizierte Galilei-Transformation an, in der die lokale Zeit in den transformierten Gleichungen mit dem Symbol t' bezeichnet wird, so bleiben nur die Terme zweiter Ordnung v^2/c^2 in den transformierten Gleichungen stehen. Die Lorentz-Transformation schließlich ergibt nach einigen Rechenoperationen gestrichene Gleichungen, die – für gestrichene Koordinaten – die gleiche Form haben wie die Ausgangsgleichungen für ungestrichene Koordinaten. Das heißt, in den transformierten Gleichungen treten keine zusätzlichen Terme irgendeiner Ordnung von v/c auf. Wenn wir davon ausgehen, daß die Lorentz-Transformationen gültig sind, und berücksichtigen, daß das ungestrichene Bezugssystem ruht und das gestrichene System sich relativ zum Äther gleichförmig (also unbeschleunigt) bewegt, dann wird klar, warum ein Ätherwind mit den verschiedenen elektromagnetischen Experimenten – einschließlich dem Versuch von Michelson und Morley – scheitern mußte. (Lorentz hatte bei der Anwendung der Transformation allerdings einen Fehler gemacht, aber seine Erklärung der Nullresultate des Michelson-Morley-Experiments und der meisten anderen Ätherwindmessungen blieb trotzdem schlüs-

sig. Poincaré korrigierte diesen Fehler, als er der Lorentzschen Theorie im Jahre 1905 schließlich die endgültige Form
gab.)

Am Beispiel des Michelson-Morley-Experiments läßt sich
darstellen, mit welchen Argumenten Lorentz begründen
konnte, daß eine Bewegung durch den Äther nicht meßbar
ist. Da das Experiment so konzipiert ist, daß nur eine solche
Bewegung registriert wird, ergibt es in einem Labor, das im
Äther ruht, also in jedem Fall den Meßwert Null. Die beiden
Lichtstrahlen müssen nach dem Durchlaufen des Interferometers zum selben − wahren − Zeitpunkt wieder am Ausgangspunkt (dem Strahlteiler) ankommen. Nach den Überlegungen
von Lorentz muß sich in einem gleichförmig bewegten Labo-
ratorium dasselbe Resultat ergeben, wenn man die lokalen
Zeiten der beiden Strahlen betrachtet, wie man sie aus der
Fitzgerald-Lorentz-Kontraktion erhält. Wenn aber zwei lokale
Zeitpunkte am *selben Ort* identisch sind, dann sind auch die
zugehörigen wahren Zeitpunkte identisch. Die Lichtstrahlen
kommen daher zur selben wahren Zeit am Startpunkt an.
Analog laufen sie auch zum selben wahren Zeitpunkt vom
Ausgangspunkt los. Ihre wahren Laufzeiten sind trotz der
Bewegung des Laboratoriums ebenfalls identisch. Infolgedes-
sen bleibt das Interferenzmuster der beiden Lichtstrahlen von
der Bewegung der Apparatur durch den Äther unberührt;
auch Drehungen der Apparatur bewirken nichts. Ähnlich
würde man jedes Experiment beurteilen, bei dem die Messung auf einen Vergleich lokaler Zeiten am selben Ort hinaus-
läuft.

Wir können nun einen Bogen zurück zu Newtons Gesetzen
der Mechanik und zu dem daraus abgeleiteten Newtonschen
Relativitätsprinzip schlagen. Wir hatten dieses Prinzip eingangs am Beispiel eines Flugzeugs veranschaulicht: Innerhalb
eines gleichförmig durch den Raum gleitenden Flugzeugs
merkt man keinen mechanischen Einfluß der Bewegung.

Aber die elektromagnetischen Phänomene im Inneren des
bewegten Flugzeugs betrachtete man anfangs als bewegungs-
abhängig. Diese Abhängigkeit wollte man ja gerade bei elektromagnetischen − insbesondere optischen − Messungen aus-
nutzen, um die Erdbewegung relativ zum (ruhenden) Äther

im absoluten Raum nachzuweisen. Die negativen Resultate und die Erklärung, die Lorentz dafür anführte – könnten zu dem Schluß verleiten, daß Newtons Relativitätsprinzip auch für elektromagnetische Erscheinungen gilt. Tatsächlich ist die Situation komplizierter.

In der Newtonschen Theorie sorgt die Galilei-Transformation dafür, daß die Geschwindigkeit v des bewegten Bezugssystems nicht in die mechanischen Gesetze innerhalb dieses Systems eingeht – v kommt in den transformierten Gleichungen mit gestrichenen Koordinaten nicht vor. Bei den Gesetzen des Elektromagnetismus (den Maxwellschen Gleichungen) läßt sich diese Unabhängigkeit von der Relativgeschwindigkeit v mit einer Lorentz-Transformation erreichen – wobei man Merkwürdigkeiten wie die Längenkontraktionen und lokale Zeiten (anstelle einer wahren Zeit) in Kauf nehmen muß.

An dieser Stelle kommt Albert Einstein ins Spiel. Er wurde am 14. März 1879 in Ulm geboren – im Todesjahr Maxwells. In seiner Kindheit deutete kaum etwas darauf hin, daß er einmal zu den größten Wissenschaftlern aller Zeiten gehören würde. Erst mit drei Jahren lernte er sprechen. Er haßte die deutschen Schulen mit ihrer strikten Disziplin und ihrer Betonung des sturen Auswendiglernens. Einer seiner Lehrer prophezeite ihm, daß nie etwas aus ihm werden würde. Einstein brach seinen Schulbesuch ab. Bei der Aufnahmeprüfung der Eidgenössischen Technischen Hochschule in Zürich fiel er durch. Als er schließlich aber doch dort studieren konnte, schwänzte er die Vorlesungen und befremdete mit seinem Verhalten so manchen Professor. Vielleicht wäre er ohne die Vorlesungsmitschriften seines Kommilitonen und engen Freundes Marcel Grossmann sogar durch die Diplomprüfung gefallen. Das Lernen für das Examen kostete Einstein so viel Überwindung, daß er sich danach erst nach einer einjährigen Pause wieder mit Wissenschaft beschäftigte. Nach seiner Abschlußprüfung fand er keine akademische Anstellung. Er arbeitete als Hilfslehrer, bis er im Jahre 1902 durch Vermittlung seines Freundes Grossmann am Schweizer Patentamt in Bern als Patentbeamter dritter Klasse eingestellt wurde.

Natürlich ist das eine einseitige Darstellung – und man kann auch ein anderes Bild zeichnen. Als Einstein fünf Jahre alt

war, zeigte ihm sein Vater einmal einen Magnetkompaß. Ehr-
fürchtig und mit Staunen betrachtete er die ganz und gar von
einem Gehäuse eingeschlossene Nadel, die sich ohne sichtbaren Grund immer nach Norden ausrichtete. Eine vergleichba-
re Faszination empfand er im Alter von zwölf Jahren, als er
auf ein Lehrbuch der Euklidischen Geometrie stieß. Es ist
gut möglich, daß er später seine Theorien nach dem Vorbild
der geometrischen Lehrsätze, die sich aus einfachen Axiomen
ableiten, aufgebaut hat. Jedenfalls gründete er seine Theorien
auf einfache allgemeine Prinzipien, die eine ähnliche Rolle
spielen wie geometrische Axiome.

Schon in jüngeren Jahren war Einstein von den Naturwissenschaften fasziniert. Er betrachtete die Welt mit brennender
Wißbegier, aber auch mit Ehrfurcht und Staunen – Gefühle,
die man eher einem Mystiker als einem Naturwissenschaftler
zutrauen würde. Viel später hat Einstein einmal erläutert, wie
er wissenschaftliche Theorien beurteilte – egal, ob sie von
ihm selbst oder von anderen stammten. Er stellte sich dazu
die Frage, ob er an Gottes Stelle das Universum nach dem
Plan dieser Theorie gestaltet hätte. Eine Theorie ohne jene
kosmische Ästhetik, die göttlicher Eingebung würdig wäre,
schien Einstein nicht annehmbar – sie war allenfalls ein Not-
behelf mangels eines Besseren. In den Relativitätstheorien
wird eine solche kosmische Schönheit sichtbar.

Wenn Einstein hartnäckig die Vorlesungen des Polytechnischen Instituts schwänzte, so tat er dies nicht zuletzt deshalb,
um auf eigene Faust zu studieren oder im physikalischen
Praktikum zu experimentieren. Er war also in hohem Maße
Autodidakt.

Auch in den Jahren, in denen Einstein am Patentamt arbeitete, ließ ihn seine Leidenschaft für die Physik nicht los, und
1905 kamen die ersten spektakulären Ergebnisse. Diese große
schöpferische Periode im Leben Einsteins ist vielleicht nur
mit der Zeit vergleichbar, die Newton meditierend in Woolsthorpe verbrachte – auf der Flucht vor der Pest in London.

Einsteins erste Veröffentlichung im Jahre 1905 war zugleich
eine seiner gewagtesten. Sie erschien, wie auch die späteren
Veröffentlichungen desselben Jahres, in der angesehenen

Fachzeitschrift *Annalen der Physik*. Als Einstein 1921 den Nobelpreis für Physik erhielt, wurde in der Laudatio nur eine seiner Entdeckungen erwähnt: eine Formel aus dem ersten Artikel des Jahres 1905, in dem es nicht um die Relativitätstheorie, sondern um die Teilchentheorie des Lichtes ging.

Etwa fünf Jahre früher hatte sich Max Planck mit verwirrenden neuen experimentellen Daten zur Strahlung glühender Körper beschäftigt. Um die Meßergebnisse zu deuten, schlug er vor, daß Materie ihre Energie nicht kontinuierlich aussendet oder absorbiert, sondern in diskreten Paketen, die er *Quanten* nannte. Wie revolutionär diese Idee war, kann man sich am Beispiel einer Kinderschaukel verdeutlichen. Plancks Behauptung würde in dieser Analogie darauf hinauslaufen, daß die Kinderschaukel nur eine, zwei, drei oder mehr Einheiten (etwa Meter) weit ausschwingen könnte, während Schwingungsweiten zwischen solchen ganzzahligen Werten unmöglich seien.

Die neue Theorie paßte bewundernswert gut zu den experimentellen Ergebnissen. Aber nicht einmal Planck wagte es damals, seine Quantenhypothese ernst zu nehmen. Vielmehr suchte er zwölf Jahre lang vergeblich nach einem Weg, die Quantenhypothese zu umgehen. Nur ein Patentbeamter – Albert Einstein – nahm sie wirklich ernst. In der bereits erwähnten ersten Publikation von 1905 machte er sogar noch weitreichendere Annahmen. Obwohl er sich der überwältigenden Beweise für die Wellennatur des Lichtes bewußt war, führte er zwingende Argumente dafür an, daß Licht auf irgendeine Weise doch aus Partikeln bestehen müsse. Einsteins Argumente waren schlüssig, aber erst 20 Jahre später fanden sie allgemeine Anerkennung.

In seiner zweiten Veröffentlichung von 1905 beschrieb Einstein eine neue Methode, um die Abmessungen von Molekülen zu bestimmen.

Die dritte Arbeit handelte von der Bewegung kleiner Partikel (beispielsweise Staubteilchen) in einer Flüssigkeit. Nach der molekularen Theorie der Wärme, die damals noch umstritten war, besteht eine Flüssigkeit aus Molekülen, die sich in ständiger Bewegung befinden. Sie stoßen also ständig zusammen, so daß auch ein Staubkorn in der Flüssigkeit ständig hin- und hergestoßen wird. Eine solche unregelmäßige mikroskopische Bewegung hatte bereits 1827 der schottische Botaniker Robert Brown beobachtet. Einstein veröffentlichte 1905 eine Formel für diese Brownsche Bewegung, die der französische Wissenschaftler Jean Perrin 1908 experimentell bestätigte. Daraufhin waren bedeutende – vorher noch skeptische – Wissenschaftler von der Existenz der Moleküle (und natürlich auch der Atome) überzeugt.

Die dritte Publikation von 1905 trägt den Titel: *Zur Elektrodynamik bewegter Körper.* In diesem Artikel legte Einstein die Theorie dar, die wir heute *Spezielle Relativitätstheorie* nennen. Beinahe zeitgleich reichte Poincaré eine lange Abhandlung ein. Von den mathematischen Formeln der Einsteinschen Arbeit waren viele auch in Poincarés Abhandlung enthalten – und darüber hinaus wichtige weiterreichende mathematische Ergebnisse. Trotzdem gebührt das Verdienst, die Relativitätstheorie begründet zu haben, eindeutig Einstein. Lorentz und Poincaré hatten ihre Theorie aus den Details der elektromagnetischen Theorie abgeleitet – als Teilaussagen dieser Theorie. Einstein aber leitete die Lorentz-Transformation aus zwei allgemeinen Prinzipien ab. Er zeigte, daß nicht die Galilei-Transformation, sondern die Lorentz-Transformation die universellen Beziehungen von Raum und Zeit zum Ausdruck bringt. Damit bekam die Lorentz-Transformation einen neuen Status: Sie sollte nunmehr nicht nur den Elektromagnetismus, sondern die Struktur der gesamten Physik bestimmen. Einstein benutzte also dieselben mathematischen Transformationsgleichungen wie Lorentz und Poincaré, aber er begründete die Anwendung dieser Gleichungen mit einem radikal neuen Konzept von Raum und Zeit.

Einstein begann seine Abhandlung mit einer Diskussion der Induktion, durch die ein bewegter Magnet in einer Drahtschleife einen Strom erzeugt. Er betonte, daß dieser Strom nur von der Relativbewegung zwischen Drahtschleife und Magneten abhinge – nicht aber von ihrer absoluten Bewegung im Äther. Die Maxwellsche Theorie liefert jedoch für die beiden Fälle verschiedene Erklärungen, je nachdem, ob die Drahtschleife in Ruhe und der Magnet bewegt oder gerade das Umgekehrte der Fall ist. Wenn sich der Magnet bewegt, erzeugt er ein elektrisches Feld, das einen Strom verursacht. Bewegt sich dagegen die Drahtschleife, während der Magnet ruht, so entsteht kein elektrisches Feld.* Einstein stellte fest, daß im ersteren Fall ein »elektrisches Feld von gewissem Energiewerte« vorhanden sei, und unterstrich damit dessen Existenz als physikalische Größe, die nicht ignoriert werden durfte. Aufgrund der unterschiedlichen Erklärungen für den (einen) Strom, der durch die Relativbewegung zwischen Magnet und Leiterschleife zustandekomme, und wegen der »mißlungenen Versuche, eine Bewegung der Erde relativ zum Lichtmedium zu konstatieren«, lag für Einstein der Schluß nahe, daß es keine absolute Ruhe gibt. Auffällig ist, daß Einstein das Michelson-Morley-Experiment an dieser Stelle nicht explizit erwähnt – man hat daher später überlegt, ob er dieses Experiment damals überhaupt schon gekannt hätte.

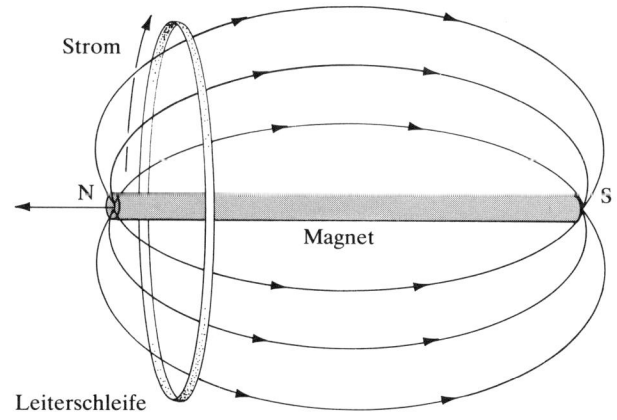

Als nächstes schlug Einstein zwei allgemeine Prinzipien vor, die die Grundlage seiner Theorie bilden. Das erste nannte er *Relativitätsprinzip*. Es besagt dem Sinn nach, daß die Gesetzmäßigkeiten aller Vorgänge im Inneren eines unbeschleunigten Fahrzeugs unabhängig von dessen (gleichförmiger) Bewegung sind. Dies erinnert uns an das Newtonsche Relativitätsprinzip. Einstein postulierte dieses fundamentale Prinzip jedoch nicht nur für alle mechanischen Vorgänge, sondern auch für alle elektromagnetischen und insbesondere die optischen Erscheinungen. Er schloß überhaupt alle physikalischen Phänomene in diese Aussage ein. Einsteins Relativitätsprinzip läßt sich auch folgendermaßen ausdrücken: Die Gesetze der Physik werden in allen nicht beschleunigten Bezugssystemen durch dieselben Gleichungen beschrieben.

---

* Dann erzeugt die Bewegung des Drahtes im Magnetfeld eine elektromotorische Kraft, die auf die beweglichen Ladungsträger im Draht wirkt, so daß ein elektrischer Strom zustandekommt. (Anmerkung des Übersetzers)

Das zweite der beiden Prinzipien in Einsteins erster Publikation zur Relativitätstheorie besagt, daß die Bewegung des Lichtes nicht durch die Bewegung der Lichtquelle beeinflußt wird. Diese Annahme scheint auf der Hand zu liegen und nicht vom Althergebrachten abzuweichen. Sobald sich Licht von einer Quelle entfernt, hat es keine Verbindung mehr zu ihr und bewegt sich von ihr unbeeinflußt durch den Äther; seine Ausbreitungsgeschwindigkeit hängt dabei nur von der Elastizität des Äthers ab.

Bei genauem Hinsehen drängen sich zu diesem Zweiten Prinzip einige Fragen auf. Warum beispielsweise wurde es – zusammen mit dem Ersten Prinzip – zum Auslöser einer wissenschaftlichen Revolution, wenn beide Prinzipien doch nur selbstverständliche Wahrheiten ausdrücken? Darüber hinaus mußte das Zweite Prinzip angesichts der Teilchentheorie des Lichtes geradezu als absurd erscheinen – aber genau diese Theorie hatte Einstein ja gerade erst selbst in seiner 13 Wochen zuvor eingereichten Arbeit behauptet. Wenn man beispielsweise einen Stein aus einem fahrenden Zug (in Fahrtrichtung) wirft, kann er weit mehr Schaden anrichten als ein Stein, den man aus einem stehenden Zug schleudert. Die Geschwindigkeit eines geworfenen Körpers hängt also von der Geschwindigkeit der Plattform ab, von der man ihn abwirft. Die Annahme, daß Licht aus Teilchen besteht, führt aber nicht nur zu solchen Schwierigkeiten: Solche Teilchen könnten, wenn sie den Newtonschen Gesetzen gehorchen und insbesondere das Newtonsche Relativitätsprinzip erfüllen würden, das Nullresultat des Michelson-Morley-Experiments erklären, und zwar ohne kontrahierende Längen, lokale Zeiten oder Lorentz-Transformationen. Wie wir gesehen haben, hatte Einstein aber nicht die Absicht, die besagten Nullresultate auf die Teilchennatur des Lichtes und die vertraute Newtonsche Relativität zurückzuführen. Statt dessen brachte er mit seinem Zweiten Prinzip etwas ins Spiel, das mehr oder weniger direkt dem Bild des Lichtes als Ätherwelle entsprungen war. Nachdem er diesen Aspekt der Äthertheorie als grundlegendes Prinzip formuliert hatte, verabschiedete er die Vorstellung vom Lichtäther mit den folgenden Worten:

»Die Einführung eines „Lichtäthers" wird sich insofern als überflüssig erweisen, als nach der zu entwickelnden Auffassung weder ein mit besonderen Eigenschaften ausgestatteter „absolut ruhender Raum" eingeführt, noch einem Punkte des leeren Raums, in welchem elektromagnetische Prozesse stattfinden, ein Geschwindigkeitsvektor zugeordnet wird.«

Diese Überlegungen zeugen von einer außerordentlichen Intuition. Ein besonderer Reiz des Einsteinschen Prinzipienpaares liegt darin, daß diese Prinzipien einzeln zwar ganz harmlos aussehen, miteinander verbunden aber zu dem theoretischen Sprengstoff wurden, der die Grundlagen der Naturwissenschaften erschütterte. Außerdem kann man die wesentlichen Folgerungen aus diesen Prinzipien bereits mit minimalem mathematischen Aufwand ableiten – ein Vorteil, der ihrer Einfachheit zu verdanken ist. Einstein selbst bevorzugte in seinen Publikationen allerdings eine eher formalmathematische Darstellung.

Mit einigen umwälzenden Konsequenzen, die aus den beiden Prinzipien folgen, wollen wir uns näher beschäftigen. Stellen wir uns vor, Sie und ich, wir sitzen jeder in einem Raumschiff – weit draußen im Weltraum, in der Nähe eines Sterns. Mein Raumschiff hält sich in konstanter Entfernung zum Stern auf, während das Ihre mit einem Fünftel Lichtgeschwindigkeit auf den Stern zufliegt. Diese Situation ist in der Abbildung rechts skizziert, wobei mein Raumschiff und der Stern relativ zur Buchseite in Ruhe sind, während Ihr Raumschiff auf den Stern zufliegt.

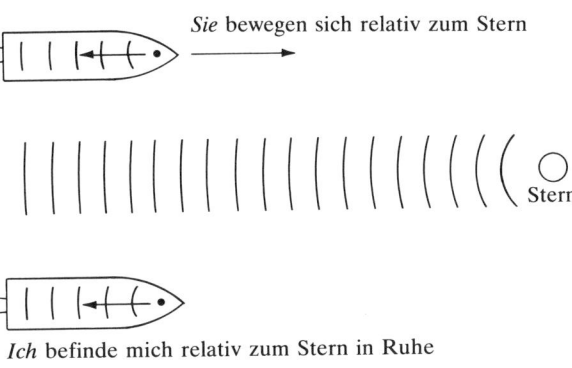

Sie bewegen sich relativ zum Stern

Stern

Ich befinde mich relativ zum Stern in Ruhe

Wir stellen uns nun vor, daß wir im Inneren unserer Raumschiffe gleichartige Experimente durchführen und dabei gelegentlich aus dem Fenster schauen. Da für alle Vorgänge im Innenraum unserer Raumschiffe das Relativitätsprinzip gilt, sollten die gleichen Experimente hüben und drüben auch gleich verlaufen.

Ich lasse nun im Vorderteil des Innenraumes eine Lampe aufleuchten und messe die Geschwindigkeit der Lichtwelle, die zur Rückseite meines Raumschiffes läuft. Sie tun das gleiche in Ihrem Raumschiff. Nach Einsteins Zweitem Prinzip halten alle auftretenden Lichtwellen auf ihrem Weg nach hinten miteinander Schritt – ob sie nun von meiner Lampe in meinem Raumschiff ausgehen oder von Ihrer Lampe in Ihrem Raumschiff oder von dem Stern. Indem ich die Geschwindigkeit des von meiner Lampe ausgestrahlten Lichtes messe, bestimme ich also zugleich die Geschwindigkeit des Sternlichtes, das an mir vorbeiläuft. Dasselbe trifft auf Ihre Messung zu. Da Sie sich aber mit einem Fünftel Lichtgeschwindigkeit auf den Stern zubewegen, liegt nahe zu vermuten, daß Sie bei dem vorbeilaufenden Sternlicht und wegen des Zweiten Einsteinschen Prinzips auch bei dem Licht Ihrer Lampe eine entsprechend höhere Geschwindigkeit messen müßten – nämlich $1\frac{1}{5}$ Lichtgeschwindigkeit. Das heißt, im Inneren Ihres Raumschiffes sollte das Licht Ihrer Lampe eine um 20 Prozent höhere Geschwindigkeit haben als das Licht meiner Lampe im Inneren meines Raumschiffes. Natürlich widerspricht dies dem Prinzip der Relativität, das ja gleiche Ergebnisse bei gleichen Experimenten in meinem und Ihrem Raumschiff fordert. Unsere Experimente (die Messung der Lichtgeschwindigkeit) sind ja gleich. Wenn ich also die Lichtgeschwindigkeit c mit meiner Lampe messe, sollten Sie denselben Wert c mit Ihrer Lampe erhalten. Wegen des Außenraum-Aspektes dieser Messung sollte auch das Sternlicht mit der Geschwindigkeit c an Ihnen vorbeilaufen, obwohl Sie ja auf den Stern zufliegen.

Wir wollen diese Situation noch aus einer etwas anderen Perspektive betrachten. Angenommen, Sie würden wirklich wegen Ihrer Eigenbewegung auf den Stern zu eine erhöhte Geschwindigkeit des Sternlichtes und also auch Ihres Lampenlichtes messen. Wenn Sie Ihre Lampe nun in den hinteren Teil Ihres Raumschiffes bringen und die Lichtausbreitung von hinten nach vorne beobachten, so liegen die Verhältnisse genau umgekehrt: Die Geschwindigkeit des nach vorne ausgesandten Lampenlichtes müßte in Ihrem Raumschiff um den Betrag der Fluggeschwindigkeit vermindert erscheinen. Ihr Betrag wäre also nur vier Fünftel der im ruhenden Raumschiff gemessenen Lichtgeschwindigkeit, also $\frac{4}{5} \times c$. Aus der halben Differenz der von Ihnen gemessenen Vor- und Rück-Lichtgeschwindigkeiten könnten Sie dann die Geschwindigkeit bestimmen, mit der Sie sich auf den Stern zubewegen.

Nach dem Relativitätsprinzip kann diese Geschwindigkeit des eigenen Bezugssystems jedoch grundsätzlich nicht durch interne Messungen bestimmt werden. Auch daraus können wir schließen, daß Sie für die Geschwindigkeit des an Ihnen vorbeilaufenden Sternlichtes wie auch des Lichtes Ihrer Lampe unabhängig von Ihrer eigenen Bewegung immer denselben Betrag c messen werden.

Sicherlich sind wir überrascht darüber, daß die Lichtwellen einer beliebigen Strahlungsquelle uns immer mit derselben Geschwindigkeit passieren – egal, wie schnell wir der Strahlungsquelle entgegeneilen. Es gibt aber noch viele andere überraschende Phänomene, die sich aus der Relativitätstheorie ableiten.

Nehmen wir beispielsweise an, ich wette mit Ihnen, daß ich mein Raumschiff stark beschleunigen kann, um Ihres mit Lichtgeschwindigkeit zu überholen. Ich würde die Wette verlieren, und zwar aus dem folgenden Grund. Angenommen, der Wettlauf mit dem Licht beginnt mit einem „fliegenden Start". Ich nehme Anlauf, und in dem Moment, in dem der Bug meines Raumschiffes die Höhe des Ihren erreicht hat, senden Sie Lichtstrahlen nach vorne aus. Nun haben wir bereits gesehen, daß relativ zu meinem Raumschiff alle Lichtwellen sich mit demselben Wert c der Lichtgeschwindigkeit fortpflanzen – ohne Rücksicht auf meine eigene Schnelligkeit. Deshalb kann ich die von Ihnen ausgesandten Lichtstrahlen nie einholen, und Sie werden erleben, wie ich hinter ihnen zurückbleibe. Trotz aller Anstrengung werde ich relativ zu Ihnen oder zu einem beliebigen anderen unbeschleunigten Objekt also nie die gleiche Geschwindigkeit erreichen wie das Licht. Das gilt nicht nur in meinem Fall, sondern für alle Objekte, die eine Masse haben. In der Relativitätstheorie ist die Lichtgeschwindigkeit eine obere Geschwindigkeitsgrenze.

Wir sehen also, daß die beiden Einsteinschen Prinzipen im Hinblick auf die Fortpflanzung des Lichtes zu verblüffenden Schlußfolgerungen führen. Nicht weniger überraschende Konsequenzen ergeben sich in bezug auf die Gleichzeitigkeit von Ereignissen. Hierbei haben wir es mit einem zentralen Begriff der Einsteinschen Theorie zu tun, der unsere Vorstellung von Raum und Zeit entscheidend verändert hat.

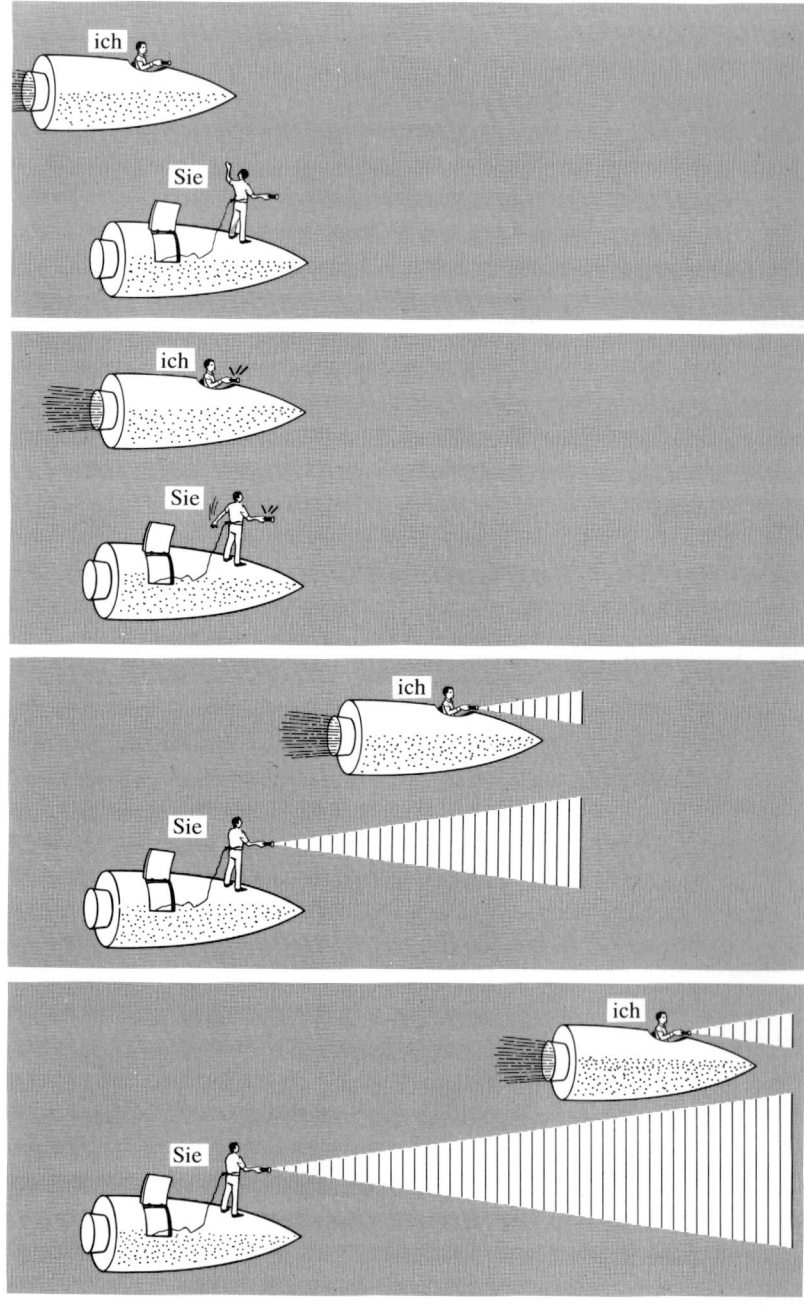

Einstein nahm folgendes an: Nur wenn zwei Ereignisse am selben Ort stattfinden, kann man ohne Probleme entscheiden, ob sie gleichzeitig sind oder nicht. Bei Ereignissen an verschiedenen Orten stellte er die Vorstellung von Gleichzeitigkeit in Frage. Angenommen, Sie lassen eine Taschenlampe in der Mitte Ihres fliegenden Raumschiffes aufblitzen. Dann werden Sie natürlich behaupten, daß sich die Lichtwellen in Vorwärts- und Rückwärtsrichtung mit derselben Geschwindigkeit ausbreiten und folglich gleichzeitig auf die Vorder- und Hinterwand treffen. Bei einem solchen Experiment in meinem Raumschiff käme ich dann natürlich zum gleichen Ergebnis. Aber wie stellen sich die Vorgänge in Ihrem Raumschiff aus meiner Warte dar? Da sich Ihr Raumschiff relativ zu meinem bewegt, kommt es mir so vor, als ob die Hinterwand Ihres Raumschiffes dem rückwärts abgestrahlten Licht entgegenkäme, während die Vorderwand dem nach vorne gerichteten Strahl aber davonläuft. Das rückwärtige Licht scheint die Rückwand aus meiner Sicht daher früher zu erreichen, als das vorwärts gerichtete Licht bei der Vorderwand ankommt. Ich beobachte also, daß die Lichtstrahlen vorne und hinten zu verschiedenen Zeiten ankommen. Sie beobachten das Gegenteil.

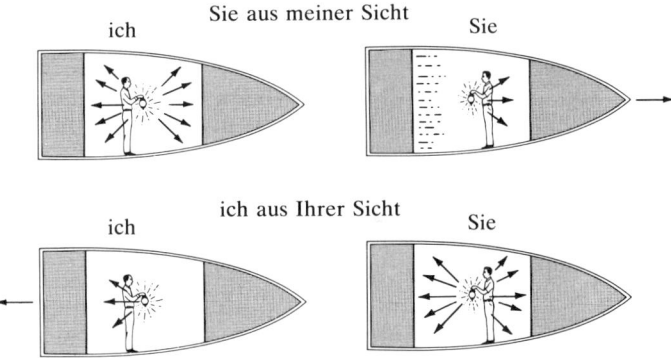

ich   Sie aus meiner Sicht   Sie

ich   ich aus Ihrer Sicht   Sie

Dieser Widerspruch ist außerordentlich bedeutsam. Und die Diskrepanz tritt umgekehrt auch für Ihre Beobachtungen auf: In bezug auf Ihr Raumschiff bewegt sich meines rückwärts. Daher würden Sie mein Experiment so erleben, als ob bei mir in meinem Raumschiff die vordere Wand früher von den Lichtblitzen getroffen wird als die Rückwand. Ich dagegen würde es so sehen, als ob die beiden Lichtwellen gleichzeitig ankämen.

Das Relativitätsprinzip verlangt, daß unbeschleunigte Bezugssysteme wie unsere beiden Raumschiffe gleichberechtigt sind. Damit erübrigt sich die Frage, ob „Sie" mehr Recht haben als „ich" – oder umgekehrt. Wenn zwei relativ zueinander gleichförmig bewegte Beobachter zwei Ereignisse registrieren, die an verschiedenen Orten ablaufen, kann einer der Beobachter Gleichzeitigkeit konstatieren, während der andere registriert, daß die Ereignisse nicht gleichzeitig stattfinden, das heißt, Gleichzeitigkeit ist relativ.

Man beachte, wie vernichtend sich die Relativität der Gleichzeitigkeit auf das Newtonsche Konzept der absoluten Zeit auswirkt. Denken wir in absoluter Zeit, so ist die Gleichzeitigkeit zweier Ereignisse überhaupt kein Problem. Die Ereignisse sind genau dann gleichzeitig, wenn sie zur selben absoluten Zeit stattfinden. Aber durch das Prinzip der Relativität wird die Zeit selbst relativ.

Als Einstein die Relativitätstheorie formulierte, mußte er Ort und Zeit von momentanen Ereignissen an einem bestimmten Punkt (*Punktereignisse*) besonders sorgfältig festlegen. Er hielt sich an die übliche Methode, einen Punkt im dreidimensionalen Raum anhand der drei Koordinaten (x, y, z) zu beschreiben. Dabei stellte er sich vor, daß überall präzise, gleichartige Uhren angebracht seien. Diese Myriaden von Uhren müßten dann mit Hilfe einer einzigen Hauptuhr – oder Referenzuhr – synchronisiert werden, die an einem bestimmten Punkt ruht. Die Zeit t eines Punktereignisses würde dann von derjenigen Uhr angegeben, die sich am Ort dieses Ereignisses befindet. Soweit sieht das alles schon ziemlich übervorsichtig aus. Wir müssen aber noch zeigen, wie Einstein sich die Synchronisierung der Uhren dachte. Die theoretische Konstruktion zeigt einmal mehr die Kraft der Einsteinschen Intuition.

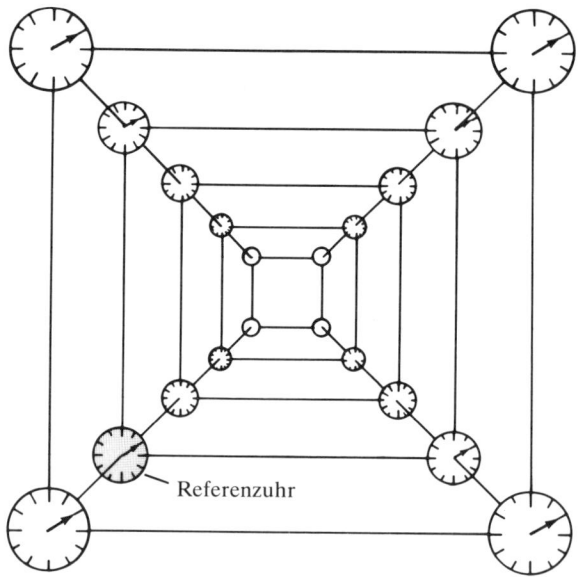

Referenzuhr

Bleiben wir bei der anschaulichen Vorstellung unserer beiden Raumschiffe. Ich habe eine Uhr an einem bestimmten Punkt

C auf der x-Achse aufgestellt und möchte sie mit der Hauptuhr im Ursprungspunkt O meines Koordinatensystems synchronisieren. Dazu sende ich einen Lichtblitz von O nach C. In C befindet sich ein Spiegel, der den Lichtblitz wieder nach O reflektiert. Nun wird der Zeiger meiner Uhr in C solange verstellt, bis folgendes ereicht ist: Die Laufzeit, die der Lichtblitz für seinen Hinweg nach C benötigt, soll genauso groß sein wie die Laufzeit für seinen Rückweg nach O, sofern die Uhren am jeweiligen Ort des Lichtsignals abgelesen werden. Wenn die Uhr in C nach diesem Kriterium gestellt ist, betrachten wir sie als synchronisiert mit der Referenzuhr im Ursprung O.

Nehmen wir beispielsweise an, wir hätten Uhren, die uns Milliardstelsekunden anzeigen. Stellen wir uns nun vor, daß das Licht O in dem Moment verläßt, in dem die dortige Uhr

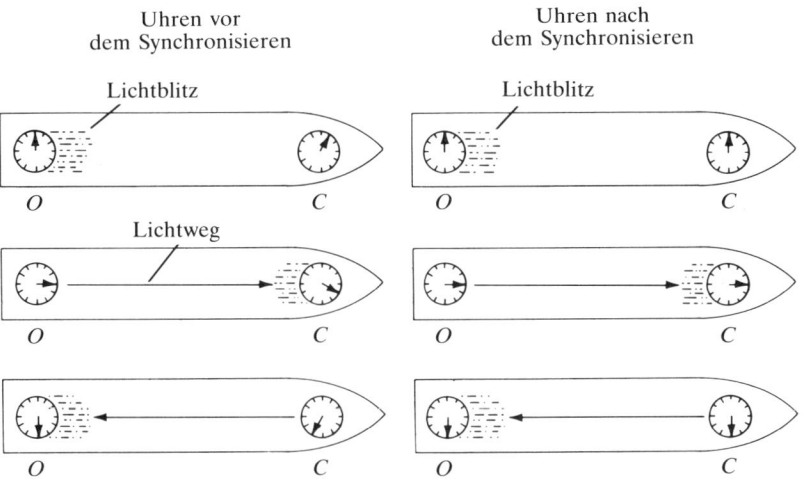

zwölf Uhr mittags angibt, und C erreicht, wenn die dortige Uhr gerade vier Milliardstelsekunden nach zwölf zeigt. Beim Stand der O-Uhr von sechs Milliardstelsekunden nach Mittag komme das Lichtsignal schließlich wieder in O an. Aus einem solchen Stand der Uhren ergäben sich verschiedene Laufzeiten für Hin- und Rückweg, nämlich vier beziehungsweise zwei Milliardstelsekunden. Das hieße, daß die Uhr in C nicht mit der Referenzuhr synchronisiert wäre. Nun ist es einfach, die Uhr in C zu korrigieren: Ihre Zeiger müssen um eine Milliardstelsekunde zurückgestellt werden. Danach geben die beiden Uhren Hin- und Rücklaufzeiten des Lichtsignals von jeweils drei Milliardstelsekunden an. Die Uhr in C ist jetzt mit der Referenzuhr synchronisiert.

Die gleiche Prozedur können Sie in Ihrem bewegten Raumschiff zur Synchronisierung Ihrer Uhren durchführen. Soweit scheint alles normal. Wenn ich aber Ihre Aktivitäten beobachte beziehungsweise Sie die meinen, finden wir uns in einer seltsamen Situation wieder. Da Sie sich relativ zu mir bewegen, sieht es für mich so aus, als wäre der Abstand, den Ihr Lichtsignal auf seinem Hinweg zwischen O und O' zurücklegt, anders als die Distanz bei seinem Rückweg. Ihre Uhren zeigen aber gleiche Laufzeiten für die mir unterschiedlich scheinenden Entfernungen an. Relativ zu mir sind Ihre Uhren also keineswegs synchronisiert.

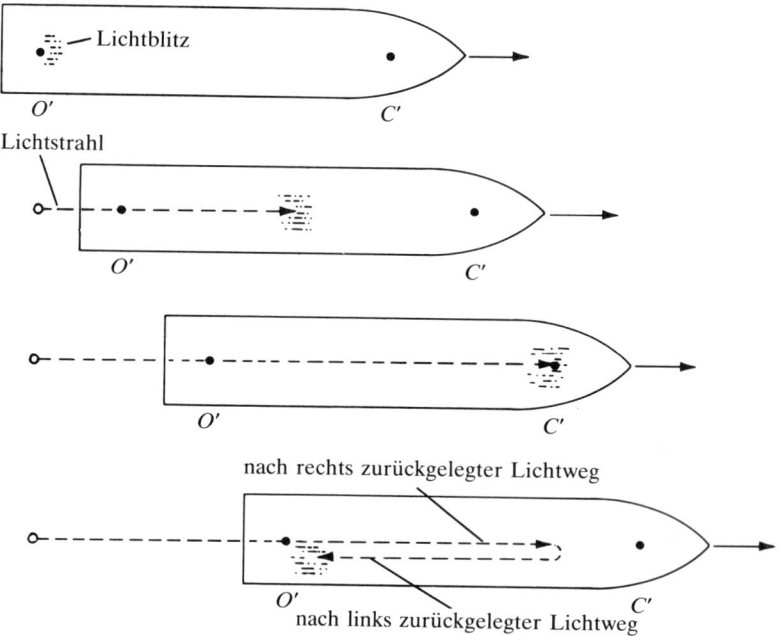

Aber relativ zu Ihnen bin natürlich ich in Bewegung. Da also auch Ihnen die Laufstrecken meines Lichtsignals bei seinem Hin- und Rückweg verschieden lang vorkommen, erscheint es Ihnen, als seien meine Uhren falsch synchronisiert.

Wir haben beide recht. In der Relativitätstheorie gibt es kein *Jetzt* wie im Newtonschen System mit seiner absoluten Zeit. Nehmen wir an, wir hätten beide unsere Uhren mit unserer

jeweiligen Referenzuhr synchronisiert. Dann können wir
jedem Punktereignis vier Koordinaten (x, y, z, t) beziehungsweise (x', y', z', t') zuordnen. Die ungestrichenen Koordinaten einschließlich der Zeit t gelten in meinem Bezugssystem
mit meinen Uhren; die gestrichenen Koordinaten gelten in
Ihrem Bezugssystem. Falls meine Uhren für zwei Punktereignisse an unterschiedlichen Orten dieselbe Zeit anzeigen,
kann ich diese Ereignisse mit gutem Grund als gleichzeitig
betrachten. Aber im allgemeinen werden Sie dies − ebenso
begründet − bestreiten. Umgekehrt werde auch ich selten
zustimmen, wenn Sie von zwei Punktereignissen sagen, sie
seien gleichzeitig. Wieder kommen wir also zu dem Schluß,
daß Gleichzeitigkeit relativ ist und jeweils vom Bezugssystem
des Beobachters abhängt.

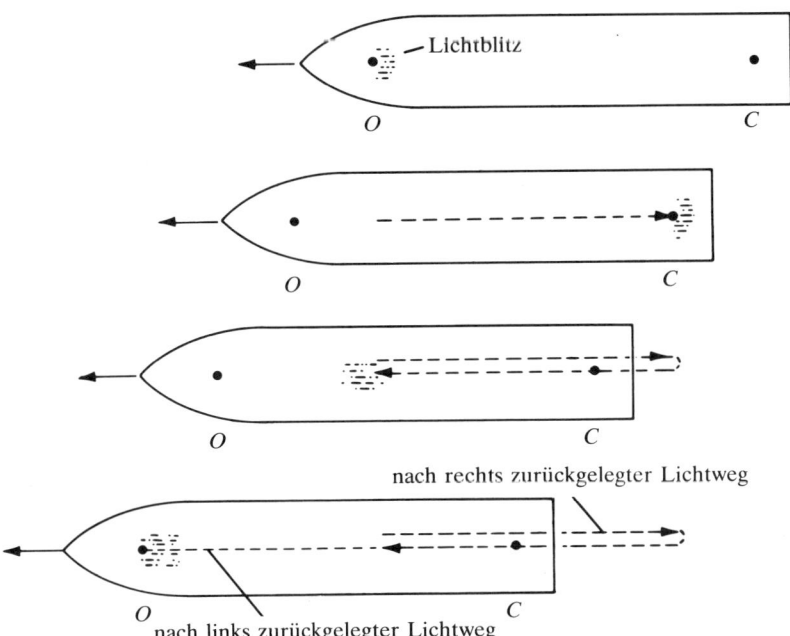

nach rechts zurückgelegter Lichtweg

nach links zurückgelegter Lichtweg

Die Relativität der Gleichzeitigkeit macht nicht nur Newtons
Vorstellung einer absoluten Zeit zunichte, sondern auch den
umgangssprachlichen Zeitbegriff. Zeit ist etwas so Grundlegendes, daß ihre Relativität zu unglaublichen Konsequenzen
führt, von denen wir die meisten gar nicht besprochen haben.

Für unsere weiteren Überlegungen wollen wir eine idealisier-
te Uhr einführen: Stellen Sie sich zwei parallele Spiegel vor,

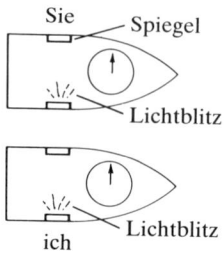

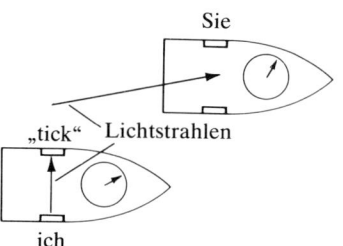

Die Lichtuhren in meinem und Ihrem Raumschiff aus meiner Sicht. In dem gezeigten Beispiel geht meine Uhr doppelt so schnell wie Ihre relativ zu mir bewegte Lichtuhr. Für beide Uhren ist die Lichtgeschwindigkeit gleich. Daher breitet sich Licht zwischen den Raumschiffen in gleichen Zeiten um die gleiche Strecke aus, und die entsprechenden Lichtstrahlen sind daher als gleich lange durchgezogene Pfeile dargestellt.

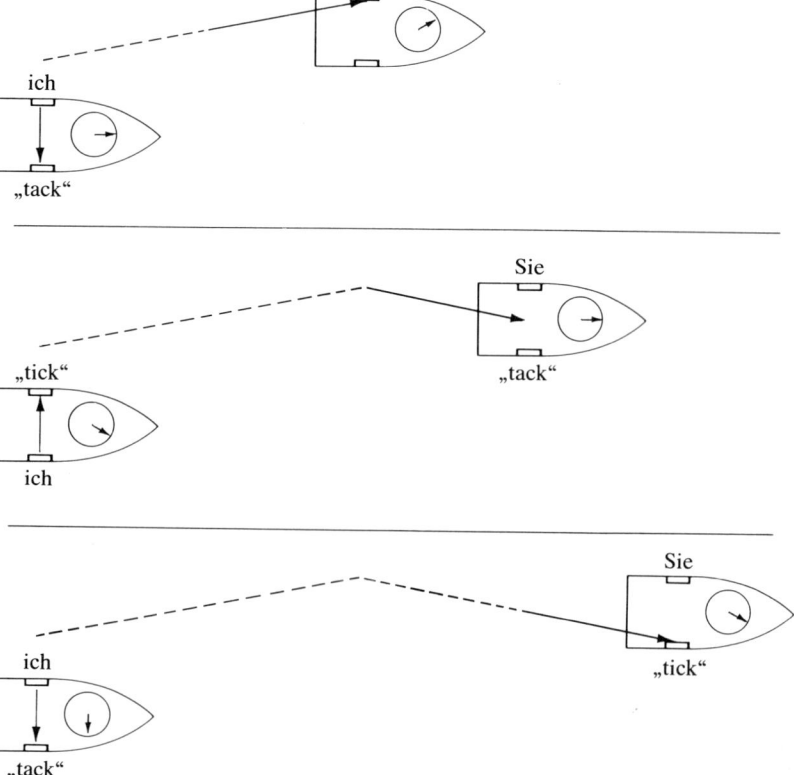

zwischen denen ein Lichtsignal hin- und herreflektiert wird. Licht und Spiegel bilden dann zusammen eine Uhr, die im Takt des hin- und zurücklaufenden Lichtsignals „tickt". Für praktische Zwecke ist diese Uhr nicht konzipiert, sondern sie ist möglichst einfach konstruiert, um daran die Eigenschaften der Zeit in der Speziellen Relativitätstheorie zu untersuchen. Wir wollen sie als *Lichtuhr* bezeichnen.

Wir wollen nun unsere beiden Raumschiffe mit solchen Lichtuhren ausstatten. Dabei sollen die Spiegel – wie in der Abbildung links gezeigt – angeordnet sein, so daß die Lichtuhren quer zur Längsrichtung unserer Raumschiffe stehen. Da Sie sich relativ zu mir bewegen, laufen die „tickenden" Lichtstrahlen Ihrer Lichtuhr aus meiner Sicht nicht senkrecht zur Bewegungsrichtung, sondern schräg; sie treffen daher unter einem flachem Winkel auf die bewegten Spiegel auf. Ich stelle also fest, daß das Lichtsignal Ihrer Lichtuhr zwischen den Spiegeln längere (weil schräge) Wege zurücklegt als das Lichtsignal in meiner eigenen Lichtuhr. Da die Geschwindigkeit des Lichtsignals relativ zu uns beiden denselben Betrag c hat, folgt somit zwingend, daß Ihre Uhr langsamer geht als meine. Die beiden Uhren gehen aus meiner Sicht also ungleich schnell, obschon sie ja identisch aufgebaut sind. Eine genaue Rechnung ergibt, daß Ihre Uhr um einen Faktor $\sqrt{1 - v^2/c^2}$ langsamer geht als meine; v ist dabei unsere Relativgeschwindigkeit und c die Lichtgeschwindigkeit. Wäre v beispielsweise gleich vier Fünftel Lichtgeschwindigkeit, so ginge Ihre Uhr um den Faktor $\sqrt{1 - (^4/_5)^2} = ^9/_{25} = ^3/_5$ langsamer als meine.

Exkurs 5.3: Um die relativistische Formel für den Faktor der *Zeitdehnung* oder *Zeitdilatation* abzuleiten, betrachten wir die Bezugssysteme der Lichtuhren in der Abbildung auf Seite 105. Insbesondere sollen die *x*-Achsen mit der Richtung der Relativgeschwindigkeit v übereinstimmen; *y*- und *y'*-Achse sollen parallel sein. Wie gewöhnlich nehmen wir identische Längen- und Zeiteinheiten für beide Systeme an. Zum Beweis der Zeitdilatationsformel untersuchen wir Lichtuhren, die senkrecht zur Relativbewegung orientiert sind.

Als ersten Schritt wollen wir zeigen, daß Längenmessungen, die wir in senkrechter Richtung zu unserer Relativbewegung durchführen, denselben Wert ergeben. Dies ist wichtig, weil ein Längenunterschied senkrecht zur Relativbewegung das „Ticken" unserer Uhren beeinflussen würde. Wir müssen also zeigen, daß die Transformation meiner y-Koordinate eines beliebigen Punktes in Ihre y'-Koordinate gerade durch die Gleichung $y' = y$ gegeben ist. Wir wollen den Beweis indirekt führen und aus der Annahme, y' sei ungleich y, einen Widerspruch ableiten.

Wenn ich durch eine Messung herausbekomme, daß Sie sich relativ zu mir mit der Geschwindigkeit v nach rechts bewegen, dann finden Sie durch eine analoge Messung heraus, daß ich mich relativ zu Ihnen mit derselben Geschwindigkeit v nach links bewege. Das muß so sein, weil wir im Grunde unter denselben Umständen dasselbe tun — unsere Messungen verhalten sich spiegelbildlich zueinander. Aus der Symmetrie der beiden Bezugssysteme ergibt sich nun, daß irgendein Längeneffekt senkrecht zur Bewegungsrichtung nicht davon abhängen kann, ob die Bewegung nach links oder nach rechts verläuft — solange die Relativgeschwindigkeit v konstant ist.

Nehmen wir also an, daß y und y' bei gegebener Geschwindigkeit v nicht übereinstimmen. Stellen wir uns beispielsweise vor, Ihre Entfernungsmessung zu einem bestimmten Punkt in y'-Richtung ergäbe einen kleineren Wert als meine entsprechende Messung in y-Richtung, so daß $y' < y$ wäre. Nehmen wir nun an, ein dritter Beobachter bewege sich mit der Geschwindigkeit v relativ zu Ihnen nach links, also genauso wie ich; und auch seine x-Achse soll mit der meinigen zusammenfallen. Für die verschiedenen y-Koordinaten, die ein und demselben Punkt in bezug auf die drei Systeme zugeordnet werden, muß aufgrund der Links-Rechts-Symmetrie folgendes gelten: Die y''-Koordinate, die der neue Beobachter dem Punkt zuordnet, muß sich zu Ihrer y'-Koordinate des Punktes ebenso verhalten, wie Ihre y'-Koordinate sich zu meiner y-Koordinate verhält. Darum muß die Relation $y'' < y'$ gelten. Mit der obigen Relation $y' < y$ kombiniert erhält man daraus $y'' < y$. Das Bezugssystem des neuen Beobachters ruht jedoch relativ zu dem meinen, so daß die Werte unserer y-Koordinaten identisch sein müssen: $y' = y$. Das aber steht im Widerspruch zu unserem Ergebnis $y' < y$, das wir aus der Annahme $y' < y$ abgeleitet hatten. Die Annahme $y > y'$ würde zu einem analogen Widerspruch führen, und wir müssen daher auf die einzig mögliche Alternative schließen: $y' = y$. Wir haben also gezeigt, daß unsere Relativbewegung entlang der gemeinsamen x-Achse eine Längenmessung senkrecht dazu nicht beeinflußt.

Wir wollen nun die Lichtwege in unseren beiden Lichtuhren genauer betrachten. Von mir aus gesehen läuft mein Uhren-Lichtsignal relativ zur x-Achse senkrecht von O nach Y (wie in der Abbildung unten gezeigt), während Ihr Lichtsignal in schräger Richtung von O zum bewegten Uhrenspiegel M gelangt. Nach meiner Messung benötigt dieses Signal für die Strecke von O nach M dann eine Laufzeit t, so daß die Laufstrecke $\overline{OM}$ für mich die Länge ct hat; entsprechend beträgt die Länge der Strecke $\overline{OS}$ für mich vt. Nach dem Satz des Pythagoras muß dann $\overline{OS}^2 + \overline{SM}^2 = (ct)^2$ sein, daß heißt $\overline{SM} = \sqrt{c^2 - v^2} \times t$. Um diese Strecke zu durchlaufen, benötigt Licht die Zeit $\sqrt{c^2 - v^2} \times t/c = \sqrt{1 - v^2/c^2} \times t$. Wenn zum schrägen Lichtweg also die Laufzeit t gehört, ist die Laufzeit des Lichtwegs für den vertikalen Weg kürzer — und zwar um den Faktor $\sqrt{1 - v^2/c^2}$.

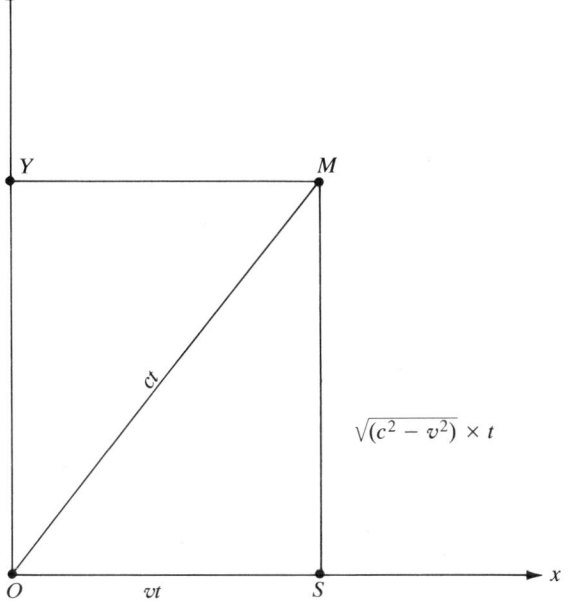

Je kleiner die Laufzeiten zwischen den Spiegeln sind, desto schneller „tickt" die Lichtuhr. Relativ zu meiner Uhr geht die Ihre nach. Da aber in Ihrem Bezugssystem das Lichtsignal meiner Uhr schräg zur x-Achse läuft, werden Sie Ihrerseits finden, daß meine Uhr gegenüber der Ihren gleichfalls nachgeht. Der Faktor der Zeitdilatation beträgt auch aus Ihrer Sicht $\sqrt{1 - v^2/c^2}$.

Wären wir relativ zueinander in Ruhe, so würden unsere Uhren exakt gleich gehen, denn für $v = 0$ wird der Faktor $\sqrt{1 - v^2/c^2}$ gerade gleich Eins. Was aber folgt im anderen (und unerreichbaren) Extremfall, wenn unsere Relativgeschwindigkeit gleich der Lichtgeschwindigkeit, also $v = c$, wäre? Der Faktor der Zeitdehnung würde zu Null, das heißt, für jeden von uns sähe es so aus, als würde die Uhr des anderen stehen, während die eigene Uhr jeweils ganz normal läuft.

Die Verlangsamung der Uhren mutet schon seltsam genug an, aber noch viel merkwürdiger muß es uns vorkommen, daß dieser Effekt auf Gegenseitigkeit beruht. Die Messungen, die

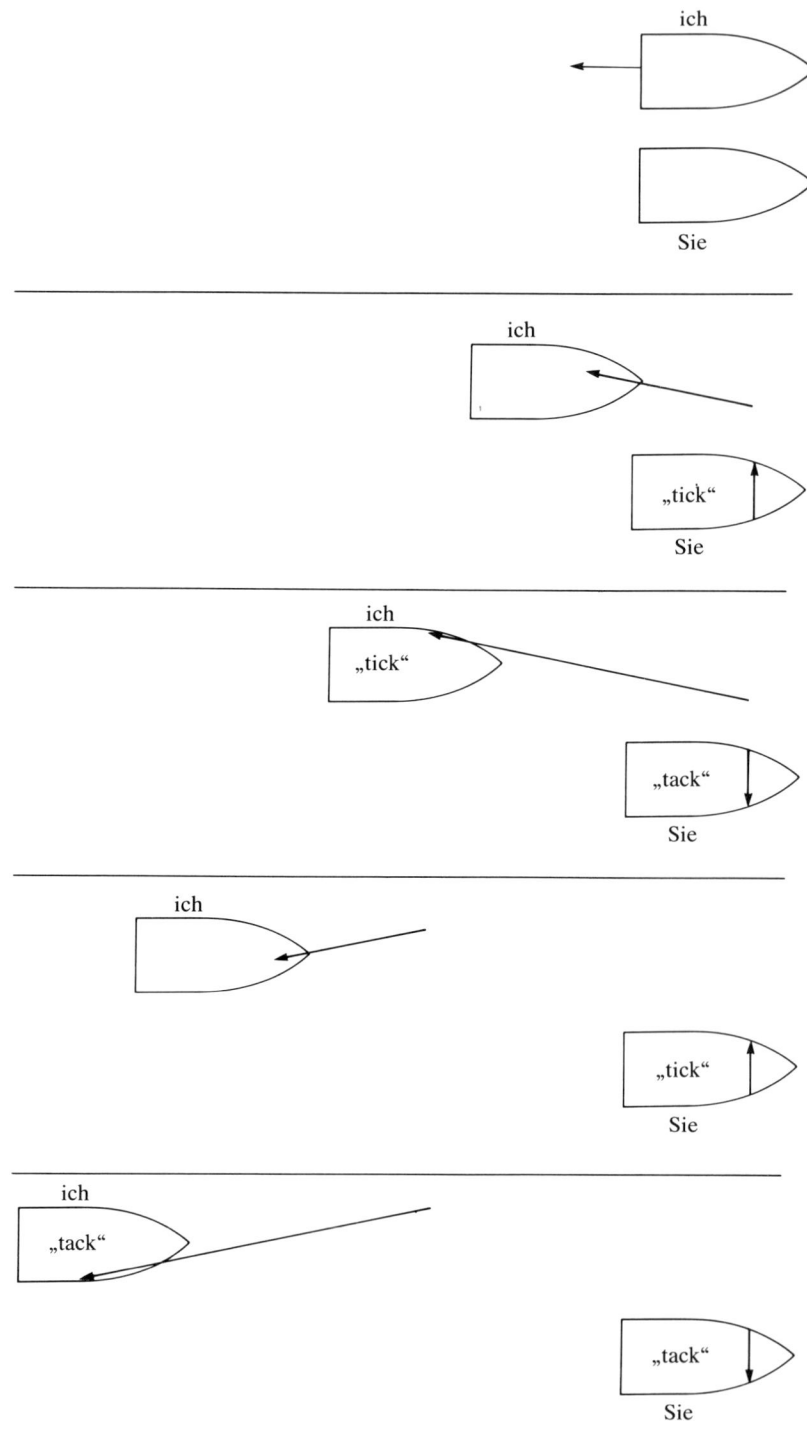

Sie in Ihrem System durchführen, ergeben, daß Ihr Lichtsignal senkrecht zur Geschwindigkeitsrichtung läuft und meines sich schräg ausbreitet. Sie müssen daraus schließen, daß meine Uhr langsamer geht als Ihre. Beide behaupten wir also voneinander, daß die Uhr des jeweils anderen langsamer geht, und zwar um denselben Faktor.

Interessant wird es, wenn man die Zeitdehnung in Einsteins Bezugssystem mit synchronisierten Uhren untersucht. Dabei wollen wir im Auge behalten, daß Ihre Uhren exakte Duplikate meiner Uhren sind und folglich genau gleich gehen, wenn unsere Bezugssysteme relativ zueinander ruhen.

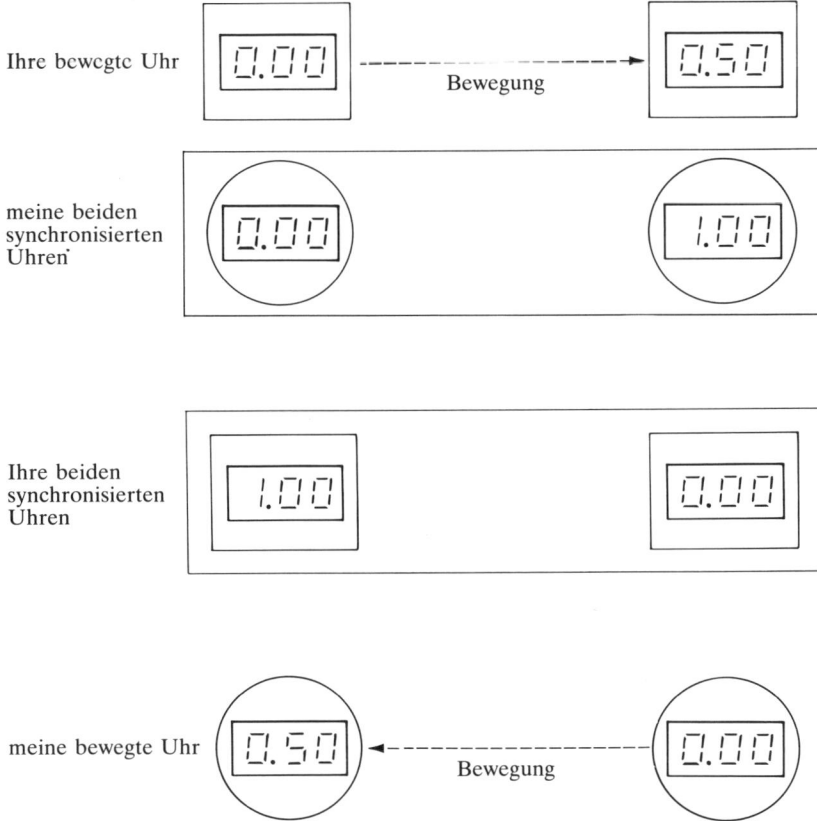

Auf welche Weise kann ich also beurteilen, wie schnell Ihre Uhr geht? Da sie relativ zu Ihnen ruht, bewegt sie sich also relativ zu mir und bleibt daher bei keiner meiner Uhren stehen. Ich muß Ihre Uhr deshalb mit wenigstens zwei meiner

Uhren vergleichen. Die Abbildung auf der vorigen Seite symbolisiert Ihre Uhren durch rechteckige und meine durch kreisförmige Umrandungen. In den großen Rechtecken sind jeweils zwei synchronisierte Uhren eingezeichnet – mitsamt ihrer jeweiligen Zeitanzeige. Zur Zeit Null, also beim Start, befindet sich Ihre Uhr bei einer meiner Uhren, so daß in diesem Moment beide Uhren die Zeit Null anzeigen. Zu einem späteren Zeitpunkt kommt Ihre Uhr bei einer anderen Uhr meines Systems vorbei. Sie zeigt in diesem Augenblick eine halbe Sekunde an, während meine Uhr schon bei einer ganzen Sekunde ist. Daraus schließe ich, daß Ihre Uhr nur halb so schnell geht wie meine.

Ganz entsprechend können Sie die Anzeige einer meiner Uhren verfolgen und diese eine Uhr mit zwei synchronisierten Uhren Ihres Bezugssystems vergleichen. Wenn meine Uhr bei Ihrer zweiten (weiter links postierten) Uhr eintrifft, zeigt sie eine halbe Sekunde an. Da auf Ihrer Uhr eine ganze Sekunde erscheint, ergibt sich für Sie, daß meine Uhr nur halb so schnell geht wie Ihre.

Da im ersten Fall eine Ihrer Uhren mit zwei meiner Uhren verglichen wird, im zweiten Fall dagegen eine meiner Uhren mit zwei von Ihnen, ergibt sich kein Widerspruch aus diesen scheinbar gegensätzlichen Ergebnissen. Nehmen wir an, der Uhrenvergleich wäre mit nur jeweils einer Uhr auf meiner und Ihrer Seite möglich gewesen. Dann müßte Ihre Uhr (und auch meine) zur selben Zeit und am selben Ort sowohl eine Sekunde als auch eine halbe Sekunde anzeigen, was wirklich unvereinbar wäre. Ein solcher Widerspruch liegt bei dem eben beschriebenen Uhrenvergleich allerdings nicht vor, weil jeweils eine Uhr mit zwei Uhren des anderen Systems verglichen wird.

Man könnte vielleicht vermuten, daß die wechselseitige Verlangsamung der Uhren nur deshalb zustandekäme, weil wir die seltsamen Lichtuhren verwendet haben. Aber auch wenn wir Quarzuhren oder beliebige andere verläßliche Uhrenmechanismen benutzen würden, ergäbe sich dieselbe Verlangsamung der Uhren auf beiden Seiten. Man stelle sich vor, bei der Lichtuhr befände sich eine mit ihr synchronisierte Quarzuhr. Beide Uhren seien mit Zifferblättern ausgestattet, die man sich übereinandergelegt denken kann. Die Sekundenzeiger würden sich dann übereinanderliegend gemeinsam drehen. Wenn also die Lichtuhr relativistisch verlangsamt ist, muß die Quarzuhr ebenso langsam gehen. Natürlich trifft das auf andere präzise Uhrwerke ebenfalls zu. Wir haben es offensichtlich mit einer Eigenschaft der Zeit selbst zu tun. Deshalb wird dieses Phänomen als *Zeitdilatation* bezeichnet.

Wir wollen die Zeitdilatation weiter untersuchen. Wir wissen, daß die Lichtgeschwindigkeit in den Bezugssystemen unserer beiden Raumschiffe denselben Wert haben muß – das folgt aus den beiden Einsteinschen Prinzipien. Trotz unserer relativen Bewegung müssen wir also denselben Wert c messen. Die Lampen in unseren beiden Raumschiffen senden Lichtwellen aus, die miteinander Schritt halten. In Ihrem Raumschiff können Sie die Lichtgeschwindigkeit bestimmen, indem Sie die Strecke messen, die Ihr Lichtsignal in einer gewissen Zeit zurücklegt, und dann den Quotienten aus Weg und benötigter Laufzeit bilden. Das Resultat muß gleich c sein. Ich führe die gleiche Prozedur mit meinem Lampenlicht in meinem Raumschiff durch, und mein Quotient sollte ebenfalls c ergeben. So weit, so gut. Nun aber schaue ich auf Ihre Messungen und finde dabei, daß Ihre Uhren um den Faktor $\sqrt{1 - v^2/c^2}$ langsamer gehen als meine. Aber auch die Laufstrecke, die ich für Ihr Lichtsignal messe, muß dividiert durch meinen Meßwert für die Laufzeit dieses Signals den Wert c ergeben. Wegen der Zeitdehnung ist diese Laufzeit geringer als die Laufzeit, die ich für mein eigenes Lichtsignal stoppe. Dann aber muß der zurückgelegte Weg aus meiner Sicht um denselben Faktor verkürzt erscheinen, damit Ihr Lichtsignal auch nach meiner Messung mit Lichtgeschwindigkeit c läuft. Nach meiner Beobachtung sind daher Ihre Längen in Richtung unserer Bewegung um den relativistischen Faktor $\sqrt{1 - v^2/c^2}$ verkürzt. Das erinnert an die Fitzgerald-Lorentz-Kontraktion. Sogar der Betrag der Kontraktion ist derselbe. Trotzdem gibt es einen Unterschied. Wenn wir die Situation nämlich umgekehrt von Ihrem Standpunkt aus betrachten und untersuchen, wie Sie meine Messungen beobachten, so finden wir ein analoges Ergebnis: Sie sehen die Längen meines Systems ebenfalls verkürzt. Wir sehen wechselseitig die Längen im Bezugssystem des jeweils anderen in Richtung der Relativbewegung verkürzt. Fitzgerald, Lorentz und Poincaré sprachen in einem

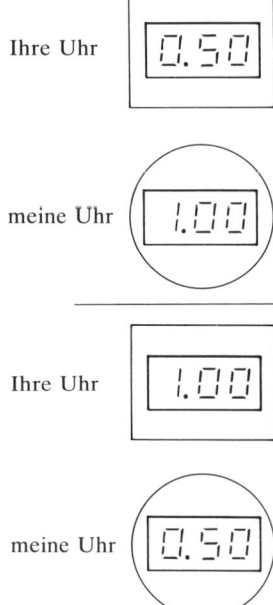

Ihre Uhr   0.50

meine Uhr   1.00

Ihre Uhr   1.00

meine Uhr   0.50

anderen Sinne von Kontraktion. Sie meinten damit eine Verkürzung, die durch die Bewegung relativ zum Äther entstand. Zweifellos nahmen sie stillschweigend an, daß ein im Äther ruhender Beobachter die Längen in einem bewegten System verkürzt sieht, aber ein im Äther bewegter Beobachter die Längen im ruhenden System als gestreckt wahrnimmt. Noch viel weniger war bei diesen Wissenschaftlern von einer Uhrenverlangsamung die Rede; die Vorstellung von einer wechselseitigen Verlangsamung der Zeit war ihnen fremd, auch wenn sie dieselben mathematischen Gleichungen wie Einstein benutzten.

An dieser Stelle sollten wir noch einmal auf Fresnels in sich widersprüchliche Theorie des eingeschlossenen Äthers zurückkommen. Sein Modell hatte ihm eine Formel für die Geschwindigkeit des Lichtes in Materie geliefert. Wie läßt sich diese Formel nun aus der Relativitätstheorie ableiten? Zur Veranschaulichung sollen uns wieder die beiden Raumschiffe dienen. Wir müssen dann zwei Geschwindigkeiten kombinieren: die Relativgeschwindigkeit, die ein in Ihrem Bezugssystem ruhendes Medium relativ zu mir besitzt, und die Lichtgeschwindigkeit in diesem Medium relativ zu Ihnen. In der Newtonschen Theorie würde man diese beiden Geschwindigkeiten einfach addieren – und dabei eine Formel finden, die nicht mit dem Experiment übereinstimmt.

Zunächst einmal fällt uns vielleicht ein, daß die Lichtgeschwindigkeit ja für alle Beobachter gleich ist. Dies gilt aber nur für die Lichtgeschwindigkeit im Vakuum. Innerhalb eines Mediums ist sie kleiner als c und nimmt daher nicht ihren maximalen Wert an. Auch bei Berücksichtigung der Relativität möchte man hier zwei Geschwindigkeiten addieren: die Geschwindigkeit des Mediums relativ zu mir und die Geschwindigkeit des Lichtes relativ zu Ihnen. Allerdings wird es für mich dann so aussehen, als führten Sie Ihre Messungen mit geschrumpften Metermaßen, verlangsamten Uhren und – sehr wichtig – mit einer anderen Gleichzeitigkeit durch. Wenn ich all diese Effekte berücksichtige, ergibt sich bei der Addition der Geschwindigkeiten in erster Näherung Fresnels Formel. Kein Wunder also, daß sich Fresnel in Widersprüche verwickelte, als er seine Formel mit nichtrelativistischen Argumenten begründen wollte.

Exkurs 5.4: Wir haben oben dargestellt, daß aufgrund der Konstanz der Lichtgeschwindigkeit die Zeitdilatation (die Verlangsamung der Zeit) mit einer Längenkontraktion einhergehen muß. Unsere bisherige Argumentation legt vielleicht den Schluß nahe, daß die Längenkontraktion nicht nur in Richtung der Relativbewegung auftritt, sondern auch in jeder anderen Richtung. Aber die Längenkontraktion ist auf die Richtung der Bewegung beschränkt, wie wir bereits erläutert haben. In den rechnerischen Ausdruck für Längen, die senkrecht zur Bewegungsrichtung gemessen werden, geht ein Multiplikationsfaktor ein, der den Kontraktionsfaktor aufgrund der Zeitdilatation gerade kompensiert. Hier die Begründung:

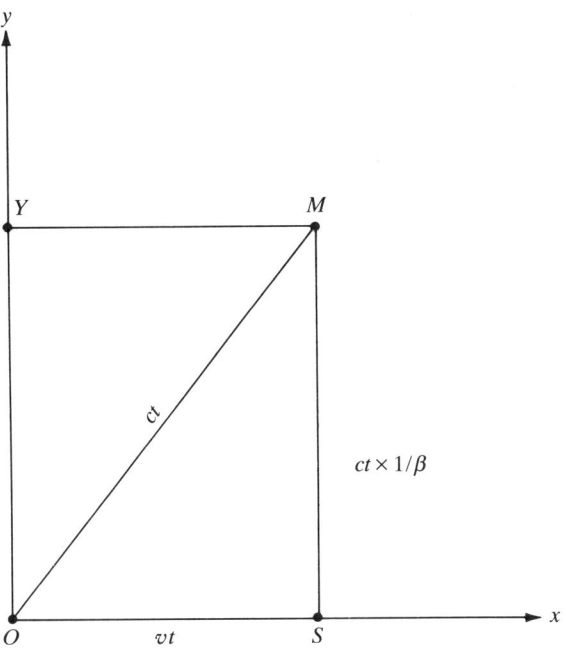

Angenommen, Sie senden einen Lichtstrahl vom Ursprungspunkt O Ihres Bezugssystems in y-Richtung zum Punkt Y (siehe die Abbildung rechts). Falls der Strahl — von Ihnen aus gemessen — in der Zeit t' eine Strecke y' auf Ihrer y'-Achse zurücklegt, muß gelten: $y' = ct'$. In meinem Bezugssystem läuft der Lichtstrahl schräg von O nach M, und zwar mit der Geschwindigkeit c. Wenn ich für die Laufstrecke $\overline{OM}$ die Zeit t messe, muß also $\overline{OM} = ct$ sein. Da die Verbindungsstrecke $\overline{OM}$ schräg liegt, ist sie länger als die y-Koordinate von M, die wir mit dem Buchstaben y bezeichnen wollen. (Es ist $y = \overline{OY} = \overline{SM}$.) Daher gilt $y = c^2t^2 - v^2t^2 = (1/\beta) \times ct$, wobei $\beta = \sqrt{1 - v^2/c^2}$ ist. Zugleich beobachte ich eine Zeitdilatation, die durch die Gleichung $t' = (1/\beta) \times t$ zu beschreiben ist. $\overline{OY}$ ergibt sich also aus $\overline{OM}$ durch Multiplikation mit $1/\beta$, wodurch die Zeitdilatation gerade ausgeglichen wird. Das heißt, die Konstanz der Lichtgeschwindigkeit ist dann gewährleistet, wenn $y' = y$ ist. In einzelne Rechenschritte aufgelöst, läßt sich das Argument folgendermaßen darstellen:

$y' = ct'$, $\quad$ $t' = (1/\beta) \times t$ $\quad$ und $\quad$ $y = (1/\beta) \times ct$ $\quad$ impliziert:
$y' = ct' = (1/\beta) \times ct = y$.

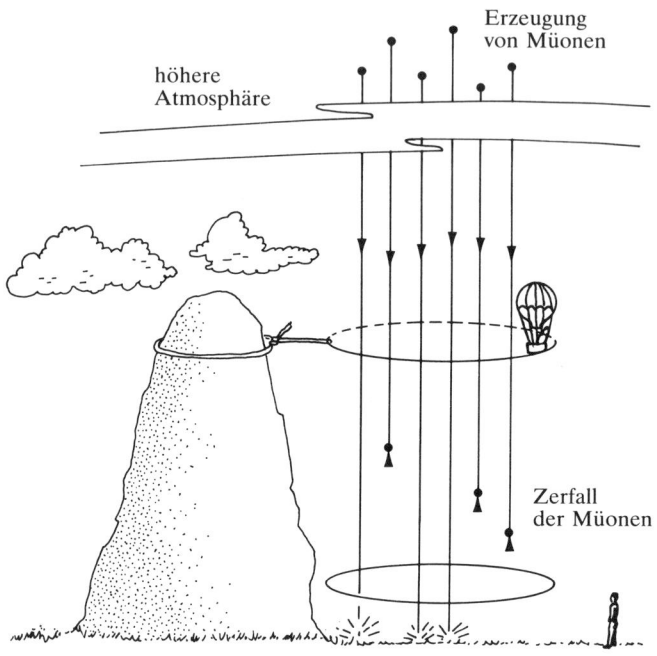

Die Relativitätstheorie wurde bei Experimenten mit *Müonen* auf eindrucksvolle Weise bestätigt. Müonen sind elektronenähnliche Teilchen, die hoch in der Atmosphäre von kosmischer Strahlung erzeugt werden. Betrachten wir die Situation zunächst im Ruhesystem der Erde. Die Müonen bewegen sich relativ zur Erde sehr schnell – sie erreichen beinahe Lichtgeschwindigkeit. Andererseits zerfallen sie aber so rasch in andersartige Teilchen, daß sie trotz ihrer hohen Geschwindigkeit eigentlich nicht weit kommen dürften. Von den Müonen, die in großer Höhe (beispielsweise auf einem Berggipfel) vorhanden sind, überlebt jedoch ein unerwartet hoher Anteil lange genug – länger, als es der bekannten mittleren Lebensdauer entspricht –, um noch am Erdboden nachgewiesen zu werden. Dafür liefert die Relativitätstheorie eine natürliche Erklärung: Die zerfallenden Müonen stellen gewissermaßen Uhren dar, die gemäß der Relativitätstheorie aufgrund der Geschwindigkeit ihres Bezugssystems langsamer gehen. Damit verlangsamt sich der Zerfallsprozeß, die effektive Lebensdauer verlängert sich, und die Müonen legen eine größere Distanz zurück. Die experimentell bestimmten „Überlebens"-Häufigkeiten entsprechen erstaunlich genau den relativistisch berechneten Werten.

Wir wollen die Situation nun aus der Sicht eines Beobachters analysieren, dessen Bezugssystem sich mit den Müonen mit-

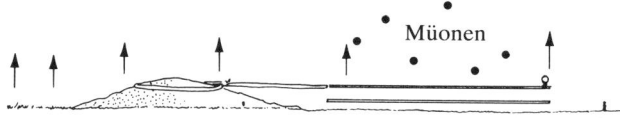

Das Müonenexperiment im bewegten Bezugssystem der Teilchen. Relativ zu den Müonen bewegt sich der Berg so schnell, daß er in ihrem Bezugssystem gegenüber seiner Höhe im Ruhesystem des irdischen Beobachters im Verhältnis von 1:15 verkürzt erscheint.

bewegt. Da die Relativbewegung zwischen ihm und den Müonen Null ist, wird er keine relativistische Verlängerung ihrer effektiven Lebensdauer feststellen. Er wird aber den Berg beinahe mit Lichtgeschwindigkeit auf sich zukommen sehen, und die Höhe des Berges wird ihm daher stark verkürzt erscheinen: Im System des Müons sieht der Berg viel niedriger aus als aus der Sicht eines Beobachters auf der Erde. Der Faktor, um den sich die Höhe im Müonensystem verkürzt, ist derselbe Faktor, um den die Lebensdauer der Müonen im Erdsystem verlängert zu sein scheint. Daher ergibt die relativistische Rechnung für die Zahl der Müonen, die den Flug vom Berggipfel zum Fuß des Berges überleben, in beiden Bezugssystemen denselben Wert.

Das Müonenexperiment hat vielfältige Aspekte. Es bestätigt drei verschiedene Vorhersagen der Relativitätstheorie: Zeitdilatation, Längenkontraktion und die Äquivalenz aller Uhren im Hinblick auf ihr relativistisches Verhalten. Darüber hinaus bestätigt das Experiment die Relativitätstheorie für einen Prozeß, den Müonenzerfall, der im Prinzip weder in den Bereich der Mechanik noch des Elektromagnetismus gehört.

Exkurs 5.5: Die folgende Überlegung zur Längenkontraktion ist zwar kein zentraler Bestandteil der Relativitätstheorie — aber er ist trotzdem theoretisch interessant. Wer sich also nicht mit den Details befassen möchte, kann diesen Exkurs auch überfliegen oder ganz auslassen.

Lange war man der Ansicht, daß uns Objekte, die sich relativ zu uns gleichförmig bewegen, wegen ihrer Fitzgerald-Lorentz-Kontraktion verkürzt erscheinen müßten. Demgemäß würde beispielsweise eine von uns wegfliegende Kugel plattgedrückt — als Sphäroid — erscheinen. Erst 1957, ein halbes Jahrhundert nach dem Erscheinen der Einsteinschen Originalveröffentlichung, bemerkte der amerikanische Astronom James Terrell, daß diese Vorstellung der Längenkontraktion in gewissem Sinne ein Irrtum ist. Sein Artikel wurde aber von einer Reihe angesehener Fachzeitschriften zu-

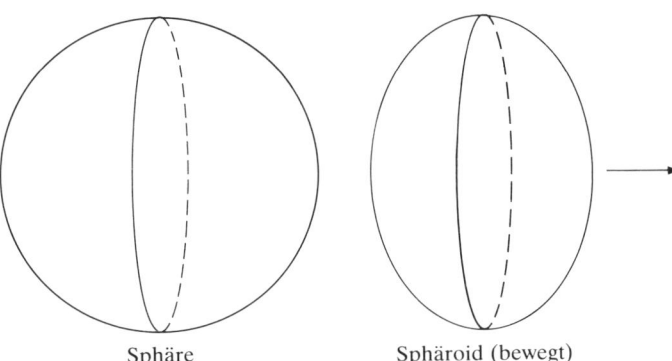

Sphäre   Sphäroid (bewegt)

nächst abgelehnt, da er der seit langem etablierten Lehrmeinung widersprach. Erst 1959 kam es zur Veröffentlichung, als der englische Theoretiker Roger Penrose unabhängig von James Terrell bereits einen Spezialfall des allgemeinen Resultats behandelt hatte.

Das Beweisargument gilt nur, wenn das bewegte Objekt so klein oder so weit entfernt ist, daß Lichtstrahlen, die von ihm zu uns gelangen, als parallel gelten dürfen. Das ist beispielsweise bei astronomischen Beobachtungen der Fall. Vielleicht ist es schwierig, sich diese einschränkenden Bedingungen vorzustellen. Wir wollen die Situation deshalb anhand von Schatten erläutern, die bewegte Objekte auf den Erdboden werfen — wobei das Sonnenlicht senkrecht auf den horizontalen Erdboden einfällt. Solche Schatten entsprechen dem Bild, das wir unter den erwähnten einschränkenden Bedingungen von Objekten gewinnen, zu denen wir heraufblicken — wie etwa der Mond und Sterne, die uns als winzige leuchtende Scheiben erscheinen. Solche Objekte wollen wir mit großen Buchstaben kennzeichnen und ihre Schatten mit den korrespondierenden kleinen Buchstaben.

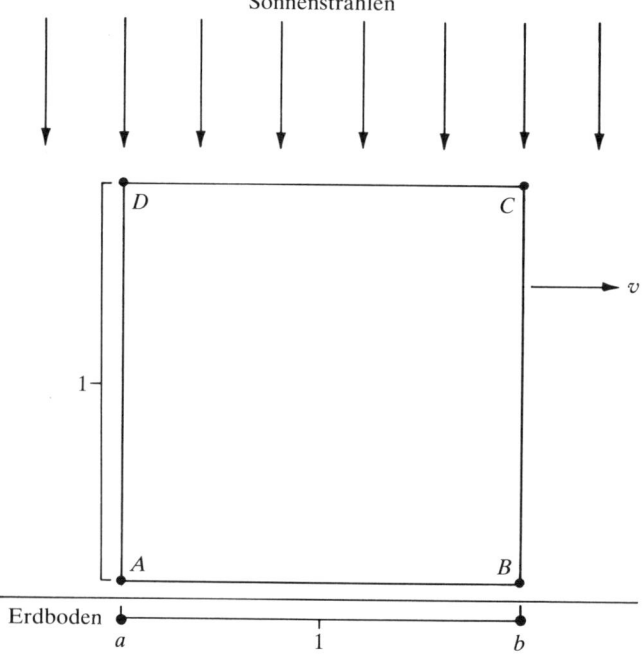

Um unnötige mathematische Komplikationen zu vermeiden, betrachten wir als einfaches Objekt eine halbtransparente quadratische Platte mit kleinen Knöpfen an den Ecken, die die Schatten der Quadratecken erzeugen. Der Abstand der Knöpfe — die Seitenlänge des Quadrats — betrage Eins. Dieses Quadrat soll sich senkrecht aufgerichtet dicht über dem Boden nach rechts bewegen, wie in der Abbildung links gezeigt. Wir wollen nun die geometrische Form des Schattenrisses der Quadratplatte bestimmen.

Betrachten wir zunächst den Newtonschen Grenzfall, bei dem die Geschwindigkeit des Lichtes im Verhältnis zur Geschwindigkeit des Quadrats praktisch unendlich hoch ist. Dann gibt es keine Überraschungen. Beispielsweise entsteht um zwölf Uhr mittags als Schatten eine gerade Linie der Länge Eins mit kleinen Kreisscheiben an den Enden. Zu diesem Zeitpunkt entspricht die horizontale Position der Schattenlinie der der Quadratseite $\overline{AB}$ (siehe die Abbildung auf der linken Seite).

Wir gehen nun — immer noch nach den Regeln der Newtonschen Physik — davon aus, daß sich das Licht

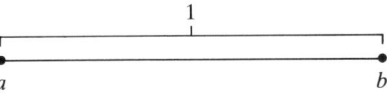

c fortpflanzt und die Geschwindigkeit v des Quadrats ein merklicher Bruchteil von c ist. Um jetzt die Form des Schattens zu bestimmen, ermitteln wir das Licht-Schatten-Muster, das die Sonne in einem bestimmten Moment, sagen wir wieder zwölf Uhr mittags, auf dem Erdboden erzeugt. Wie zuvor wird eine Schattenlinie $\overline{ab}$ der Länge Eins gebildet, sie entspricht nicht dem vollständigen Schatten: Da das Licht sich mit endlicher Geschwindigkeit ausbreitet, befand es sich ein wenig vor zwölf Uhr noch in der Höhe der oberen Quadratseite $\overline{CD}$. Da das Quadrat sich dicht über dem Erdboden bewegt, liegt dieser Zeitpunkt um eine Zeitdifferenz von etwa $1/c$ vor zwölf Uhr. Das Quadrat befand sich in diesem Moment also noch um eine Länge von v/c weiter links, wie die gestrichelten Linien in der Abbildung unten andeuten. Man erkennt daraus, daß der Schatten nicht nur aus dem $\overline{ab}$-Anteil besteht, sondern um die Strecke $\overline{ad}$ der Länge v/c weiter nach links reicht.

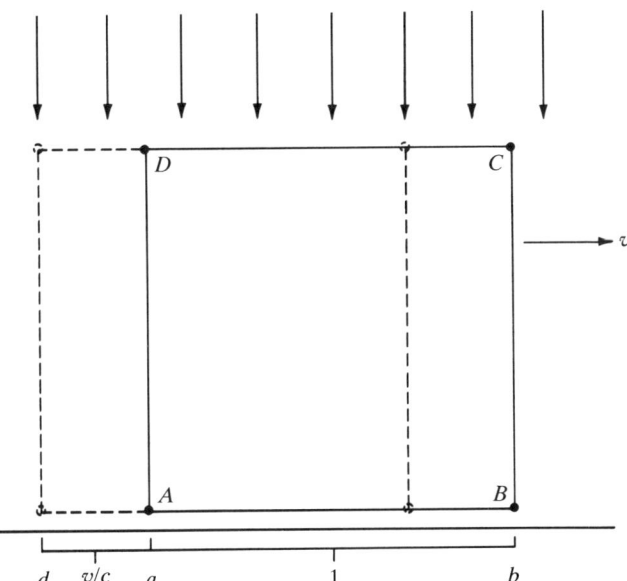

Nun können wir auch den relativistischen Fall untersuchen. Wie zuvor ist der Schatten durch die Strecke $\overline{da} + \overline{ab}$ gegeben. Aber aufgrund der Fitzgerald-Lorentz-Kontraktion ist nun der Abschnitt $\overline{ab}$ um den Faktor $\sqrt{1 - v^2/c^2}$ geschrumpft. Die Quadratseite $\overline{AD}$ erscheint dagegen nicht kontrahiert, weil sie senkrecht zur Bewegungsrichtung steht. Daher behält die Strecke $\overline{da}$ ihre Länge von v/c.

An dieser Stelle passiert nun etwas Überraschendes, wenn wir die Summe der Quadrate von $\overline{da}$ und $\overline{ab}$ ausrechnen und das Ergebnis mit

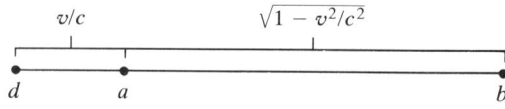

dem Satz des Pythagoras in Beziehung bringen. Diese Summe ergibt nämlich, wie aus der nebenstehenden Abbildung ersichtlich, den Betrag 1:

$$\overline{da}^2 + \overline{ab}^2 = (v/c)^2 + (\sqrt{1 - v^2/c^2})^2 = 1.$$

Man bekommt einen Schatten $\overline{db}$, der dieselbe Länge hat wie ein schattenwerfendes Einheitsquadrat, das schräg zur Horizontalen über dem Erdboden ruht und demzufolge nicht kontrahiert ist.

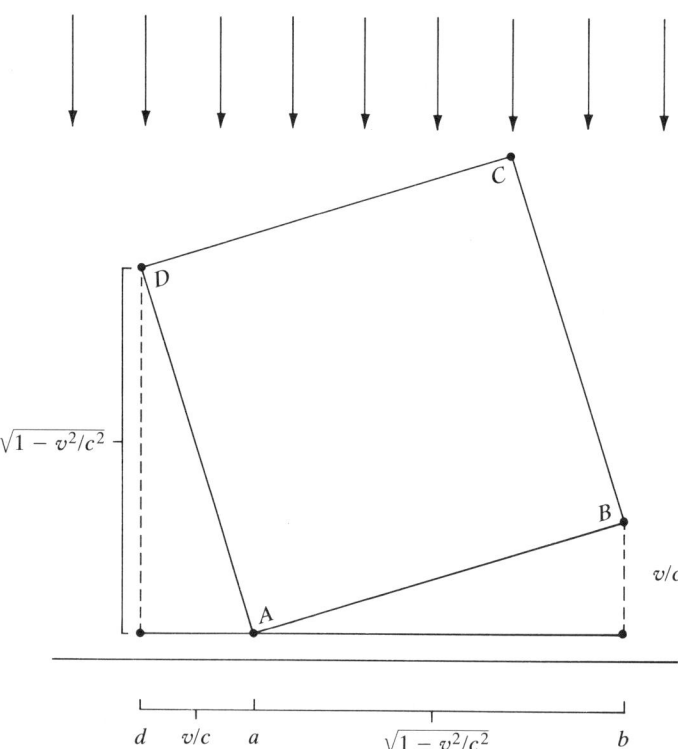

Dann nämlich bildet die gekippte Quadratseite der Länge Eins gerade die Hypothenuse des rechtwinkligen Dreiecks mit den Katheten $da = v/c$ und $ab = \sqrt{1 - v^2/c^2}$. Wir erhalten damit ein grundlegendes Ergebnis: Ein relativistisch kontrahiertes Objekt sieht für den Beobachter wie ein ruhendes Objekt aus, das um einen gewissen Winkel gedreht ist. Natürlich trifft das nicht nur auf Quadrate, sondern auf Objekte beliebiger Form zu. Da der Schatten dem Bild entspricht, das sich ein ruhender Beobachter von dem bewegten Objekt unter den eingangs erwähnten Voraussetzungen macht, erscheint ein bewegtes leuchtendes Objekt unter den oben genannten Bedingungen also nicht kontrahiert, sondern gedreht. Wäre das Objekt eine Kugel, so behielte es seine ursprüngliche Form bei. Man würde keine Kontraktion bemerken, und bei einer Kugel ohne erkennbare Muster auf der Außenschale würde nichts verraten, daß man sie gedreht sieht.

Bei alledem bleibt das Gesetz der Fitzgerald-Lorentz-Kontraktion in Kraft. Wenn wir das bewegte Quadrat anschauen, erfassen wir ja nicht die Gestalt, die das Quadrat in einem bestimmten Augenblick real annimmt. Wir sehen statt dessen ein Bild, das von Lichtstrahlen erzeugt wird, die alle im selben Augenblick in unser Auge fallen, aber keineswegs alle zum selben Zeitpunkt von den verschiedenen Punkten des Quadrats ausgestrahlt wurden.

Wenn wir uns die Gestalt des Quadrats als Ganzes für einen bestimmten Moment der Bewegung vorstellen wollen, müssen wir etwas umsichtiger zu Werke gehen. Dazu stützen wir uns auf Einsteins Idee der Koordinatengitter mit synchronisierten Uhren an den Schnittpunkten. An jeder Uhr postieren wir einen Berichterstatter, der sich notiert, ob — oder ob nicht — ein Eckpunkt des Quadrats an seinem Standort auftaucht, wenn seine Uhr beispielsweise gerade zwölf Uhr schlägt. Alle diese Protokolle sammeln wir ein. In eine Karte mit den Positionen aller Berichterstatter markieren wir dann die Orte, an denen sich um zwölf Uhr ein Randpunkt des Quadrats befand. Auf diese Weise rekonstruieren wir die gesamte Gestalt des Quadrats, wie sie um zwölf Uhr (gemäß relativistischer Gleichzeitigkeit) vorlag. Das Ergebnis ist ein Rechteck, das nicht gedreht ist; seine Seiten $\overline{AD}$ und $\overline{BC}$ besitzen Einheitslänge, während die Seiten $\overline{AB}$ und $\overline{DC}$ gegenüber Eins um den Faktor $\sqrt{1 - v^2/c^2}$ kontrahiert sind.

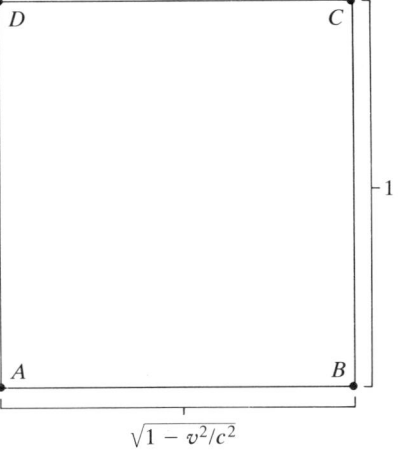

Der Verkürzungsfaktor ist natürlich mit der Fitzgerald-Lorentz-Kontraktion identisch — und die gilt für Objekte beliebiger Form, egal ob sie klein oder weit entfernt sind oder keine dieser Bedingungen erfüllen. So wird beispielsweise die Kugel zu einem abgeplatteten Sphäroid. In diesem Sinne ist die Fitzgerald-Lorentz-Verkürzung also gültig. Wenn wir aber unter den eingangs beschriebenen perspektivischen Bedingungen ein bewegtes Objekt sehen, ist die Längenkontraktion für unser Auge „unsichtbar".

Bis hierher haben wir wichtige relativistische Phänomene dargestellt, die wir ohne viel Mathematik aus Einsteins beiden Grundpostulaten ableiten konnten. Nur weil diese Prinzipien so einfach und so weitreichend sind, konnten wir mit minimalem mathematischen Aufwand überhaupt so weit kommen. Auch wenn wir uns die grundlegende Bedeutung von Raum und Zeit vergegenwärtigen, wird ihr überraschungsreiches relativistisches Verhalten wahrscheinlich eher faszinierend als fundamental wichtig erscheinen. Man vergißt eben leicht, daß sämtliche physikalischen Vorgänge von Raum und Zeit beherrscht werden. Hier ein Beispiel: Aufgrund der Struktur von Raum und Zeit kann sich − wie wir bereits wissen − kein Objekt schneller als Licht bewegen. Wir wollen diesen fundamentalen Tatbestand mit den Begriffen der Newtonschen Physik beschreiben. Dazu gehen wir von einem Bezugssystem aus, in dem Sie und ich ruhen; Bewegungen sind dann als Bewegungen relativ zu unserem Ruhesystem zu verstehen. Unter diesen Voraussetzungen lautet Newtons Zweites Gesetz, das Kraftgesetz: „Kraft ist gleich Masse mal Beschleunigung." Bei gegebener Kraft heißt das: Je größer die Masse eines Körpers ist, desto geringer ist die Beschleunigung durch die vorgegebene Krafteinwirkung. Die Masse erweist sich damit als ein Maß für die Trägheit − oder den Widerstand, den ein Körper einer Beschleunigung entgegensetzt.

Nehmen wir nun an, daß ein kleines Objekt, das anfangs (relativ zu uns) ruht, einer konstanten Kraft ausgesetzt ist. Nach Newtons Kraftgesetz erfährt dieses Objekt − sagen wir ein Stein − dann eine konstante Beschleunigung. Er wird schneller und schneller, und wenn die Kraft lange genug einwirkt, müßte er schließlich irgendwann schneller als Licht werden. Da wir wissen, daß dies nach der Relativitätstheorie unmöglich ist, muß in unseren Überlegungen ein Fehler stecken.

Der Widerspruch beruht auf einer Vermischung von Newtonschen und relativistischen Konzepten. Wie Newton haben wir stillschweigend vorausgesetzt, daß die Masse des Steins konstant ist. Im Rahmen der Relativitätstheorie stellt sich jedoch heraus, daß Newtons Kraftgesetz nur zu halten ist, sofern man die Masse als relativ betrachtet. Das heißt, wenn die Geschwindigkeit eines Objekts relativ zu uns zunimmt, nimmt auch die von uns gemessene Masse zu. Die Masse wächst extrem an, wenn sich die − relative − Geschwindigkeit der Lichtgeschwindigkeit nähert, und im Grenzwert würde sie bei Lichtgeschwindigkeit unendlich. Mathematisch ergibt sich

für die Masse m eines Körpers, der sich mit der Geschwindig-
keit v relativ zu uns bewegt, die relativistische Beziehung $m = m_0/\sqrt{1 - v^2/c^2}$, wobei m_0 die *Ruhemasse* des Körpers ist die
Masse, die er im Ruhezustand (relativ zu unserem Bezugs-
system) aufweist; m heißt *relative Masse*.

Wir sehen nun, warum eine konstante Kraft unseren Stein
niemals auf Lichtgeschwindigkeit beschleunigen wird. Solange
der Stein ruht, ist seine Masse klein. Die Kraft kann ihn also
mit Leichtigkeit beschleunigen. Je höher aber seine Beschleunigung wird, desto schneller ist er relativ zu uns − und desto
größer ist also auch seine Masse, das heißt, sein Widerstand
gegen jede weitere Beschleunigung. Hat der Stein erst einmal
soviel Masse wie − sagen wir − ein Berg, dann beschleunigt
die Kraft ihn nur noch sehr schwach. Da der Körper bei ständig anwachsender Masse einer weiteren Beschleunigung
zunehmend Widerstand entgegensetzt, würde es unendlich
lange dauern, bis er auf Lichtgeschwindigkeit gebracht wäre.
Keine noch so gigantische endliche Kraft kann einen Körper
in einer endlichen Zeit auf Lichtgeschwindigkeit beschleunigen. Die Lichtgeschwindigkeit wird also nie erreicht.

Es sollte klar geworden sein, daß das Anwachsen der Masse
direkt aus der relativistischen Raum-Zeit-Struktur folgt. Das
heißt, letztlich ist die Geschwindigkeitsgrenze durch die relativistische Zeit und den relativistischen Raum festgelegt.
Die „Massenzunahme" ist nur eine Newtonsche Sprechweise,
um diese Geschwindigkeitsgrenze zu beschreiben.

Was geschieht mit all der Energie, die die Kraft auf den
Stein überträgt? Durch die Krafteinwirkung erhöht sich die
Energie des Steins, während seine relative Geschwindigkeit
und damit auch seine relative Masse zunehmen. Mit dem
Wert der Ruhemasse können wir die relative Masse bei jeder
Geschwindigkeit anhand der relativistischen Formel leicht
berechnen. Wir können nun einen Zusammenhang zwischen
dem Energiezuwachs des beschleunigten Körpers und der
erhöhten relativen Masse herstellen: Die relative Masse und
die zur Beschleunigung verliehene Energie sind zwei verschiedene Maße derselben Größe. Die relative Masse eines
Körpers ist ein Maß für seine Energie, und genau das besagt
Einsteins berühmte Gleichung $E = mc^2$.

Es lohnt sich, den Weg zu skizzieren, auf dem Einstein zu dieser Gleichung gelangte. In seinem drei Seiten langen Artikel *Ist die Trägheit eines Körpers von seinem Energiegehalt abhängig?*, der im Jahre 1905 erschien, führte Einstein relativistische Berechnungen mit den elektromagnetischen Feldgleichungen durch und fand dabei, daß ein Körper durch Abstrahlung von Licht der Energie L eine Masse vom Betrag L/c^2 verliert. Dieser Sachverhalt betraf zunächst die Energie in Form von Licht. Einstein ergänzte aber: »hier ist es offenbar unwesentlich, daß die dem Körper entzogene Energie gerade in Energie der Strahlung übergeht, ...« Mit diesem wagemutigen Streich schloß er wieder einmal von einem speziellen Fall auf ein universelles Gesetz. Schreiben wir E für L, so erhalten wir: E/c^2 = Massenverlust = m, also $E = mc^2$. Soweit war die Gleichung in gewissem Sinn nur von links nach rechts zu lesen: Sie besagt, daß Energieänderungen auch zu Massenänderungen führen.

Im Jahre 1907 führte Einstein diesen Gedankengang zu Ende. Er betrachtete einen Körper, der durch die Absorption von elektromagnetischer Strahlung zusätzliche Masse gewinnt. Es gibt keinen Grund, so argumentierte er, warum man zwischen der anfangs vorhandenen Masse des Körpers und der neu hinzugekommenen Masse einen Unterschied machen sollte. Wenn also der Massenzuwachs mit einer Energieänderung verknüpft ist, dann sollte die ursprüngliche Masse ebenfalls einer Energie äquivalent sein. Insbesondere entspricht die Ruhemasse demnach einer *Ruheenergie*. Das heißt, jedes Objekt, das eine Masse besitzt, enthält Energie. Selbst Sandkörner oder Federn enthalten gemäß der Formel $E = mc^2$ eine enorme Energie, obwohl sie so klein sind und sich kaum als Brennstoff eignen, und ein Fingerhut voll Blei schließt in sich soviel Energie ein, wie bei der Verbrennung von 100 000 Tonnen Kohle frei wird. Auch die Explosion von Atombomben beruht auf Energie, die sozusagen in der Masse steckt.

Zu den Professoren des Zürcher Polytechnischen Instituts, deren Vorlesungen Einstein in seiner Studentenzeit häufig geschwänzt hatte, gehörte auch Hermann Minkowski, der später an die Universität Göttingen berufen wurde. Minkowski, der Einstein in Zürich als faulen Studenten eingeschätzt hatte, entwickelte in den Jahren nach 1907 in Göttingen eine eigene Mathematik für die Relativitätstheorie. Er zeigte, daß die relativistischen Gleichungen gut in die mathematische Struktur einer vierdimensionalen *Raum-Zeit-Welt* passen. Die vierdimensionalen Aspekte der relativistischen Gleichungen hatte Poincaré schon 1905 (fast zeitgleich mit Einsteins Publikation) zu einem großen Teil ausgearbeitet. Aber das Verdienst wird gewöhnlich allein Minkowski zugeschrieben, der etwas weiterreichende Ergebnisse erzielte als Poincaré.

Betrachten wir dazu das Koordinatensystem in der Abbildung unten, bei dem sich zwei Koordinatenachsen x und y unter einem rechten Winkel im Ursprung O schneiden. Von dem Punkt P aus wird das Lot $\overline{PQ}$ auf die x-Achse gefällt. Wenn P die Koordinaten (x, y) besitzt, ist die Länge der Strecke $\overline{OQ}$ gleich y. Die Entfernung von P zum Ursprung sei mit r bezeichnet. Da $\Delta\,OQP$ ein rechtwinkliges Dreieck ist, folgt aus dem Satz des Pythagoras:

$$\overline{OP}^2 = \overline{OQ}^2 + \overline{QP}^2,$$

oder, anders ausgedrückt:

$$r^2 = x^2 + y^2.$$

Nun führen wir ein zweites Paar senkrecht aufeinanderstehender Achsen mit demselben Ursprung O ein, die gegenüber dem ersten Achsenpaar gedreht sind. Wie verändert sich nun unsere Formel für r, wenn wir von den Koordinaten (x, y) zu den gestrichenen Koordinaten (x', y') des gedrehten Systems übergehen? Die Abbildung auf der nächsten Seite zeigt beide Koordinatensysteme, wobei die Punkte O und P, jetzt jedoch mit Koordinaten bezüglich der gedrehten Achsen x' und y', dargestellt sind. Die Strecke $\overline{PQ'}$ bildet einen rechten Winkel mit der x'-Achse. Die Entfernung $\overline{OP} = r$ ist für beide Koordinatensysteme gleich, aber die Koordinaten (x', y') des Punktes P, die Abstände $\overline{OQ'}$ und $\overline{Q'P}$, unterscheiden sich von den

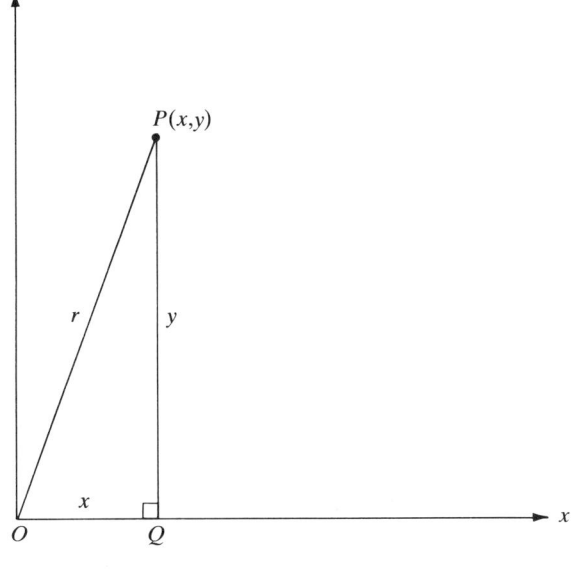

145

ungestrichenen Koordinaten (x, y) des Punktes P, die als die Abstände $\overline{OQ}$ und $\overline{QP}$ definiert sind. Da die Punkte O, Q' und P ein rechtwinkliges Dreieck bilden, kann wieder der Satz des Pythagoras angewandt werden:

$$\overline{OP}^2 = \overline{OQ'}^2 + \overline{Q'P}^2, \quad \text{oder} \quad r^2 = x'^2 + y'^2.$$

Bis auf die Strichelchen sind die Formeln für r^2 in den beiden Koordinatensystemen also gleich.

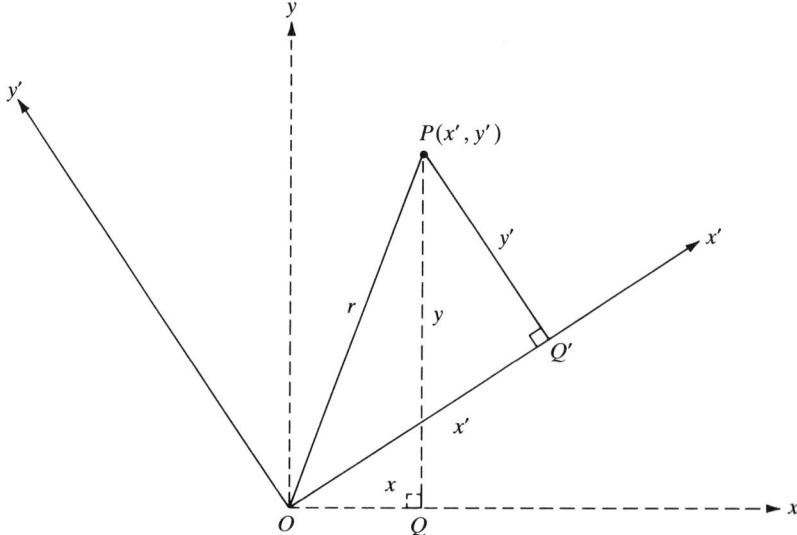

Zur Beschreibung des dreidimensionalen Raumes führen wir nun eine dritte Koordinate ein, die senkrecht auf den beiden anderen steht: die z-Achse. Wiederholte Anwendung des Pythagorassatzes ergibt:

$$r^2 = x^2 + y^2 + z^2.$$

Die Transformation in ein anderes (gestrichenes) rechtwinkliges Koordinatensystem mit demselben Ursprung führt zu:

$$r^2 = x'^2 + y'^2 + z'^2.$$

Schauen wir uns nun die Lorentz-Transformation an, in der Raum und Zeit untrennbar verflochten sind, so wird es nicht überraschen, daß die Zeit geometrisch mit den Raumkoordinaten zusammenhängt. Die Rechnung zeigt, daß durch eine Lorentz-Transformation der Ausdruck

$$s^2 = x^2 + y^2 + z^2 - c^2t^2$$

in einen Ausdruck derselben Form überführt wird:

$$s^2 = x^2 + y'^2 + z'^2 - c^2t'^2.$$

Obwohl hier der Faktor c^2 und ein Minuszeichen auftauchen, erinnert diese Formel stark an die Abstandsgleichung für r^2 im normalen dreidimensionalen (beziehungsweise zweidimensionalen) Raum. Es konnte daher nicht ausbleiben, daß man sie mit einen vierdimensionalen Raum in Verbindung brachte. Zeit- und Raumkoordinaten bilden gleichberechtigt eine vierdimensionale Welt. In diesem vierdimensionalen Minkowski-Raum wird die Größe s in Analogie zur Entfernung r zweier Punkte im dreidimensionalen Raum gesetzt. Wir bezeichnen s als *Raum-Zeit-Intervall* zwischen zwei Ereignissen − hier O und P. (Falls die vier Koordinaten (x, y, z, t) von keinem der beiden Ereignisse zu Null werden, wird die Formel für s etwas komplizierter, was aber an ihrer Grundstruktur nichts ändert.) Ebenso wie der Ausdruck für r bei einer räumlichen Drehung des Koordinatensystems stets seine Form beibehält, bleibt auch die Form des Ausdrucks für s der Raum-Zeit-Welt unter einer Lorentz-Transformation erhalten. Im vierdimensionalen Raum ist die Lorentz-Transformation also ein direktes Analogon zur Drehung eines Koordinatensystems im dreidimensionalen Raum.

Um die Bedeutung des Raum-Zeit-Intervalls s klarzumachen, wollen wir unser Raumschiff-Beispiel heranziehen − wie zuvor bewegen Sie sich mit gleichförmiger Geschwindigkeit relativ zu mir. Angenommen, Sie sitzen in Ihrem Raumschiff vor einem Schachbrett und eröffnen das Spiel, indem Sie den Damenbauern zwei Felder vorziehen − von D2 nach D4. Bei diesem Zug entsprechen Anfangs- und Endstellung zusammen mit den jeweiligen Zeitpunkten zwei Ereignissen. In Ihrem System sind diese Ereignisse durch die Dauer des Zuges − sagen wir eine Sekunde − und den Abstand von zwei Feldern − etwa sechs Zentimeter − getrennt. Da sich Ihr Raumschiff relativ zu meinem schnell bewegt, finden die beiden Ereignisse in meinem Bezugssystem an weit voneinander entfernten Orten statt, zwischen denen beispielsweise 1000 Kilometer liegen könnten. Außerdem gehen Ihre Uhren in meinem Bezugssystem langsamer als meine, so daß der zeitliche Abstand der beiden Ereignisse für mich länger erscheint als eine Sekunde; er könnte vielleicht 1,0000056 Sekunden betragen. Wie zu erwarten, unterscheidet sich also sowohl der räumliche als auch der zeitliche Abstand, den wir jeweils zwischen beiden Ereignissen registrieren. Aber trotz unserer verschiedenen Meßergebnisse erhalten wir für das oben definierte Raum-Zeit-Intervall s beide denselben Wert. Nach den vielen Abweichungen zwischen unseren Beobachtungen haben wir nun endlich eine Größe gefunden, über die wir uns einig sind – in allen gleichförmig bewegten Bezugssystemen hat s denselben Betrag. Dieses Raum-Zeit-Intervall ist sehr hilfreich, wenn man sich die Vorgänge in der vierdimensionalen Welt der Speziellen Relativitätstheorie verdeutlichen will.

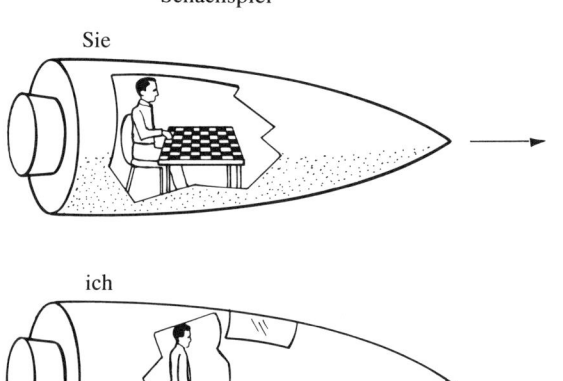

Schachspiel

Sie

ich

Niemand kann sich eine vierdimensionale Welt anschaulich vorstellen. Um sie trotzdem in einem einfachen Diagramm darzustellen, läßt man von den drei Raumkoordinaten häufig zwei weg und betrachtet beispielsweise nur Raumpunkte, bei denen die y- und z-Koordinaten Null betragen. Man braucht dann also nur die Koordinaten x und t zu berücksichtigen. Üblicherweise ersetzt man die Zeitkoordinate t durch die Abstandskoordinate ct – die Strecke, die Licht in der Zeit t zurücklegt. Wir wollen annehmen, daß ich diese Koordinaten in meinem Bezugssystem messe, während ich bequem am Ort $x = 0$ ruhe. Außerdem wollen wir der Einfachheit halber voraussetzen, daß ich (und alle anderen Personen und Ereignisse) nur eine vernachlässigbar geringe räumliche Ausdehnung haben – ebenfalls eine allgemein übliche Vereinfachung. Unter diesen Voraussetzungen mag es, da ich am Ort $x = 0$ ruhe, so aussehen, als könne ich im Minkowksi-Raum als ein

Punktereignis dargestellt werden. Da aber die Zeit nicht still-
steht, wird die Koordinate ct ständig zunehmen, ob wir nun
wollen oder nicht. Wenn ich bei $x = 0$ ruhe, läßt sich das also
nicht durch ein Punktereignis darstellen, sondern durch einen
Abschnitt der ct-Achse. Je älter ich werde, desto weiter wandert mein Ort auf der ct-Achse nach oben. Die Gesamtheit
dieser Orte konstituiert meine *Weltlinie*.

Was aber geschieht dann aus meiner Sicht mit Ihnen? Nehmen wir an, Sie starten nahe bei mir im Punktereignis O (also bei
$x = 0$ zur Zeit $t = 0$, das heißt,
bei $ct = 0$) und bewegen sich
mit konstanter Geschwindigkeit auf der x-Achse entlang.
Da Ihre x-Koordinate entsprechend Ihrer Geschwindigkeit
gleichmäßig zunimmt, ergibt
sich die schräge Weltlinie im
Diagramm unten. Jeder beliebige Körper, auf den keine
Kräfte wirken, wird eine gerade Weltlinie in der Minkowski-
Welt beschreiben. Im allgemeinen geht diese Weltlinie
allerdings nicht durch das

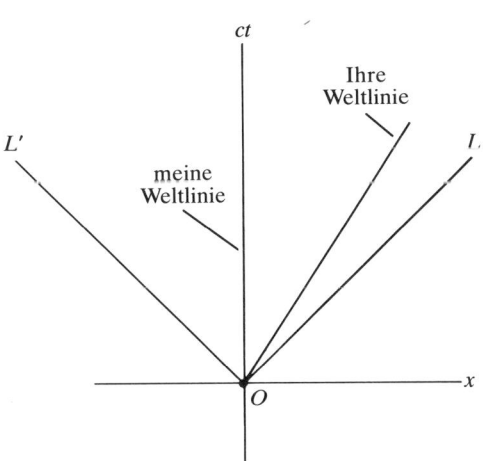

Punktereignis O. Sie beschränkt sich meistens auch nicht ausschließlich auf den Bereich, in dem die y- und z-Koordinaten
gleich Null sind. Da Körper mit konstanter Geschwindigkeit
als Weltlinien Geraden im Minkowski-Raum ergeben, können
wir Newtons Erstes Gesetz, daß freie Körper sich mit konstanter Geschwindigkeit fortbewegen, so ausdrücken: Die Weltlinie eines freien Körpers ist gerade.

Wenn wir solche Raum-Zeit-Diagramme wie gewöhnliche
Koordinatensysteme benutzen und das Intervall s genauso be-
handeln wie den Abstand r in der gewöhnlichen Geometrie,
dann gibt es unweigerlich Verwirrung. Das läßt sich gut am
Beispiel der Geraden L und L' illustrieren, die jeweils einen
Winkel von 45 Grad mit den beiden Koordinatenachsen einschließen. Für jeden Punkt der Linie OL hat die x-Koordi-
nate den gleichen Wert wie die ct-Koordinate; das heißt, für
diese Gerade gilt $x = t$. Wenn nun Licht zur Zeit $t = 0$ vom

Ort $x = 0$ in Richtung der positiven x-Achse abgestrahlt wird, breitet es sich in dieser Richtung gleichförmig mit Lichtgeschwindigkeit c aus, so daß sich die zurückgelegte Entfernung x aus dem Produkt von Geschwindigkeit c und verstrichener Zeit t ergibt − also $x = ct$. Das ist aber genau die Geradengleichung für OL; das heißt, OL ist die Weltlinie eines Lichtstrahls in Richtung der positiven x-Achse. Ein Lichtstrahl in entgegengesetzter Richtung wird entsprechend durch die Weltlinie OL' wiedergegeben. Wenn aber $x = ct$ und $y = z = 0$ ist, folgt sofort aus der Formel für s^2, daß das Intervall s Null wird. Die Raum-Zeit-Intervalle zwischen dem Punktereignis O und beliebigen anderen Punkten auf OL (und analog auf OL') betragen also Null. Dies ist das einzige Abstandsmaß für die Weltlinien OL oder OL', über das sich sämtliche gleichförmig bewegten Beobachter einig sind. Im Hinblick auf die Diskrepanz zwischen dem Null-Intervall und dem gezeichneten Abstand im Diagramm kann man nichts anderes unternehmen, als diesen Unterschied im Auge zu behalten. Und nach einiger Übung lernt man auch, damit umzugehen.

Bei zwei Ereignissen, von denen keines mit dem Punktereignis O identisch ist, muß man eine etwas kompliziertere Formel für s^2 benutzen. Aber auch dann treffen die obigen Bemerkungen auf das Intervall s zu. Falls sich der Beobachter nicht gleichfömig bewegt, sondern beschleunigt ist, wird seine Weltlinie nicht mehr gerade, sondern gekrümmt verlaufen. Dann muß man die Raum-Zeit-Intervalle zwischen Punktereignissen, die entlang einer solchen Weltlinie gemessen werden, mit Hilfe der Integralrechnung bestimmen. Aber wieder kristallisiert sich dasselbe Ergebnis heraus: Abgesehen vom Faktor c gibt der Wert des Raum-Zeit-Intervalls gerade die Zeit an, die der Beobachter an seiner eigenen Uhr abliest. Das heißt, s ist ein Maß seines Alterungsprozesses. Deswegen bezeichnet man das durch c dividierte Intervall s als *Eigenzeit*.

Lassen Sie uns nun kurz einen Ausschnitt der Minkowski-Welt betrachten, in dem lediglich die y-Koordinate Null ist. Wir berücksichtigen also zwei räumliche Dimensionen und die zeitliche Dimension des vierdimensionalen Raum-Zeit-Kontinuums. Anstelle der früheren Geraden L und OL' ergibt sich nun ein Kegel, der aus all den Geraden besteht, die durch den Ursprung gehen und einen 45-Grad-Winkel mit der ct-

Achse einschließen. Dieser Kegel umfaßt zwei Abschnitte, die Zukunft beziehungsweise Vergangenheit beschreiben, und wird als *Lichtkegel* bezeichnet.

Versetzen wir uns wieder in die Lage eines Beobachters, dessen Weltlinie mit der *ct*-Achse identisch ist. Je schneller sich ein Objekt relativ zu diesem Beobachter bewegt, desto weiter entfernt es sich in einer gegebenen Zeit von ihm und desto größer ist daher der Winkel, den seine Weltlinie mit der *ct*-Achse einschließt. Da ein Körper nicht schneller werden kann als Licht, kann er in einer gegebenen Zeit auch nicht weiter kommen als Licht. Weltlinien, die durch O gehen, müssen daher innerhalb des Lichtkegels oder (im Fall des Lichtes selbst) auf dem Kegelmantel liegen. Jedes Ereignis P innerhalb des Zukunftkegels oder auf dessen Mantel kann also vom Punktereignis O aus erreicht werden, ohne daß die Lichtgeschwindigkeit überschritten werden muß. Alle Beobachter stimmen darin überein, daß das Ereignis P zu einer späteren Zeit auftritt als das Ereignis O. Aus diesem Grund definiert dieser Halbkegel die *absolute Zukunft* des Ereignisses O. Ganz analog stellt der untere Halbkegel die *absolute Vergangenheit* des Ereignisses O dar.

Punkte außerhalb des Kegels, beispielsweise das Ereignis Q, sind vom Punktereignis O aus nicht zu erreichen, ohne die Lichtgeschwindigkeit zu überschreiten. Das hat zur Folge, daß das Ereignis O nicht die

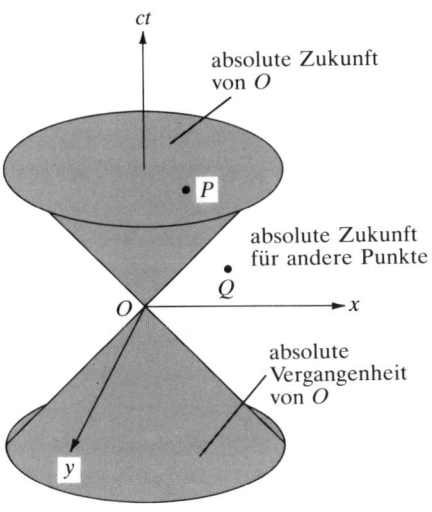

absolute Zukunft
von O

absolute Zukunft
für andere Punkte

absolute
Vergangenheit
von O

Ursache des Ereignisses Q sein kann. Wenn eine solche Kausalität ausgeschlossen ist, bei der die Ursache ihrer eigenen Wirkung zeitlich vorausgehen müßte, dann bereitet es keine Schwierigkeiten zu akzeptieren, daß die Reihenfolge der Ereignisse O und Q für verschiedene Beobachter unterschiedlich sein kann. Das Gebiet außerhalb des Lichtkegels von O ist vom Ereignis O aus absolut unerreichbar.

Man kann die Newtonsche Vorstellung von Raum und Zeit als Grenzfall eines Minkowski-Raumes ansehen, in dem die Lichtgeschwindigkeit c unendlich wird. In diesem Fall weitet sich der Lichtkegel auf, und das absolut unerreichbare Gebiet wird kleiner. Bestehen bleiben dann nur die absolute Zukunft und die absolute Vergangenheit, die durch den flüchtigen Augenblick absoluter Gegenwart getrennt sind − so, wie man es für Newtons absolute Zeit auch erwartet.

Einige relativistische Effekte sind besonders verblüffend − zum Beispiel die Längenverkürzung, die zwei relativ zueinander bewegte Beobachter wechselseitig bei ihren Längenmaßstäben wahrnehmen. Dabei gibt es andere, alltägliche Kontraktionen, die wir als ganz normal empfinden − etwa wenn sich zwei Menschen gleicher Statur voneinander entfernen und jeder den anderen nach einer Weile kleiner als sich selbst wahrnimmt. Kaum jemand würde sich über so etwas wundern. Wenn wir die Lorentz-Transformation als Analogie zu einer Drehung eines dreidimensionalen Koordinatensystems betrachten, liegt ein Vergleich mit der vertrauten perspektivischen Verkürzung nahe. Wenn ich mein eigenes Metermaß benutze, schaue ich senkrecht darauf und sehe es daher in seiner wirklichen Länge. Ihren Meterstab sehe ich sozusagen gedreht, unter einem schrägen Winkel, so daß er mir perspektivisch verkürzt erscheint. Entsprechend schauen Sie senkrecht auf ihren eigenen Meterstab, aber schräg auf meinen. Also kommt Ihnen mein Maßstab kürzer vor. Mit der Zeitdilatation verhält es sich analog; aber das läßt sich nicht so leicht anhand einer Analogie veranschaulichen, da wir es ja nicht gewohnt sind, die Zeit als eine geometrische Größe zu betrachten.

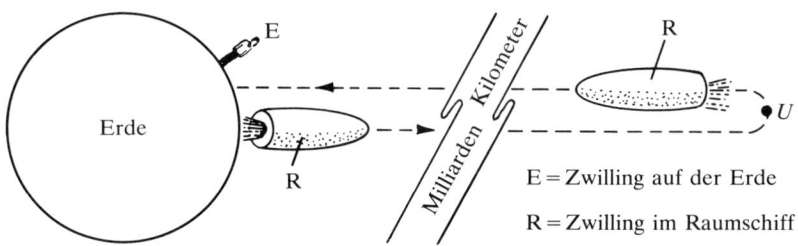

E = Zwilling auf der Erde

R = Zwilling im Raumschiff

Wir wollen uns nun einem berühmten relativistischen Problem zuwenden − dem Zwillingsparadoxon: Ein Zwilling startet mit einem Raumschiff in den Weltraum hinein, während der andere auf der Erde zurückbleibt. Der Raumfahrer fliegt nun ein Jahr lang mit extrem hoher Geschwindigkeit tief ins All, wendet dann und reist während des folgenden Jahres zur Erde zurück. Er ist am Ende seiner Reise zwei Jahre älter geworden. Beim Wiedersehen muß er aber feststellen, daß sein zu Hause gebliebener Zwilling inzwischen 50 Jahre älter geworden ist und damit ein Altersunterschied von 48 Jahren entstanden ist!

Lassen Sie uns dieses Phänomen zunächst unter dem Gesichtspunkt betrachten, daß Uhren aufgrund ihrer Geschwindigkeit langsamer gehen. Das Lebensalter des zu Hause gebliebenen Zwillings stellt eine besondere Uhr dar. Das gleiche gilt für das Lebensalter des reisenden Zwillings. Wir können uns nun vorstellen, daß die Zwillinge Uhren bei sich tragen, die ihre Lebensjahre zählen und so die unterschiedlichen Alterungsprozesse dokumentieren. Der Zwilling auf der Erde wird feststellen, daß die Uhren und der Alterungsprozeß des reisenden Zwillings langsamer sind.

Gegen diese Vorhersage der Relativitätstheorie wurde eingewandt, daß die Verlangsamung der Uhren gleichermaßen für beide Bezugssysteme auftreten müsse. Beide Zwillinge müßten gleichermaßen erleben, daß der jeweils andere langsamer gealtert sei. Versetzen wir uns in die Situation des reisenden Zwillings: In seinem Bezugssystem (seiner Rakete) ruht er, während sich die Erde mitsamt dem anderen Zwilling entfernt. So gesehen sollte der auf der Erde verbliebene Zwilling jung geblieben sein, während der Reisende in der Rakete um 50 Jahre altert. Nach seiner Reise steht der heimkehrende Zwilling vor der paradoxen Situation, daß er zugleich langsamer und schneller gealtert sein müßte als der zu Hause gebliebene Zwilling. Selbst in der Relativitätstheorie ist so etwas absurd.

Korrekterweise dürfen die beiden Zwillinge aber gar nicht spiegelbildlich gleichberechtigt behandelt werden. Der wesentliche Unterschied zwischen ihnen wird deutlich, wenn man sich die Umkehrung der Flugrichtung des Raumschiffes sehr abrupt vorstellt: Nehmen wir beispielsweise an, die 180-Grad-Wendung werde in 30 Sekunden vollzogen. Das hieße, daß der Raumfahrer in diesem Moment eine Bremskraft erführe, die millionenfach stärker als die Erdanziehung wäre, und davon würde er heftig an die Wand seines Raumschiffes geschmettert. Drehen wir nun die Perspektive wieder um, so daß wir das Geschehen vom Bezugssystem des raumfahrenden Zwillings betrachten. Zwar erscheint jetzt der auf der Erde gebliebene Zwilling als der eigentlich Reisende, aber von der vernichtenden Bremsbeschleunigung im Raumschiff bekäme er gleichwohl nichts zu spüren.

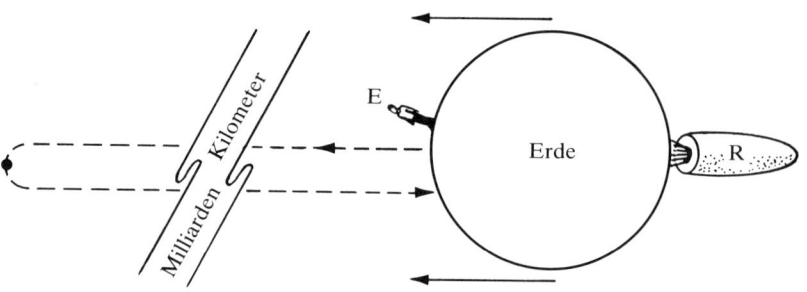

Lassen Sie uns das Problem nun im Zusammenhang mit der vierdimensionalen Raum-Zeit untersuchen. Als erstes müssen wir klarstellen, daß der reisende Zwilling von sich aus nicht schneller altert als der zu Hause gebliebene: Beide altern auf der Erde genau gleich schnell. Wenn wir Zwillinge hätten, die verschieden rasch alt würden, bräuchten wir keinen von ihnen ins Raumschiff zu setzen; sie dürften Seite an Seite sitzen, und trotzdem würde einer später als der andere ergrauen. Es wäre so, als hätten beide Zwillinge Uhren, die unterschiedlich schnell gehen, auch ohne daß einer auf die Reise geht.

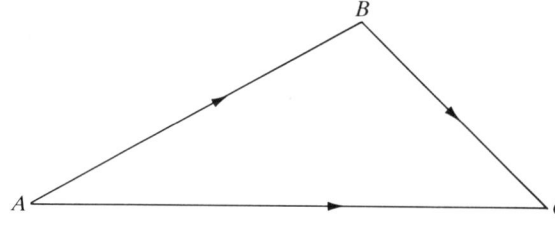

Wodurch erklärt sich nun der Tatbestand, daß der reisende Zwilling beim Wiedersehen noch nicht so alt ist wie der zu Hause gebliebene? Betrachten wir dazu wieder eine Analogie. Eine Person fährt in ihrem Auto von *A* nach *C*, während eine andere Person mit ihrem Auto zunächst von *A* nach *B* und dann von *B* nach *C* fährt. Obschon beide in *A* gestartet und in *C* angekommen sind, zeigen ihre Kilometerzähler natürlich unterschiedliche Fahrtstrecken an, und niemand wird darüber überrascht sein.

Wir wollen nun die Weltlinien der Zwillinge im Minkowski-Raum genauer ansehen. Die Weltlinien beginnen beide am Punktereignis *A*, das durch Ort und Zeit des Starts gegeben ist. Sie enden ebenfalls gemeinsam im Punktereignis *C*, dem Wiedersehen der beiden Zwillinge. Anstelle der Kilometer-zähler in den Autos haben wir hier den Alterungsprozeß der Zwillinge beziehungsweise ihre Uhren, die die Eigenzeit und damit auch das Altern anzeigen. Der daheim gebliebene Zwilling hat − wie die Abbildung unten verdeutlicht − die Weltlinie *AC*, der andere die Weltlinie *ABC*. Daß sich die Eigenzeiten auf diesen beiden Weltlinien unterscheiden, soll-te kaum verwundern.

Überraschen wird allenfalls, daß der reisende Zwilling bei der Rückkehr weniger gealtert ist, obwohl seine Weltlinie *ABC* länger ist als die Weltlinie *AC*. Man vergißt aber leicht, daß die gewohnten geometri-schen Entfernungen und die Laufzeit eines bewegten Kör-pers im Minkowski-Diagramm unweigerlich verfälscht erschei-nen. Beispielsweise kommt bei einer Bewegung auf dem Lichtkegel die Eigenzeit sogar zum Stillstand. Entsprechend ist das Raum-Zeit-Intervall *ABC* kürzer als das Intervall *AC*.

E = Zwilling auf der Erde

R = Zwilling im Raumschiff

Die Vorhersage der Relativitätstheorie zum Zwillingsparado-xon konnte übrigens experimentell bestätigt werden. In dieses Experiment ging auch der Einfluß der Gravitation mit ein, so daß es eine etwas allgemeinere Situation betraf. Man verwen-dete zwei extrem genaue Atomuhren vom selben Typ. Eine wurde im Düsenflugzeug zu einem Flug rund um die Erde mitgenommen, die andere blieb am Standort zurück. Nach der Rückkehr des Flugzeugs verglich man die beiden „Uhren-zwillinge". Die verreiste Uhr ging im Vergleich zur daheim gebliebenen tatsächlich gerade um soviel nach, wie die Rela-tivitätstheorie vorhergesagt hatte.

Einsteins hervorragende physikalische Intuition bewährte sich auch in einer Situation, in der ein experimentelles Resultat die relativistische Theorie zu Fall zu bringen drohte. Wir haben beschrieben, wie Einstein seine Theorie auch aus ästhetischen Gründen auf der Grundlage zweier scheinbar gewagt einfacher Prinzipien errichtet hatte. Im Jahre 1905 hatte er die relativistischen Bewegungsgleichungen des Elektrons abgeleitet, und die stimmten mit Gleichungen überein, die Lorentz schon 1904 gefunden hatte. Im Jahre 1906 nun publizierte der deutsche Experimentalphysiker Walter Kaufmann die Ergebnisse eines Versuchs, mit dem er die Vorhersage der Relativitätstheorie testen wollte. Bereits in der Einleitung seines Artikels *Über die Konstitution des Elektrons* schrieb er: »Die Meßergebnisse sind mit der Lorentz-Einsteinschen Grundannahme nicht vereinbar.« Er führte dann weiter aus, daß die Ergebnisse seines Experiments eher für zwei andere Theorien sprächen.

Lorentz war durch diesen experimentellen Schiedsspruch unsicher geworden und nahe daran, seine in harter Arbeit gewonnenen theoretischen Gleichungen zu verwerfen. Einstein dagegen blieb ungerührt. Er schrieb: »Jenen Theorien kommt aber nach meiner Ansicht eine ziemlich geringe Wahrscheinlichkeit zu, weil ihre die Maße des Elektrons betreffenden Grundannahmen nicht nahe gelegt werden durch theoretische Systeme, welche größere Komplexe von Erscheinungen umfassen.« Einstein vertraute ganz offensichtlich hier mehr auf Ästhetik als auf die Ergebnisse dieses einen Experiments. Kaufmanns Resultate erwiesen sich später als fehlerhaft, und die sorgfältigeren Messungen stimmten mit den Lorentz-Einstein-Gleichungen überein.

Als Einstein 1905 seine Relativitätstheorie vorlegte, waren Experimente mit schnellen Teilchen noch eine Seltenheit. Experimente mit relativistisch schnellen Teilchen sind heute jedoch längst an der Tagesordnung, und bei solchen eingehenden Tests hat sich Einsteins Theorie stets glänzend bewährt. Sie prägt inzwischen auch die moderne Experimentalphysik und hat im Labor zahlreiche eindrucksvolle Triumphe gefeiert. Die eigentliche Domäne der Relativitätstheorie ist jedoch die theoretische Physik geblieben. Sie gab den Anstoß zu anderen zukunftsweisenden Theorien. So entdeckte der britische Theoretiker Paul A. M. Dirac eine relativistisch-quantenmechanische Gleichung für das Elektron, die zu Recht für ihre Eleganz und ihre präzise Übereinstimmung mit den experimentellen Ergebnissen berühmt ist. Vor allem aber war die Spezielle Relativitätstheorie für Einstein ein unentbehrlicher Zwischenschritt, um zur Allgemeinen Relativitätstheorie zu gelangen.

Wir wollen dieses Kapitel mit einem kurzen Rückblick auf die faszinierende Geschichte des Newtonschen Relativitätsprinzips beschließen. Dieses Prinzip sollte für alle mechanischen Prozesse gelten, denn es war eine direkte Konsequenz aus den Newtonschen Gesetzen, die sich freilich auf den absoluten Raum bezogen. Als die Wellentheorie des Lichtes und die Vorstellung vom Lichtäther aufkamen, schien dem Relativitätsprinzip der Boden entzogen: Sein Gültigkeitsbereich sollte die Optik aussparen und sich nur auf die Newtonsche Mechanik beschränken. Überraschend schlugen aber einschließlich der optischen Experimente alle Versuche fehl, eine gleichförmige Bewegung relativ zum Äther nachzuweisen. Aus diesem Grund erhoben Poincaré und Einstein das Relativitätsprinzip zu einem fundamentalen physikalischen Gesetz. Einstein fügte zu diesem Postulat sein Zweites Prinzip hinzu, gab den Begriff der Gleichzeitigkeit auf und zeigte so die physikalische Gültigkeit der Lorentz-Transformation. Diese Transformation sollte allgemein für relativistische Bewegungen gelten − nicht nur in der Theorie des Elektromagnetismus, sondern in allen Bereichen der Physik. In dieses relativistische System paßten jedoch zunächst nur die Maxwellschen elektromagnetischen Feldgleichungen. Wendet man die Lorentz-Transformation jedoch auf die Gleichungen der Newtonschen Mechanik an, so zeigt sich, daß die Newtonschen Gleichungen dem Relativitätsprinzip nicht genügen − in den transformierten Gleichungen taucht die Relativgeschwindigkeit v auf. Nachdem wir aber die Allgemeingültigkeit der Lorentz-Transformation für die gesamte Physik gefordert haben, wäre es inkonsequent, für die Newtonsche Mechanik eine Ausnahme zu machen und dort die Galilei-Transformation zuzulassen.

Die Logik des Relativitätsprinzips erzwingt eine Modifikation der Newtonschen Mechanik. Indem wir die Galilei-Transfor-

mation der Newtonschen Mechanik durch die Lorentz-Transformation ersetzen, geben wir den Newtonschen Begriffen
von Zeit und Raum eine neue relativistische Bedeutung. Als
Konsequenz daraus ergeben sich unter anderem die Zunahme
der relativen Masse bei zunehmender relativer Geschwindigkeit und die Äquivalenz von Masse und Energie, $E = mc^2$. Vor
allem aber müssen wir Raum und Zeit grundlegend anders
verstehen.

Eines der Newtonschen Gesetze paßte jedoch nicht in das
relativistische Weltbild: das Gravitationsgesetz, das ja eine
Kraft beschreibt, die umgekehrt proportional zum Quadrat
des Abstands instantan über Entfernungen hinweg wirkt. Dies
kollidiert mit dem relativistischen Verbot einer Geschwindigkeit oberhalb der Lichtgeschwindigkeit, das auch für die
Bewegung jeder Form von Energie gilt. Würde also die Gravitationskraft wirklich ohne Zeitverzögerung in beliebigen
Entfernungen wirken, so würde das die Grundannahmen der
Relativitätstheorie umstürzen. Beispielsweise könnte man
dann instantan, sozusagen „im Handumdrehen", nah und fern
die Gravitationskräfte verändern, die von der Masse einer
Hand ausgehen – und dies wäre ein unmittelbarer Vorgang
ohne jede Zeitverzögerung. Mit Hilfe eines solchen Signals,
das ohne Zeitverzug überall wahrzunehmen wäre, ließen sich
alle Uhren des Universums simultan synchronisieren. Damit
aber wäre Gleichzeitigkeit etwas Absolutes – und eben nicht
nur relativ. Die Frage, was mit Newtons Gravitationsgesetz in
der Relativitätstheorie passiert, ist Thema des nächsten und
letzten Kapitels dieses Buches, in dem es um Einsteins Allgemeine Relativitätstheorie geht.

5. Die Allgemeine Relativitätstheorie

Einstein brauchte nach der Veröffentlichung seiner Speziellen Relativitätstheorie im Jahre 1905 zehn Jahre, um daraus sein Meisterwerk zu entwickeln: die Allgemeine Relativitätstheorie, die er 1915 vorlegte. In dieser Zeit schrieb er 1912 an einen Freund, daß er noch niemals in seinem Leben so hart gearbeitet habe und daß die Spezielle Relativitätstheorie im Vergleich zur Allgemeinen ein Kinderspiel gewesen sei.

Trotz seiner erstrangigen wissenschaftlichen Leistungen mußte Einstein noch bis 1909 am Berner Patentamt bleiben, bevor ihm erstmals eine nennenswerte akademische Position angeboten wurde. Er wurde zunächst als außerordentlicher Professor für theoretische Physik an die Züricher Universität berufen und bekam 1911 einen Lehrstuhl an der deutschen Universität in Prag. Aber schon 1912 ging er zurück nach Zürich. Diesmal erhielt er eine ordentliche Professur am Polytechnischen Institut – an dem er 17 Jahre zuvor durch das Zulassungsexamen gefallen war. Kaum hatte er sich in seiner alten akademischen Umgebung niedergelassen, als er eine Berufung seitens der Königlich Preussischen Akademie der Wissenschaften erhielt. Das Angebot war unwiderstehlich. Es beinhaltete die bezahlte Mitgliedschaft in der renommierten Akademie sowie die Titel eines Professors an der Berliner Universität und des Direktors des geplanten Physikalischen Instituts der Kaiser-Wilhelm-Gesellschaft. Und es war Einstein freigestellt, sich ausschließlich seiner Forschung zu widmen, falls er dies wünsche.

Den Anstoß zu Einsteins Allgemeiner Relativitätstheorie gab wiederum ein ästhetischer Mangel: Es ist leicht einzusehen, daß Ruhe und gleichförmige Bewegung relativ sind, da es nirgends im Universum ortsfeste Markierungen gibt. Aber dieses Fehlen absoluter Ortsmarken wirft ein hartnäckiges Problem auf, weil damit gleichsam zu viel erklärt wird. Es impliziert nämlich die folgende Frage: Warum sollten nur Ruhe und gleichförmige Bewegung relativ sein? Könnten nicht auch gleichförmige Beschleunigungen und ganz allgemein Bewegungen schlechthin relativ sein? Aber das scheint in der Natur ganz eindeutig nicht der Fall zu sein.

Um sich davon zu überzeugen, braucht man sich nicht unbedingt als Flugpassagier durch Turbulenzen schütteln zu lassen. Auch eine Fahrt mit der Achterbahn wird uns schnell davon überzeugen, daß wir die Beschleunigung unseres Wagens sehr wohl spüren, selbst wenn wir unsere Augen schließen. Diese Beschleunigung scheint also absolut zu sein. Ein alltägliches Beispiel ist schließlich ein Zug; solange er nur gleichförmig dahinfährt, können wir darin ebenso problemlos gehen oder stehen wie im haltenden Zug; sobald er jedoch ruckartig beschleunigt, müssen wir uns festhalten.

Gegen die Vorstellung einer absoluten Bewegung hatten sich zu Newtons Zeiten bereits Berkeley und Leibniz gewandt. Und im 19. Jahrhundert begründete der Naturwissenschaftler und Philosoph Ernst Mach mit zwingenden Argumenten, daß die Wirkungen einer beschleunigten Bewegung auf die Bewegung relativ zu den Fixsternen und zu allen anderen Massen des Universums zurückzuführen sei – und nicht auf eine Bewegung relativ zu einem absoluten Raum. Mach vertrat wie Berkeley die Ansicht, daß es keine absolute Bewegung gebe und alle Bewegung relativ sei. Einstein gab diesem Gedanken einen spezifischen physikalischen Inhalt.

Mit seinen neuen Begriffen von Raum und Zeit hatte Einstein schon in der Speziellen Relativitätstheorie gezeigt, daß gleichförmige Bewegung relativ ist. Es erschien ihm allerdings unschön, daß die Theorie nur diese Bewegung als relativ einstuft und alle anderen nicht: Warum sollte in einem geschlossenen Raumschiff, das von fünf Kilometern pro Sekunde auf sieben Kilometer pro Sekunde beschleunigt, die Beschleunigung um zwei Kilometer pro Sekunde feststellbar sein, die konstanten Geschwindigkeiten von zuerst fünf, dann sieben Kilometern pro Sekunde aber nicht? Warum sollte etwas so Fundamentales wie das Relativitätsprinzip nur für den ruhenden und den gleichförmig bewegten Zustand gelten? Sollten nicht vielmehr alle Arten von Bewegungen relativ sein oder aber alle absolut? Da in der Speziellen Relativitätstheorie bereits Ruhe und gleichförmige Bewegung als relativ angenommen werden, bleibt nur noch die Möglichkeit, daß alle Bewegungen relativ sind. Diese Relativität wäre nicht nur philosophisch – im Sinne von Berkeley und Mach – aufzufassen, sondern sie müßte in Analogie zur Relativität der gleichförmigen Bewegung in die Physik eingeführt werden. Dementsprechend postulierte Einstein ein allgemeines Relativitätsprinzip: Im Inneren eines Fahrzeugs, das sich in beliebiger Weise bewegt, läßt sich in einem absoluten Sinn kein Einfluß dieser Bewegung feststellen. »Die Gesetze der Physik müssen so beschaffen sein, daß sie in bezug auf beliebig bewegte Bezugssysteme gelten«, schrieb Einstein 1916 in seinem Artikel *Die Grundlagen der allgemeinen Relativitätstheorie*.

Dieses Prinzip scheint den Tatsachen handfest zu widersprechen – man denke nur an das Flugzeug in turbulenter Luft, die Achterbahn oder den bremsenden Zug. Und ist nicht auch die Seekrankheit ein schlagender Beweis gegen das allgemeine Relativitätsprinzip? Es hätte also zweifellos nahe gelegen, das allgemeine Relativitätsprinzip als nette Idee abzutun, die mit der Realität leider nicht viel zu tun hat. Aber Einstein folgte seinem Sinn für Ästhetik. Er hielt an diesem Prinzip fest und bewahrte sich eine unvoreingenommene, frische Betrachtungsweise der sperrigen Erfahrungswelt. Zu seiner Genugtuung entdeckte er, daß die Tatsachen das allgemeine Relativitätsprinzip keineswegs widerlegen – sondern es im Gegenteil sogar bestätigen. Diese Entdeckung erwies sich als ein entscheidender Fortschritt in der Geschichte der Physik.

Bevor wir genauer erläutern, wie Einstein sein allgemeines Relativitätsprinzip begründete, wollen wir für einen Moment auf die historische Kontroverse um die Frage der Erdbewegung zurückblicken. Nach diesem Prinzip müssen in allen Bezugssystemen, egal wie sie sich relativ zueinander bewegen, dieselben physikalen Gesetze auch dieselbe mathematische Form haben – wenn man sie anhand der Koordinaten des jeweiligen Systems formuliert. Es steht uns also frei, ein Bezugssystem zu wählen, in dem die Erde ruht, oder aber eines, in dem sich die Erde um die Sonne bewegt. In gewissem Sinne hatten also Kopernikus und Ptolemäus beide recht. Das heißt aber nicht, daß die bittere Auseinandersetzung zwischen ihren Anhängern gegenstandslos und unnötig gewesen wäre. Vielmehr war es geradezu eine notwendige Voraussetzung, die schwierige Vorstellung einer bewegten Erde erst einmal zu akzeptieren, um damit Newton – und auf überraschende Weise auch Einstein – den Weg zu bereiten.

Zunächst hatte Einstein (wie andere auch) versucht, die Gravitation im Rahmen seiner Speziellen Relativitätstheorie von 1905 zu beschreiben. Das war das nächstliegende, und mit diesem Ansatz ließ sich die Vorstellung einer Gravitationskraft, die instantan über Entfernungen hinweg wirkt, vermeiden. Statt dessen nahm Einstein an, daß sich das Gravitationsfeld mit Lichtgeschwindigkeit fortpflanzt. Bei seinen Berechnungen stellte sich aber heraus, daß die Fallbeschleunigung eines frei fallenden Körpers unter diesen Bedingungen von der horizontalen Geschwindigkeit des Körpers abhängen würde. Da dies den Galileischen Fallgesetzen widersprach, setzte sich Einstein erneut mit deren Inhalt auseinander. Galileis Entdeckung, daß die Fallbeschleunigung aller Körper gleich ist, führte Einstein zu den folgenden Überlegungen, die ein weiteres Beispiel für seine außerordentliche Intuition sind. »Dieser Satz, der auch als der Satz von der Gleichheit der schweren und trägen Masse formuliert werden kann, leuchtet mir nun in seiner tiefen Bedeutung ein. Ich wundere mich im höchsten Grade über sein Bestehen und vermute, daß in ihm der Schlüssel für ein tieferes Verständnis der Trägheit und Gravitation liegen müsse.« In all den Jahren seit Galilei und Newton hatte niemand erkannt, daß sich im Fallgesetz ein bemerkenswertes Prinzip verbirgt. Einstein hat es in Umrissen schon 1907 formuliert und seit 1911 als Grundprinzip immer wieder angewendet. Welche Überlegungen ihn dahin führten, wollen wir nun näher erläutern.

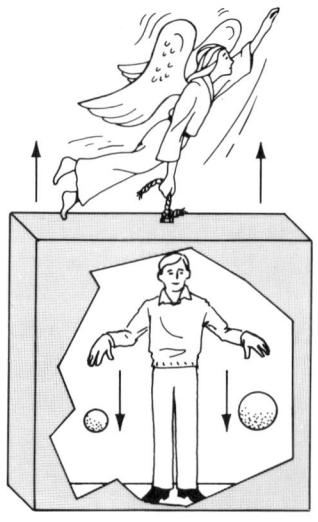

Stellen wir uns ein Laboratorium vor, das so weit von allen anderen Objekten entfernt ist, daß es durch deren Gravitation nicht nennenswert angezogen wird. Stellen wir uns weiter vor, daß ein Engel das Laboratorium mit einer Beschleunigung *g* in Bewegung setzt, die genauso stark wie die Beschleunigung fallender Körper auf der Erde – die Fallbeschleunigung am Erdboden – ist. (Würde der Engel eine andere Beschleunigung wählen, so könnte man andere Himmelskörper einbeziehen, auf denen gerade diese Beschleunigung als Fallbeschleunigung auftritt.) Man vergleiche nun die physikalischen Vorgänge in einem solchen Laboratorium mit den Vorgängen in einem Laboratorium, das auf der Erde ruht. Das erste nennen wir *Himmelslabor*, das zweite *Erdlabor*. Wie üblich vernachlässigen wir den Luftwiderstand. Außerdem gehen wir davon aus, daß das Gravitationsfeld im Inneren des Erdlabors als konstant angesehen werden darf.

Nehmen wir zunächst an, daß der Engel das Himmelslabor nicht beschleunigt. Wenn nun jemand im Inneren dieses Labors zwei unterschiedlich schwere Kugeln in seinen Händen hält und in einem bestimmten Moment beide zugleich losläßt, bleiben sie relativ zum Labor an ihrem Ort, weil sie nach Newtons Erstem Bewegungsgesetz jede beliebige gleichförmige Bewegung des Laboratoriums mitmachen. Sofern der Engel das Labor jedoch nach „oben" beschleunigt, bewegen sich die beiden Kugeln nach dem Loslassen relativ zum Labor

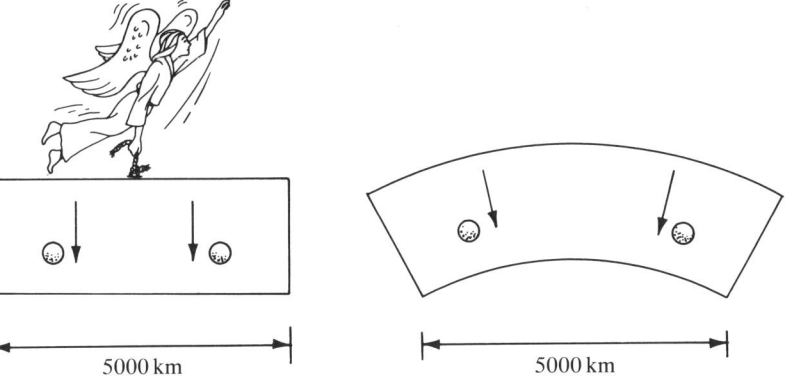

5000 km 5000 km

dann genauso, als erführen sie eine Beschleunigung *g* nach unten. Das erinnert an Galileis Beobachtung, daß alle Körper mit derselben Fallbeschleunigung zur Erde fallen. Das Experiment läuft im beschleunigten Himmelslabor genauso ab wie im Erdlabor. Wir müssen dabei voraussetzen, daß diese Laboratorien nicht sehr groß sind. Wären sie beispielsweise 5000 Kilometer lang, so würden schwere Körper im Erdlabor nicht parallel herabfallen, sondern radial in Richtung des Erdmittelpunktes. Das heißt, Senklote würden dann nicht parallel nach unten hängen. In genügend kleinen Erdlaboratorien aber läuft jedes mechanische Experiment genauso ab wie das korrespondierende Experiment im Himmelslabor. Im Hinblick auf mechanische Vorgänge sind beide Laboratorien gleichberechtigt.

Es war schon eine herausragende Leistung, diese Äquivalenz zu erkennen, aber Einstein blieb nicht dabei stehen. Ihm erschien eine Äquivalenz, die nur mechanische Phänomene und nicht die gesamte Physik einbezieht, zu kunstvoll − so hätte Gott das Universum kaum erschaffen. In einem Geniestreich erweiterte Einstein deshalb die partielle Äquivalenz zu einer totalen. Er postulierte, daß jedes mechanische, aber auch jedes beliebige andere Experiment im Himmelslabor dieselben Resultate liefert wie das korrespondierende Experiment im Erdlabor. Dieses Postulat nannte er *Äquivalenzprinzip*.

Wir können das Äquivalenzprinzip noch aus einer anderen Perspektive betrachten. Nehmen wir an, wir befinden uns in einem Aufzug eines Wolkenkratzers. Solange der Aufzug steht, ist die Erdgravitation deutlich spürbar. Beispielsweise fallen beliebige Objekte mit der Beschleunigung g zu Boden. Stellen wir uns nun vor, die tragenden Kabel reißen und der Aufzug saust in die Tiefe. Er fällt dann mit derselben Geschwindigkeit wie alle anderen Objekte auch − insbesondere sämtliche Gegenstände, die ein Fahrgast im Inneren losläßt. Daher sieht ein Beobachter im fallenden Aufzug losgelassene Objekte schwerelos im Raum schweben − sie ruhen relativ zur Kabine. Auch der Beobachter selbst fühlt sich schwerelos. Tatsächlich werden alle Vorgänge im freien Fall relativ zum Aufzug so ablaufen, als würde die Kabine bei „abgeschalteter" Gravitation im feldfreien Raum ruhen. Die Erkenntnis, daß die Gravitation im freien Fall aufgehoben ist, kam Einstein schon in einem frühen Stadium seiner Arbeiten und erinnerte ihn an das elektrische Feld, das ein bewegter Magnet in seiner Umgebung erzeugt. Dieses Feld verschwindet für einen Beobachter, der relativ zum Magneten in Ruhe ist. Daraus zog Einstein den Schluß, daß die Gravitation in kleinen (lokalen) Bereichen nur als relative Größe existiert, während man sie im Großen (global) jedoch nicht ohne weiteres als relativ betrachten kann.

Das Äquivalenzprinzip verknüpft gleichförmige Beschleunigungen und homogene Gravitationsfelder. Die Gravitationsfelder von Sternen, Planeten und ähnlichem sind aber ganz inhomogen. Beispielsweise haben die lokalen Gravitationsfelder an den beiden Erdpolen und an beliebigen anderen Antipoden der Erdoberfläche entgegengesetzte Richtungen. Ein derartiges Gravitationsfeld läßt sich nicht in einem Himmelslabor simulieren, indem man es auf irgendeine raffinierte Weise beschleunigt. Einstein erkannte jedoch, daß die Äquivalenz von Beschleunigung und Gravitation mit beliebiger Genauigkeit bei hinreichend kleinen, nicht-rotierenden Laboratorien gegeben ist.

Exkurs 6.1: Mit seinem Äquivalenzprinzip schlug Einstein eine enge Verknüpfung von Beschleunigung und Gravitation vor. Danach sollten insbesondere mechanische Vorgänge im Inneren eines kleinen, gleichförmig beschleunigten Labors genauso ablaufen wie in einem kleinen unbeschleunigten Labor in einem homogenen Gravitationsfeld. Einstein verallgemeinerte diese Äquivalenz auf beliebige physikalische Vorgänge.

Um alle Bewegungen als relativ betrachten zu können, mußte Einstein zeigen, daß die Äquivalenz für alle Arten von Bewegung gilt. Im Fall der gleichförmigen Beschleunigung war das kein ernsthaftes Problem. Wie aber verhielt es sich mit den komplexen Beschleunigungsvorgängen, die beispielsweise im Inneren eines Flugzeugs bei Luftturbulenzen auftreten? Wir wollen zunächst der Einfachheit halber annehmen, daß die Beschleunigung ihre Richtung (aufwärts) beibehält, während sich ihr Betrag ständig ändert. Im Inneren des Flugzeugs erfahren dann freie Objekte eine gemeinsame zeitlich veränderliche Beschleunigung in Abwärtsrichtung. Das hat auf die Vorgänge im Inneren des Flugzeugs die gleichen Auswirkungen, die man in einem Erdlabor feststellen würde, wenn dort ein Gravitationsfeld herrscht, das synchron mit den Beschleunigungen im Himmelslabor schwankt, anstatt konstant zu bleiben. Zugegeben, um ein solches schwankendes Gravitationsfeld im Inneren des Erdlabors tatsächlich zu erzeugen, müßte man entweder die Erde oder aber einige andere massive Hilfskörper beschleunigen. Ungeachtet dieser „technischen" Schwierigkeiten dürfen wir uns aber doch in der Sicherheit wiegen, daß die Äquivalenz zwischen Beschleunigung und Gravitation in diesem besonderen Fall gesichert ist.

Raumstation mit gleichförmiger Rotationsbewegung

scheinbare Gravitationskraft

In einem radförmigen rotierenden Himmelslabor, das der Raumstation in dem Film *2001: Odyssee im Weltraum* ähnelt, würden die mitrotierenden Beobachter eine – scheinbare – Gravitationskraft spüren, die von der Drehachse radial nach außen weist und proportional zum Radialabstand zunimmt.

Wenn aber die Beschleunigung des Flugzeugs oder des Himmelslabors auch ihre Richtung ändert, entsteht eine Drehung — und das ist ein Problem. Stellen wir uns vor, unser Himmelslabor wird nicht mehr in „Aufwärts"-Richtung beschleunigt, sondern dreht sich statt dessen mit gleichbleibender Drehzahl um die eigene Achse. Es seien nun an verschiedenen Orten innerhalb des rotierenden Laboratoriums winzige „Unterlabors" eingebaut. Ein äußerer Beobachter, der selbst nicht mitrotiert, sieht nun die winzigen Unterlaboratorien so, als bewegten sie sich mit konstanter Umlaufgeschwindigkeit auf kreisförmigen Bahnen.

Wir hatten bereits an Newtons Beispiel einer Kanonenkugel, die in eine Umlaufbahn um die Erde geschossen wird, aufgezeigt, daß ein Massenpunkt, der sich mit konstanter Geschwindigkeit auf einer Kreisbahn bewegt, eine Beschleunigung zum Kreismittelpunkt erfährt. Wenn die Umlaufzeit (genauer: die Winkelgeschwindigkeit) als konstant vorgegeben wird, stellt sich heraus, daß die Beschleunigung zum Kreismittelpunkt desto höher ist, je größer der Radius der Umlaufbahn ist. Also werden die kleinen Laboratorien zur Drehachse des Himmelslabors hin beschleunigt; auf der Achse selbst verschwindet die Beschleunigung, und mit wachsendem Abstand nach außen hin nimmt sie zu. Wenn wir jetzt das Äquivalenzprinzip anwenden, sehen wir, daß die Drehung des Himmelslabors für die kleinen Unterlabors einem Gravitationsfeld äquivalent ist, das von der Drehachse fort radial in den Raum weist und dabei mit wachsender Entfernung zur Drehachse zunimmt. Im Rahmen der Newtonschen

166

Theorie und ihres Gravitationsgesetzes läßt sich jedoch keine Anordnung von Massen finden, die ein solches Gravitationsfeld erzeugen würden. In der Einsteinschen Theorie ist eine solche Konstellation von Gravitationszentren aber nicht notwendigerweise unmöglich.

Ob ein derartiges Kraftfeld nun realisierbar ist oder nicht, es würde jedenfalls freie Körper völlig unabhängig von ihrer Masse und ihrer chemischen Beschaffenheit gleich stark beschleunigen — einfach, weil es die Beschleunigung des rotierenden Bezugssystems (Himmelslabor) simuliert. Die grundlegende Identität von schwerer und träger Masse bei allen realen Gravitationsfeldern wäre also auch in unserem „fiktiven" Gravitationsfeld garantiert. Einstein konkretisierte die Idee Machs, daß jeder Körper seine träge Masse aufgrund einer Wechselwirkung mit allen restlichen Massen des Universums erhalte, und behauptete, daß diese Wechselwirkung auf der Gravitation beruhen müsse. Somit konnte er auch höchst unregelmäßige Beschleunigungsvorgänge in einem hinreichend kleinen Laboratorium als gravitationsbedingt auffassen ; und in diesem Sinne ließen sich entsprechend alle Bewegungen als relativ betrachten.

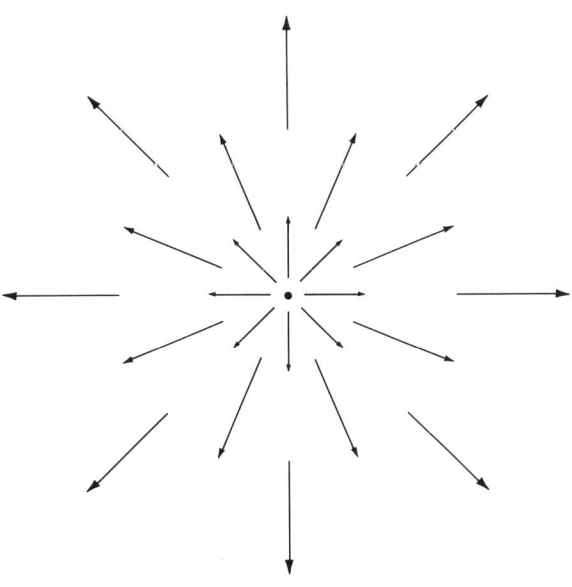

Wenn alle Bewegungen relativ sind, dürfte die rotationsbedingte Beschleunigung in einem Laboratorium nicht davon unabhängen, ob das Laboratorium relativ zum übrigen Universum rotiert oder ob sich der Rest des Universums um das Laboratorium dreht. Angenommen, das Laboratorium befindet sich in der Mitte einer riesigen rotierenden massiven Kugelschale — die das rotierende Universum darstellt —, dann sollte die Kugelschale in dem kleinen Laboratorium dieselben Gravitationsphänomene hervorrufen, wie man sie im rotierenden Labor feststellt. Das jedenfalls sagt die Allgemeine Relativitätstheorie voraus. Trotzdem ist das Machsche — und Einsteinsche — Postulat, daß alle Trägheit durch die Wechselwirkung mit der Restwelt entsteht, nur mit Abstrichen in die Allgemeinen Relativitätstheorie aufgenommen worden. So kann ein hypothetisches einzelnes Teilchen in einer sonst völ-

Im Feld des rotierenden Himmelslabors weisen die Feldvektoren von der Drehachse aus radial nach außen. Der Betrag (Länge der Pfeile) ist an jedem Raumpunkt proportional zum Abstand von der Drehachse.

lig leeren Welt immer noch ein Gravitationsfeld haben — was das
Mach-Einsteinsche Postulat nicht zuließe, da dieses Teilchen mangels
Wechselwirkung mit anderen Massen selber keine Masse besäße und
daher auch kein Gravitationsfeld erzeugen könnte. Gleichwohl blieb
das Mach-Einsteinsche Prinzip eine Richtschnur, an der sich Einstein
bei der Entwicklung der Allgemeinen Relativitätstheorie orientierte.

Das Äquivalenzprinzip erwies sich als ein außerordentlich
fruchtbarer theoretischer Ansatz. So konnte Einstein damit
direkt zeigen, daß gleichförmige Beschleunigung relativ — und
nicht absolut — ist. Wenn beispielsweise in einem Laboratorium alle freien Körper mit konstanter Beschleunigung g
nach unten fallen, darf ein Beobachter in diesem Laboratorium
keineswegs daraus schließen, daß sein Labor konstant mit g
nach oben beschleunigt wird. Das Labor könnte ja genauso-
gut auf der Erdoberfläche ruhen. Es gibt keine experimentell
feststellbaren Vorgänge in unserem Himmelslabor, die eindeutig einer Beschleunigung des Labors zugeschrieben werden könnten; stets wäre ebensogut möglich, daß sie durch ein
homogenes Gravitationsfeld oder durch unendlich viele denk-
bare Kombinationen von Beschleunigung und Gravitation
verursacht werden.

Das Äquivalenzprinzip war für Einstein ein weiterer Hinweis
darauf, daß eine annehmbare Gravitationstheorie den Rahmen der Speziellen Relativitätstheorie sprengen würde. Während dieses Prinzip Beschleunigung mit Gravitation äquivalent setzt und damit als relativ beschreibt, ist die Beschleunigung in der Speziellen Relativitätstheorie ja eine absolute
Größe. Für Einstein war damit der Weg aufgezeigt, auf dem
er zu einer allgemeinen Theorie gelangen konnte, die die
Gravitation einbezog.

Noch bevor Einstein die Allgemeine Relativitätstheorie aus-
formuliert hatte, konnte er anhand des Äquivalenzprinzips
einige Eigenschaften der Gravitation ableiten, indem er sich
Gedankenexperimente im Himmelslabor überlegte und sie
dann aus der Sicht des Erdlabors interpretierte.

Betrachten wir dazu einige Beispiele. In einem beschleunigten Himmelslabor hängt ein Beobachter ein Gewicht an eine

Spiralfeder, und ein zweiter Beobachter führt das gleiche Experiment im Erdlabor aus. Da im Himmelslabor ja keine Gravitation wirkt, dehnt sich die Feder dort allein aufgrund der Trägheit aus, die die angehängte Masse der Beschleunigung g des Labors entgegensetzt. Da das Erdlabor unbeschleunigt ist, bemißt sich die Federdehnung hier allein nach

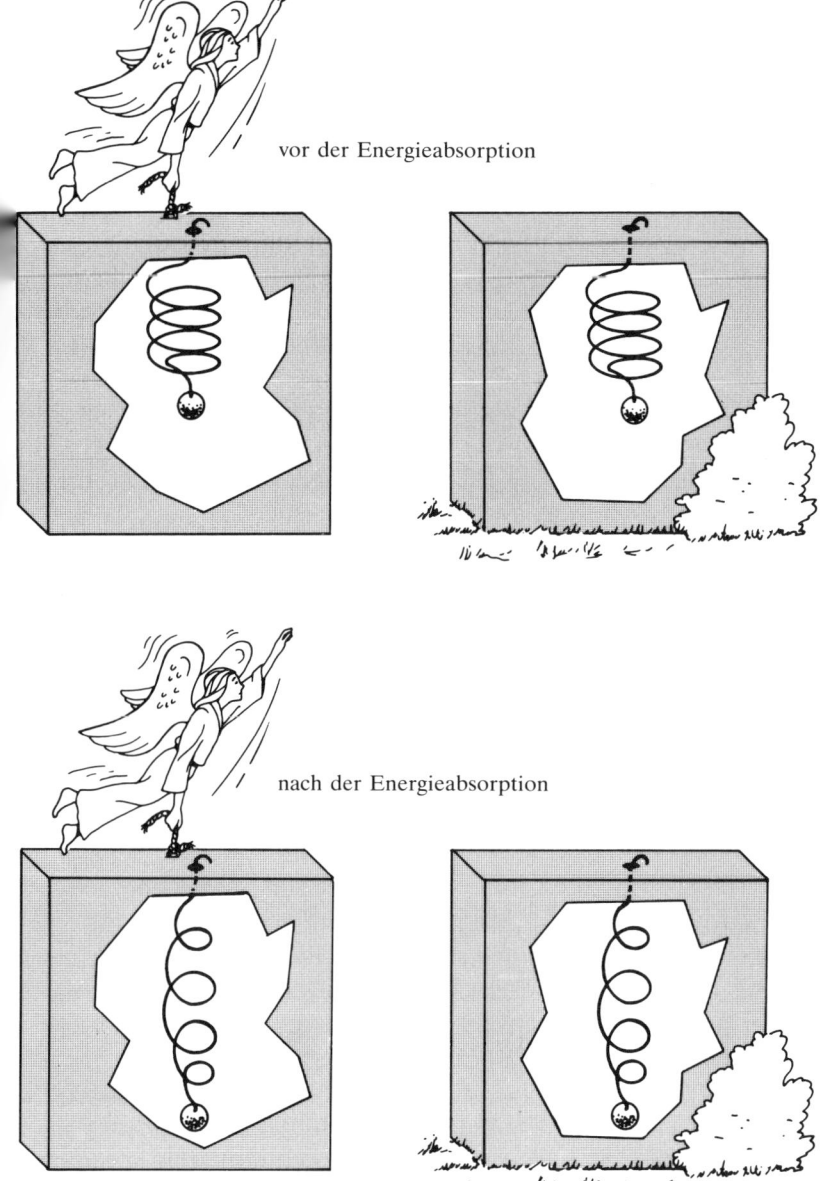

vor der Energieabsorption

nach der Energieabsorption

der Gewichtskraft der angehängten Masse. Nach dem Äquivalenzprinzip müssen beide Experimente zum selben Ergebnis führen: Beide Federn verlängern sich um denselben Betrag. Damit erhalten wir ein wohlbekanntes Ergebnis: Schwere Masse ist gleich träge Masse. Stellen wir uns nun vor, in beiden Laboratorien absorbieren die angehängten Massen gleich viel Energie. Gemäß der Einsteinschen Beziehung $E = mc^2$ wachsen dann ihre Massen um den gleichen Betrag. Die Federn dehnen sich dem höheren Gewicht entsprechend also wiederum gleich weit aus. Damit werden träge und schwere Masse anhand ihrer Energieäquivalente vereinheitlicht.

Betrachten wir ein anderes Gedankenexperiment, bei dem Einstein den Gang von Uhren in beiden Laboratorien verglich. In jedem Laboratorium werden zwei exakt gleich gehende Uhren angebracht – eine am Boden, die andere an der Decke. Da ich vorausgesetzt habe, daß diese Uhren exakt gleich gehen, scheint es gar nichts zu vergleichen zu geben, zumal ich auch weiterhin darauf bestehen werde, daß die Uhren in der Tat mit gleicher Geschwindigkeit „ticken". Schauen wir trotzdem genauer nach.

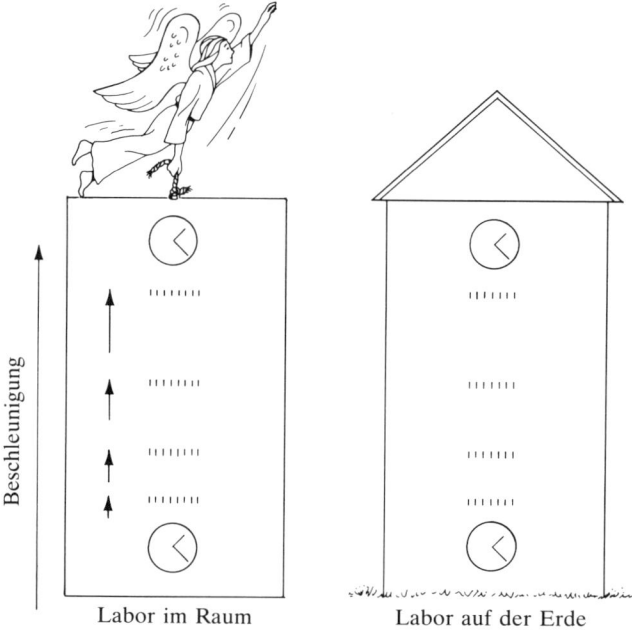

Labor im Raum   Labor auf der Erde

Im beschleunigten Himmelslabor – und entsprechend im ruhenden Labor im Schwerefeld der Erde – zeigen gleiche Uhren in verschiedenen Höhen unterschiedliche Zeiten an. Licht, das von Atomen am Boden mit einer bestimmten Frequenz abgestrahlt wird, kommt an der Decke mit einer geringeren Frequenz an – die Decke läuft den Lichtwellen ja immer schneller davon. Diese Frequenzverschiebung bezeichnet man als Gravitationsrotverschiebung.

Nehmen wir also an, der Beobachter im Himmelslabor klettert zur Decke und schaut zur Uhr am Boden herab. Um beide Uhren zu vergleichen, muß er sie natürlich beide zugleich im Blick behalten. Um seine Meßwerte zu verstehen, müssen wir die Laufzeit des Lichtes berücksichtigen, das von der

Uhr am Boden zur Decke gelangt. Stellen wir uns vor, die Uhr am Boden sendet bei jedem „Tick" einen kurzen Lichtpuls zur Decke aus. Da das Himmelslabor beschleunigt ist, bewegt sich die Decke immer schneller vor dem heraufkommenden Lichtpuls her, so daß die nachfolgenden Lichtpulse immer länger brauchen, um die Decke zu erreichen. Die „Tick"-Pulse treffen an der Decke also in einer langsameren zeitlichen Abfolge ein, als es der eigentlichen „Tick"-Frequenz der Uhren entspricht. Für den Beobachter an der Decke scheint die Uhr am Boden gegenüber seiner Uhr an der Decke nachzugehen — ungeachtet unserer nach wie vor gültigen Voraussetzung, daß beide Uhren gleich schnell gehen. Diese Verlangsamung des Tickens unterscheidet sich darin von der Zeitdehnung in der Speziellen Relativitätstheorie, daß sie keineswegs in symmetrischer Weise zwischen den beiden Uhren auftritt. Ein Beobachter, der bei der Bodenuhr steht und zur Uhr an der Decke schaut, bewegt sich ja auf die herabkommenden Sichtsignale zu, so daß die „Tick"-Pulse für ihn also schneller aufeinanderfolgen, als es dem Ticken seiner Uhr am Boden entspricht.

Betrachten wir nun das gleiche Experiment im Erdlabor. Aufgrund des Äquivalenzprinzips erwarten wir hier das gleiche Ergebnis wie im Himmelslabor: Der Beobachter an der Decke wird die Uhr am Boden so sehen, als ginge sie langsamer. Nun gibt es hier aber keine Beschleunigung, die dieses Resultat erklären könnte. Einstein zog daraus den folgenden Schluß: Eine Uhr, die der Erde näher ist als eine andere, gleichartige Uhr, scheint in gleicher Weise nachzugehen. Das sollte für beliebige Uhren zutreffen. Einstein stellte sich leuchtende Atome als Uhren vor, wobei die Frequenz des abgestrahlten Lichts dem Ticken einer mechanischen Uhr entspricht. Licht, das von Atomen am Boden des Laboratoriums abgestrahlt wird, sollte an der Decke mit einer niedrigeren Frequenz eintreffen, als sie von dortigen Atomen (desselben Elements) emittiert wird.

Die Vorstellung atomarer Uhren konnte Einstein heranziehen, um die Frequenzänderung beim Sonnenlicht vorherzusagen. Da die Gravitationswirkung der Erde gegenüber der Gravitation der viel massiveren Sonne vernachlässigt werden kann, sagte Einstein voraus, daß die Lichtfrequenzen von Atomen an der Oberfläche der Sonne dem Beobachter auf der Erde niedriger erscheinen als die Frequenzen gleicher Atome, die sich weit weg von der Sonne befinden. Niedrigere Frequenz bedeutet eine Verschiebung der Lichtfarbe zum roten Ende des Spektrums. Die Spektrallinien des Sonnenlichts sollten also zum Roten hin verschoben sein, wenn man sie mit den auf der Erde gemessenen atomaren Spektren vergleicht. Dieser Effekt wird als *Gravitations-Rotverschiebung* oder *relativistische Rotverschiebung* bezeichnet. Sie macht bei den Spektrallinien der Sonne etwa 2 Millionstel der jeweiligen Frequenz aus. Dieses Ergebnis erhielt Einstein bereits, als er die Rotverschiebung anhand des Äquivalenzprinzips berechnete, und es stimmte im wesentlichen mit dem Betrag überein, der sich aus seiner revolutionären neuen Theorie der Gravitation, der Allgemeinen Relativitätstheorie, ergibt.

Der experimentelle Nachweis wurde durch die Turbulenzen der Sonnenoberfläche erschwert, aber nach einiger Zeit gelang es, die relativistische Rotverschiebung des Sonnenlichtes nachzuweisen. In den sechziger Jahren führte schließlich der amerikanische Physiker R. V. Pound mit seinen Studenten G. A. Rebka und J. L. Snider eine viel genauere Messung zur Rotverschiebung im Gravitationsfeld der Erde durch. Sie bestimmten die relativistische Rotverschiebung zwischen Spitze und Sockel des 22,5 Meter hohen Turmes der Harvard-Universität und erhielten als experimentelles Resultat einen Wert von ungefähr 1/40 000 000 000 000 000.

Die Gravitations-Rotverschiebung beruht nicht etwa darauf, daß die Uhren selbst langsamer gingen. Vielmehr werden Lichtsignale auf ihrer Reise durch Raum und Zeit durch die Gravitation verändert. Diesen Einfluß verdeutlicht ein weiteres Gedankenexperiment Einsteins. Die Grundidee ist einfach: Man schickt Lichtstrahlen in horizontaler Richtung durch die beiden Labors, durch das

beschleunigte Himmelslabor und das ruhende Erdlabor. Für
einen Beobachter im Himmelslabor wird sich der Strahl
wegen der Aufwärtsbeschleunigung des Systems zum Boden
hin krümmen. Nach dem Äquivalenzprinzip muß derselbe
Effekt auch im Erdlabor auftreten – hier bedingt durch die
Gravitation. Das heißt, die Gravitation lenkt das Licht ab –
sie krümmt Lichtstrahlen. Für Lichtstrahlen, die streifend an
der Sonne vorbeikommen, erhielt Einstein aus dem Äquivalenzprinzip einen Ablenkwinkel, der halb so groß war wie der
tatsächliche Wert, den er später anhand der Allgemeinen
Relativitätstheorie berechnete. Wir werden weiter unten noch
auf die experimentelle Bestätigung für diese Lichtablenkung
zurückkommen.

Aus der Ablenkung der Lichtstrahlen im Gravitationsfeld
ergab sich unweigerlich noch eine andere Konsequenz: Wenn
sich der Lichtstrahl krümmt, heißt das, daß sich die zugehörigen Wellenfronten drehen – und das wiederum ist nur möglich, wenn die Lichtgeschwindigkeit auf der oberen Seite des
Lichtstrahls höher ist als auf der Unterseite. (Diese Situation
ist analog zur Militärparade, bei der die Soldatenreihen nur
dann nach rechts oder links abbiegen können, wenn die Sol-
daten auf der Innenseite der Kurve langsamer marschieren als
auf der Außenseite.) Um die Lichtablenkung zu erklären,
mußte man also annehmen, daß die Lichtgeschwindigkeit mit
zunehmender Höhe über dem Boden des Laboratoriums größer wird.

Für Einstein muß es beunruhigend gewesen sein festzustellen,
daß die Gravitation die Konstanz der Lichtgeschwindigkeit
beeinträchtigt. Er fand aber einen Weg, sich diese Entdek-
kung zunutze zu machen. Entsprechend der für ihn typischen
Ökonomie der Mittel postulierte er nun einfach, daß die
Lichtgeschwindigkeit die Gravitation gleichsam repräsentiere.
Die Lichtgeschwindigkeit hätte dann die Rolle eines Gravitationspotentials: Jedem Punkt des Raumes ist ein Zahlenwert
für die jeweilige Lichtgeschwindigkeit zugeordnet, wodurch
ein *Feld* definiert wird, das – im Sinne der Newtonschen
Theorie – überall die Stärke der Gravitation spezifiziert. Diese Vorstellung erwies sich zwar letztendlich als fruchtlos, machte sich aber insofern bezahlt, als sie Einstein den Anstoß gab,
über die Grenzen der Speziellen Relativitätstheorie hinauszu-

gehen − und ihm insofern über die harte Zeit hinweghalf, die ihm nun bevorstand.

An dieser Stelle müssen wir vorläufig einmal abbrechen, um uns ein wenig mit der Entwicklung der Geometrie zu beschäftigen. Um das Jahr 300 vor Christus stellte Euklid in seiner berühmten Schrift *Die Elemente* verschiedene geometrische Axiome und Postulate auf, an denen es größtenteils kaum etwas zu bezweifeln gab. Nur die Gültigkeit seines fünften Postulats schien weniger selbstverständlich zu sein als alle anderen. In seiner ursprünglichen Form klingt das fünfte Postulat des Euklid ein wenig spitzfindig. Wir können es aber in einer äquivalenten Fassung wie folgt formulieren: Gegeben seien eine Gerade und ein Punkt *P*, der nicht auf der Geraden liegt. Beide spannen dann eine Ebene auf, in der es im Punkt *P* nur eine Parallele zu der Geraden gibt.

Euklids Parallelenaxiom. Für eine gegebene Gerade *g* in einer Ebene (fette Linie) und einen beliebigen Punkt *P*, der in derselben Ebene, aber nicht auf der Geraden selbst liegt, gibt es genau eine Parallele durch den Punkt *P* (und innerhalb der vorgegebenen Ebene). Das Parallelenaxiom (das eigentlich ein Postulat ist) ist nicht in jeder Geometrie gültig. Tatsächlich gibt es durchaus auch nichteuklidische Geometrien, in denen es mehrere oder eventuell gar keine Parallelen gibt. Letzteres wäre etwa der Fall, wenn jede Gerade dieser Ebene, die durch den Punkt *P* geht, außerhalb des Bildausschnitts schließlich die fett gezeichnete Gerade schneidet. Dies könnte beispielsweise in sehr großer Entfernung geschehen.

Viele Mathematiker hatten in den folgenden Jahrhunderten versucht, das Parallelenaxiom nicht unbewiesen hinzunehmen, sondern es aus anderen Axiomen abzuleiten. Schließlich machten um 1823 zwei Mathematiker in Rußland und Ungarn unabhängig voneinander dieselbe Entdeckung: Nicolai Lobatschewski und Janos Bolyai konnten beide zeigen, daß sich auch mit einem anderen Parallelenaxiom eine widerspruchsfreie Geometrie aufbauen ließ. In dieser Geometrie konnte es zu einer Geraden unendlich viele Parallelen geben, die durch einen gegebenen Punkt gingen und in der von Gerade und Punkt definierten Ebene lagen. Übrigens hatte auch der große deutsche Mathematiker Carl Friedrich Gauß einige Jahre zuvor dieselbe Entdeckung gemacht, sie aber nicht veröffentlicht, weil ihn ganz offenkundig die Einwände gegen eine solche Geometrie zurückhielten.

Diese Arbeiten wiesen neue Wege. Indem Bolyai und Lobatschewski eine konsistente nichteuklidische Geometrie entwarfen, zeigten sie, daß die euklidische Geometrie nicht sakrosankt war. Der deutsche Mathematiker Bernhard Riemann entwickelte nun eine weitere nichteuklidische Theorie, in der überhaupt keine Parallelen existierten. Diese beiden Typen einer nichteuklidischen Geometrie − in der üblichen zweidimensionalen Darstellung − lassen sich durch die Verhältnisse auf gekrümmten Oberflächen veranschaulichen. Riemanns nichteuklidische Geometrie beispielsweise kann als die Geometrie der Kugeloberfläche angesehen werden. Dann übernehmen die Großkreise die Rolle der Geraden. Man erhält Großkreise, wenn man die Kugelschale so aufschneidet, daß der Kugelmittelpunkt in der Schnittebene liegt. Segmente solcher Großkreise sind die kürzesten und zugleich auch die „geradesten" Verbindungen zwischen zwei Punkten der Oberfläche. Da jeder Großkreis einer Kugel jeden anderen Großkreis schneidet, sind in dieser Geometrie offensichtlich keine Parallelen zwischen Geraden möglich.

Meistens lernt man in der Schule, daß die Summe der Innenwinkel eines Dreiecks 180 Grad beträgt, also gleich der Summe zweier rechter Winkel ist. Dabei wird zunächst nicht erwähnt, daß zum Beweis dieses Satzes das Euklidische Parallelenaxiom notwendig ist. Tatsächlich hängt beides so eng zusammen, daß wir umgekehrt auch den Satz von der Winkelsumme im Dreieck als Axiom vorgeben könnten, um daraus das Parallelenpostulat abzuleiten. Insofern überrascht es kaum, daß in der nichteuklidischen Geometrie die Summe der Winkel im Dreieck nicht 180 Grad beträgt.

Nehmen wir beispielsweise die Riemannsche nichteuklidische Geometrie einer Kugeloberfläche. Wir können uns die Kugel als Globus mit Längen- und Breitenkreisen vorstellen. Die Längenkreise sind Großkreise. Sie entsprechen also Geraden in der euklidischen Geometrie. Die Breitenkreise sind mit Ausnahme des Äquators keine Großkreise. Eine Dreiecksfigur auf der Kugeloberfläche, die durch drei Großkreissegmente begrenzt wird, heißt *sphärisches Dreieck.*

Greifen wir zwei Punkte P und Q auf dem Äquator heraus. Wenn wir von P aus in Richtung Norden wandern, bewegen wir uns auf dem Abschnitt PN eines Längenkreises. PN und QN stehen beide senkrecht auf dem Äquator und schneiden

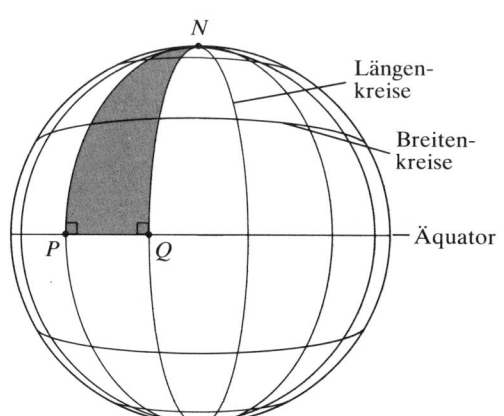

sich beide im Nordpol N, so daß sie nicht parallel sein können. Da die Längenkreise und der Äquator Großkreise sind, ist die Figur PQN ein sphärisches Dreieck. Wir haben schon erwähnt, daß die Winkel bei P und Q rechte sind. Daraus folgt, daß die Summe aller Innenwinkel des Dreiecks PQN um den Betrag des Winkels bei N größer ist als 180 Grad.

Wenn wir nun den Winkel bei N vergrößern, nimmt automatisch die Fläche des sphärischen Dreiecks zu. Diese Fläche läßt sich nun anhand eines einfachen Satzes aus den Winkeln berechnen: Die Fläche ist gleich dem Produkt aus der um 180 Grad verminderten Summe der Innenwinkel mit dem Quadrat des Kugelradius.

Man kann hier auch umgekehrt vorgehen und ein sphärisches Dreieck auf eine Kugel zeichnen, um aus Innenwinkel und Fläche den Radius der Kugel zu berechnen. Der wesentliche Punkt ist, daß die Flächen und Winkel auf der Oberfläche selbst gemessen werden können, man sich dazu also nicht außerhalb dieser zweidimensionalen Welt befinden muß.

Das ist ein erstaunliches Resultat. Der Radius der Kugel und damit die Krümmung der Kugeloberfläche ergibt sich allein aus der Struktur der zweidimensionalen Oberfläche. Beide lassen sich daher vollständig mit den zwei Dimensionen der Oberfläche definieren. Und noch etwas anderes ist erwähnenswert: Allein die Existenz von Dreiecken mit zwei rechten Winkeln zeigt uns, daß in der nichteuklidischen Geometrie der Kugeloberfläche der Satz des Pythagoras nicht gilt. Tatsächlich gilt dieser Satz nur in der euklidischen Geometrie. In verschiedenen nichteuklidischen Geometrien bleibt er jedoch näherungsweise für kleine Dreiecke gültig; die Approximation ist um so besser, je kleiner das Dreieck ist. In diesem Sinne gilt dann der Satz des Pythagoras *lokal*.

Gauß war sich darüber im klaren, daß die Krümmung einer Kugeloberfläche ein inneres Strukturmerkmal dieser Fläche ist. Auch für allgemeinere Flächen, deren Krümmung sich von Ort zu Ort ändert, konnte er solche inneren Krümmungsmerkmale aufzeigen.

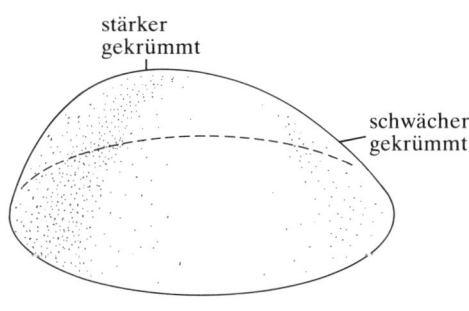

stärker
gekrümmt

schwächer
gekrümmt

Riemann ließ sich von den Gaußschen Überlegungen zur Flächenkrümmung inspirieren, etwas Analoges für den Raum zu versuchen. Er schlug eine Krümmung des dreidimensionalen Raumes vor, die ohne eine zusätzliche Dimension beschrieben werden konnte. Diese Raumkrümmung, die von Ort zu Ort variieren kann, sollte implizit in den Längenmessungen enthalten sein, die im dreidimensionalen Raum ausgeführt werden. Den Krümmungsbegriff für zwei- und dreidimensionale Räume verallgemeinerte Riemann schließlich für Räume beliebiger Dimension. Solche Räume werden heute als Riemannsche Räume bezeichnet; die dort gültige Geometrie heißt Riemannsche Geometrie − und sollte nicht mit der einfacheren nichteuklidischen Geometrie, die Riemann vorher ausgearbeitet hatte, verwechselt werden.

Kehren wir wieder zu Einstein zurück. Es ist nicht nötig, alle Erfolge und Rückschläge auf seinem Weg zur Allgemeinen Relativitätstheorie im Detail nachzuvollziehen. Ein entscheidender Schritt bestand darin, dem allgemeinen Relativitätsprinzip folgend nun das Prinzip der *allgemeinen Kovarianz* einzuführen. Es verlangt, daß die Gesetze der Physik in einer Form geschrieben werden, die in *allen* Koordinatensystemen der vierdimensionalen Raum-Zeit-Welt gleich bleibt. Diese Forderung erwies sich aber als ein enormes mathematisches Problem, das Einstein möglicherweise überfordert hätte − er war Physiker, nicht Mathematiker. Aber die Mathematiker hatten das grundlegende mathematische Problem bereits gelöst und so die nötigen mathematischen Hilfsmittel bereitgestellt. Es mutet an wie eine Fügung des Schicksals, daß der frühere Kommilitone Einsteins, Marcel Grossmann, sich gerade auf das Gebiet der nichteuklidischen Geometrie und andere für Einstein wichtige mathematische Fragen spezialisiert hatte. Grossmann war inzwischen Professor am Züricher Polytechnischen Institut, und insbesondere durch sein Drängen war Einstein 1912 ans Polytechnische Institut geholt worden. Zwischen den beiden Freunden begann eine Zusammenarbeit, bei der Grossmann die Mathematik und Einstein die Physik beisteuerte.

Das mathematische Instrumentarium, das Einstein bereits gebrauchsfertig vorfand, war die Tensorrechnung. Um den Begriff des *Tensors* zu verstehen, wollen wir uns mit einem einfachen Beispiel, einem Vektor, vertraut machen. Man stelle sich eine zweidimensionale euklidische Geometrie vor, die anhand rechtwinkliger Koordinaten (wie auf einem Blatt Millimeterpapier) beschrieben werden soll. Die Abstände, die ein Punkt von den Koordinatenachsen hat, sind seine Koordinaten. In dem unten abgebildeten Koordinatensystem hat beispielsweise der Punkt P mit den Koordinaten $(1,2)$ einen Zentimeter Abstand von der x-Achse und zwei Zentimeter Abstand von der y-Achse.

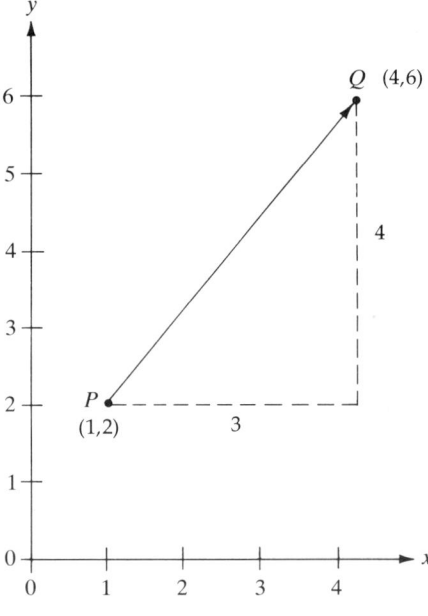

Ein *Vektor* ist eine gerichtete Größe, die durch einen Betrag (Länge) und eben eine Richtung festgelegt wird; man kann ihn als Pfeil darstellen. Betrachten wir als Beispiel den Vektor, der die Verschiebung von Punkt P zum Punkt Q repräsentiert. Die Koordinaten von P seien $(1,2)$ und die von Q seien $(4,6)$. In diesem Fall sind die Koordinatendifferenzen $(4-1, 6-2)$ die Komponenten des Vektors $\overrightarrow{PQ}$. Die Komponenten von $\overrightarrow{PQ}$ sind also $x = 3$ und $y = 4$. Sie entsprechen wirklichen Längen. Drehen wir nun das

Koordinatensystem, ohne daß sich P und Q mitdrehen, so erhalten sowohl die Koordinaten dieser Punkte als auch deren Differenzen neue Werte. Bei Drehungen des Koordinatensystems ändern sich also die Komponenten des Vektors, während der Vektor selber unverändert bleibt; sein Pfeil behält seine Lage bei. Nur hat er jetzt andere Komponenten. Genau dies ist charakteristisch für einen Vektor: Er ist unabhängig vom eingeführten Koordinatensystem. Deshalb kann ein Vektor eine physikalische Größe symbolisieren, die objektiv *da* ist.

In einem zweidimensionlaen Raum haben Vektoren stets zwei Komponenten, egal wie man das Koordinatensystem im einzelnen wählt. Entsprechend besitzen sie im dreidimensionalen Raum drei Komponenten, im vierdimensionalen Raum vier und so weiter.

Ein allgemeiner Tensor unterscheidet sich vom speziellen Fall des Vektors im wesentlichen in der Anzahl der Komponenten, die er in einem vorgegebenen Koordinatensystem besitzt. Außerdem läßt sich ein Tensor meistens leider nicht analog zum Vektorpfeil graphisch darstellen. Jeder Tensor behält seine Identität, auch wenn sich seine Komponenten durch einen Wechsel des Koordinatensystems ändern. Ebenso wie ein Vektor kann also auch ein Tensor Größen repräsentieren, die physikalisch *da* sind. Beispielsweise wird das elektromagnetische Feld mit seiner elektrischen und seiner magnetischen Feldkomponente in der vierdimensionalen Raum-Zeit-Welt durch einen Tensor beschrieben.

Ein besonders interessanter Tensor ist der *metrische Tensor*. Welche Rolle dieser Tensor in der Geometrie spielt, wollen wir am Beispiel des zweidimensionalen Raumes – also einer Fläche – aufzeigen. Stellen wir uns anstelle der rechtwinkligen Koordinaten für eine gekrümmte Fläche ein Netz aus gekrümmten Linien vor, die jeweils mit einer Zahl gekennzeichnet werden. So könnte ein Punkt P etwa die Koordinaten (1,2) haben. Diese Koordinaten geben aber nicht mehr die Abstände zu den Koordinatenachsen an. Solange wir es mit der Geometrie einer Ebene zu tun haben, lassen sich solche Koordinatennetze vermeiden: Stets können wir uns ein Blatt Millimeterpapier in dieser Ebene vorstellen, auf dem man die Koordinaten unmittelbar als Längen ablesen kann. Aber wie läßt sich die innere Geometrie einer gekrümmten Fläche beschreiben? Normales Millimeterpapier können wir an eine solche Fläche nicht anlegen, ohne daß es Falten wirft. Hier gibt es also kein Koordinatennetz, bei dem die Koordinaten als direktes Abstandsmaß dienen könnten. Genau an dieser Stelle hilft der metrische Tensor: Aus genügend kleinen Koordinatendifferenzen können wir mit seiner Hilfe die Längenabstände zwischen zwei Punkten berechnen.

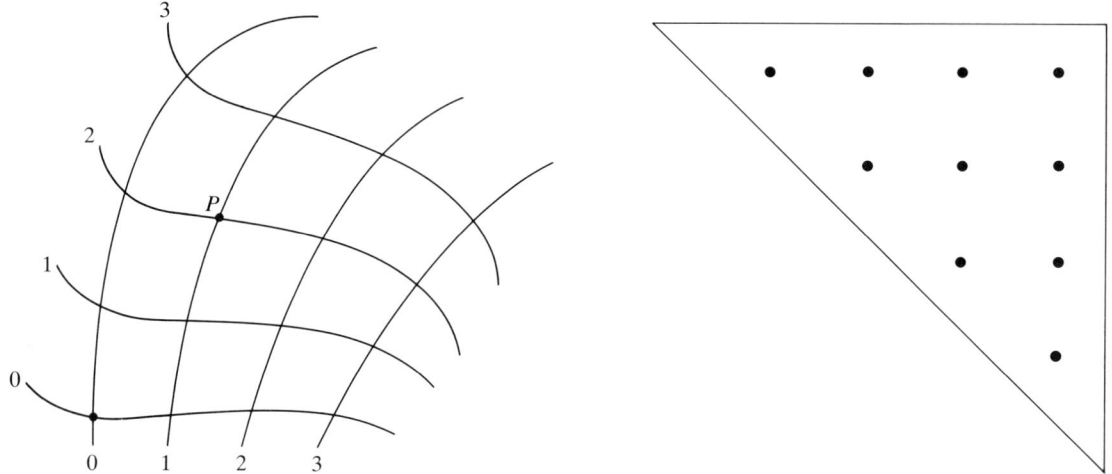

In einer zweidimensionalen Geometrie besitzt der metrische Tensor $1 + 2 = 3$ voneinander unabhängige Komponenten.

In dreidimensionalen Räumen sind es $1 + 2 + 3 = 6$ Komponenten und im vierdimensionalen Raum (beispielsweise die Raum-Zeit-Welt) $1 + 2 + 3 + 4 = 10$ voneinander unabhängige Komponenten. Die zehn unabhängigen Komponenten des vierdimensionalen metrischen Tensors lassen sich als Punkte in einem Dreieck darstellen, wie es in der Antike bereits die Pythagoräer in ähnlicher Form bei ihrer Zahlenmystik verwendeten (siehe Kapitel 1).

Exkurs 6.2: Der metrische Tensor ist zwar eine einzelne Größe, wird aber durch mehrere Zahlen repräsentiert, die man als *Tensorkomponenten* bezeichnet. Wir wollen hier zwar keine Differentialrechnung betreiben, uns aber bei der Beschreibung des Tensors ihrer nützlichen

Symbole dx und dy bedienen. Der Buchstabe d in Symbolen dieser Art kennzeichnet jeweils eine (beliebig) kleine Differenz in einer Variablen wie x oder y, die jeweils hinter dem d steht.

Betrachten wir zwei eng benachbarte Punkte in einem zweidimensionalen Raum, (x,y) und $(x + dx, y + dy)$. Nach dem Satz des Pythagoras gilt für den Abstand ds:

$$(ds)^2 = (dx)^2 + (dy)^2.$$

Üblicherweise läßt man die Klammern weg und schreibt:

$$ds^2 = dx^2 + dy^2. \qquad (1)$$

Obwohl dies zunächst unmotiviert erscheint, wollen wir die letzte Gleichung in eine kompliziertere äquivalente Form umschreiben:

$$ds^2 = 1 \times dx^2 + 1 \times dy^2 + 0 \times dxdy. \qquad (2)$$

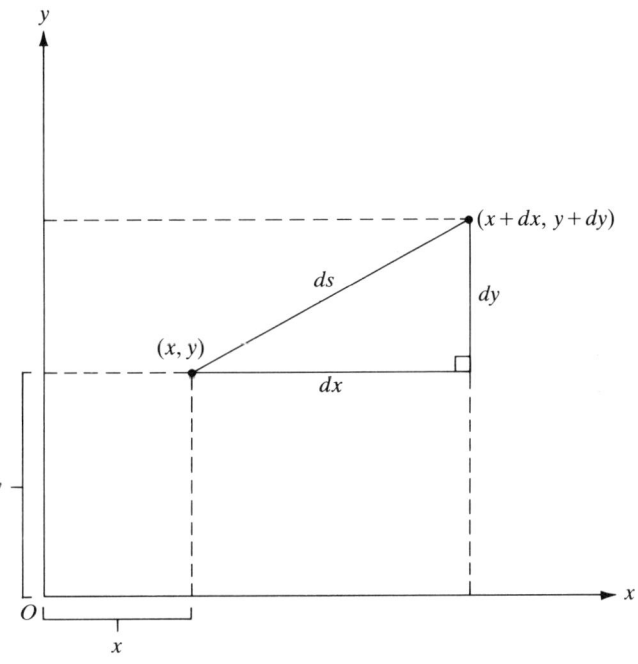

Die Null und Eins, die Faktoren, die in Gleichung (1) nicht ausgeschrieben wurden, sind nämlich gerade die Komponenten des metrischen Tensors.

Um das allgemeine Muster der Komponenten dieses Tensors deutlicher zu machen, verwenden wir jetzt die Standard-Schreibweise für Tensoren und formulieren die Faktoren in Gleichung (2) mit Hilfe zweier Indizes, 1 und 2:

$$ds^2 = g_{11}dx^2 + g_{12}dxdy + g_{21}dydx + g_{22}dy^2. \qquad (3)$$

Dabei gilt in diesem speziellen Fall für die vier Koeffizienten in den Produkten:

$$g_{11} = g_{22} = 1 \qquad \text{und}$$

$$g_{12} = g_{21} = 0.$$

Diese vier Komponenten lassen sich als Matrix anordnen:

$$
\begin{array}{cc}
g_{11} & g_{12} \\
g_{21} & g_{22}
\end{array}
$$

Sie bilden zusammen den metrischen Tensor in dem vorgegebenen zweidimensionalen Koordinatensystem. Wir werden nun näher untersuchen, welche Rolle die Komponenten, die man allgemein für Indizes μ und v als $g_{v\mu}$ bezeichnet, in der Riemannschen Geometrie spielen. Angenommen, wir verändern den Maßstab entlang der x-Achse und verdoppeln die Zahl der sie schneidenden Koordinatenlinien. Analog verfahren wir mit der Skala der y-Achse, indem wir sie von dreimal mehr Koordinatenlinien schneiden lassen als davor. Die neuen Koordinaten (x',y') eines Punktes sind dann mit den alten Koordinaten (x,y) durch die folgenden Gleichungen verknüpft:

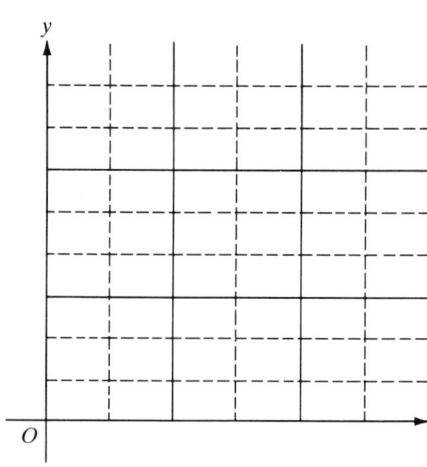

$$x = \frac{1}{2}x' \quad \text{und} \quad y = \frac{1}{3}y'.$$

Anstelle der Gleichung (1) haben wir nun:

$$ds^2 = (\frac{1}{2}dx')^2 + (\frac{1}{3}dy')^2$$

$$= \frac{1}{4}dx'^2 + \frac{1}{9}dy'^2. \quad (4)$$

Diese Gleichung hat nicht mehr die einfache Form von Gleichung (1) für den Pythagorassatz.

Durch die Koordinatentransformation gehen nämlich auch die Komponenten des metrischen Tensors in neue (gestrichene) Komponenten über:

$$g'_{11} = \frac{1}{4}, \qquad g'_{22} = \frac{1}{9}, \qquad g'_{12} = g'_{21} = 0.$$

Wir sehen, daß die Gleichung (3) — ausgedrückt in gestrichenen Koordinaten — zur Gleichung (4) wird. Zwar haben die Gleichungen (4) und (1) eine unterschiedliche Form, aber für beide bleibt die Gleichung (3) eine allgemein gültige Schreibweise — sie sieht für gestrichene Koordinaten genauso aus wie für ungestrichene, umfaßt beide Gleichungen, (1) und (4), und stellt — ungeachtet der Koordinatentransformation — die grundlegende physikalische Situation dar.

Wenn wir schiefwinklige Koordinaten wählen, so daß die y-Achse nicht mehr senkrecht auf der x-Achse steht, ergibt sich eine kompliziertere Koordinatentransformation. Gleichung (1) geht dann in eine Gleichung über, die — anders als Gleichung (4) — einen nichtverschwindenden Term mit dem Produkt $dxdy$ enthält. Gleichung (3) bleibt dabei jedoch gültig: g_{12} und g_{21} betragen dann nicht Null, sondern sie haben beide einen (übereinstimmenden) anderen Wert.

Im nächsten Schritt gehen wir nun zu krummlinigen Koordinaten mit unregelmäßigen Abständen über. Gleichung (1) muß jetzt für jeden einzelnen Ort neu aufgestellt werden. Aber sogar hier behält die Gleichung (3) ihre Gültigkeit. Nur sind die Komponenten $g_{\nu\mu}$ des metrischen Tensors nicht mehr konstant, sondern vom Ort abhängig. Im allgemeinen Fall kann $g_{\nu\mu}$ also von Ort zu Ort verschieden sein.

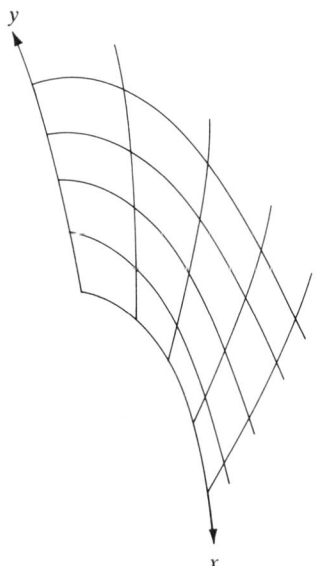

In komplizierteren — insbesondere unregelmäßig gekrümmten — Koordinatensystemen ist es kaum wahrscheinlich, daß die Koordinaten einzelner Punkte oder die Koordinatendifferenzen dx und dy benachbarter Punkte unmittelbar mit Längenabständen verknüpft sind. Aber in solchen Fällen lassen sich die tatsächlichen Abstände immer mit Hilfe des metrischen Tensors aus den Koordinatendifferenzen berechnen — daher die Bezeichnung *metrisch*. Für zweidimensionale Flächen kann man also stets mit Gleichung (3) rechnen — und das gilt insbesondere auch für gekrümmte zweidimensionale Flächen, obwohl dort, wie wir sahen, der Satz des Pythagoras nur lokal (also auf kleinen Gebieten approximativ) gilt. Darüber hinaus enthält der metrische Tensor alle Informationen, die zur Berechnung der intrinsischen Krümmung der Fläche an jedem ihrer Punkte erforderlich sind.

In der vierdimensionalen Raum-Zeit-Welt ergibt sich nun anstelle von Gleichung (3) eine für vier Koordinaten erweiterte Gleichung mit 16 Termen auf der rechten Seite des Gleichheitszeichens. Der metrische Tensor $g_{\nu\mu}$ hat hier nämlich 16 Komponenten.

g_{11}	g_{12}	g_{13}	g_{14}
g_{21}	g_{22}	g_{23}	g_{24}
g_{31}	g_{32}	g_{33}	g_{34}
g_{41}	g_{42}	g_{43}	g_{44}

Diese Matrix ist symmetrisch, das heißt, es gilt beispielsweise $g_{31} = g_{13}$. Deshalb wiederholen sich im grau hervorgehobenen Teil der Matrix in der Abbildung oben lediglich die korrespondierenden

Komponenten oberhalb der Diagonale. Daher hat der metrische Tensor der vierdimensionalen Raum-Zeit-Welt im wesentlichen nur zehn Komponenten, die wirklich voneinander unabhängig sind; sie beschreiben die intrinsische Geometrie der Raum-Zeit-Welt. Ohne auf eine zusätzliche Dimension zurückzugreifen, können wir mit diesen zehn Tensorkomponenten die inneren Krümmungseigenschaften der Raum-Zeit-Welt berechnen.

Eigentlich ist es schade, daß die Pythagoräer noch nichts vom vierdimensionalen Tensor und seinen zehn Komponenten wußten – schließlich galt die Zehn bei ihnen als mystische Zahl in ihrem berühmten Dreieck. Sie hätten in der Matrix für den metrischen Tensor bestimmt ihr mystisches Dreieck gesehen – das um sein Spiegelbild ergänzt wäre. Schon diese rein äußere Ähnlichkeit hätte wohl bei den Pythagoräern Ehrfurcht und Bewunderung ausgelöst. Aber wenn sie erst erkannt hätten, was Einstein aus dem metrischen Tensor gemacht hat, wären sie wohl von der Schönheit dieser Theorie bezaubert gewesen – auch wenn darin der Lehrsatz des Pythagoras in seiner Gültigkeit eingeschränkt wird. Im Grunde genommen hat Einstein seine Vorstellung von einer Metrik aber gerade aufgrund dieses Lehrsatzes entwickelt.

Schauen wir uns nun an, wie Einstein den metrischen Tensor der Raum-Zeit anwendet. Ein Teilchen, das sich frei bewegt, folgt nach Newtons Trägheitssatz einer geradlinigen Bahn und hat immer die gleiche Geschwindigkeit. Im Minkowski-Raum ist die Weltlinie eines solchen Teilchens ebenfalls eine Gerade. Diese Gerade läßt sich nun als kürzeste Verbindung auffassen, und damit kommt der metrische Tensor ins Spiel. Einstein stellte sich nun die Frage, wie eine solche freie Bewegung relativ zum Himmelslabor aussehen würde – und wie man das mathematisch beschreiben könnte. Er entdeckte, daß sich die Komponenten des metrischen Tensors immer dann für ein bestimmtes Koordinatensystem veränderten, wenn dieses Koordinatensystem beschleunigt wird. Wegen des Äquivalenzprinzips muß die Gravitation im Erdlabor genau denselben Einfluß auf die dortigen Komponenten des metrischen Tensors ausüben. Einstein zog daraus die wichtige Schlußfolgerung, daß die Gravitation durch den metrischen Tensor der Raum-Zeit beschrieben werden müßte.

In der Newtonschen Theorie reicht ein einziges Potentialfeld aus, um die Gravitation zu beschreiben. Nun sollte es plötzlich zehn Gravitationspotentiale geben: die zehn unabhängigen Komponenten des metrischen Tensors. Zunächst könnte man dieser Idee eine gewisse Extravaganz bescheinigen und argwöhnen, daß sie die von Einstein sonst so geschätzte Einfachheit vermissen läßt. Aber genau genommen wurde hier nicht ein Potential durch zehn Potentialkomponenten ersetzt, sondern Einstein ging von einem Feld zu keinem Feld über. Der metrische Tensor beschreibt ja die ohnehin immer vorliegende geometrische Struktur. Statt etwas Neues hinzuzufügen, wies Einstein dem metrischen Tensor zusätzlich zu seiner geometrischen Bedeutung die Rolle des Gravitationspotentials zu. Die Gravitation sollte also keine Kraft mehr sein, sondern etwas Geometrisches. Da nun der metrische Tensor alle Informationen enthält, die zur Berechnung der intrinsischen Krümmung der Raum-Zeit notwendig sind, und da Einstein die Gravitation mit Hilfe des metrischen Tensors darstellte, ist es kein Wunder, daß die Gravitation in der Allgemeinen Relativitätstheorie als eine Krümmung der Raum-Zeit-Welt erscheint.

Ähnlich der Maxwellschen Theorie des Elektromagnetismus sollte sich die neue Gravitationstheorie als eine Feldtheorie erweisen, in der keine unmittelbare Fernwirkung angenommen wird. Einstein und Grossmann ließen also Newtons Gravitationsgesetz der umgekehrten Proportionalität zum Quadrat der Entfernung hinter sich. Statt dessen versuchten sie, zehn tensorielle Feldgleichungen zu finden, die im Prinzip die zehn Gravitationspotentiale und damit die Raum-Zeit-Krümmung bestimmen sollten. Diese Potentiale würden dann die Gravitation für bestimmte Konfigurationen von Gravitationsquellen — also beispielsweise der Sonne und ihrer Planeten — eindeutig beschreiben: Zu jeder Konfiguration gehört ein eindeutig bestimmtes Gravitationsfeld. Einstein stieß bei seiner Arbeit jedoch auf einen allgemeinen Beweis, der die Existenz einer eindeutigen Lösung der Tensorfeldgleichungen für eine bestimmte Massenverteilung ausschloß. Das heißt, für dieselbe Konfiguration von Himmelskörpern hätte man als Lösung der Feldgleichung unweigerlich mehr als ein Gravitationsfeld erhalten — ein völlig unphysikalisches Ergebnis. Das war ein bitterer Rückschlag. Einstein und Grossmann kämpften sich zunächst weiter, indem sie Gleichungen untersuchten, die nur teilweise tensoriell waren. Im Jahre 1913 und noch einmal 1914 publizierten sie detaillierte Berichte über ihre Arbeiten. Dann aber kehrte Einstein nach Berlin zurück, und diese Zusammenarbeit hatte ein Ende.

In Berlin ging Einstein der Frage allein weiter nach. Im Sommer 1914 brach der Erste Weltkrieg aus, aber davon ließ sich Einstein, der Schweizer Staatsbürger war, in seiner Arbeit nicht beirren. Schließlich fand er 1915 heraus, daß ein Fehler in seinem Beweis über die Lösung der Tensorgleichungen steckte. Sofort wandte er sich erneut den Tensorgleichungen zu, die er zuvor nur schweren Herzens aufgegeben hatte. Diesmal kristallisierte sich aus seinen Rechnungen eine Theorie mit vollendeter Schönheit heraus.

Betrachten wir zunächst die zehn Feldgleichungen, die Einstein für den metrischen Tensor und seine Änderungen in Raum und Zeit aufstellen mußte. In gewissem Sinne formulierte er sie nach dem Vorbild der Gleichung, die in der Newtonschen Theorie das Gravitationspotential und seine Änderungen beschreibt. Wenn sich eine Größe in Abhängigkeit von einer anderern Größe ändert, beschreibt man das mit einer Rechenoperation, die man *Differentiation* nennt. Das Ergebnis heißt *Ableitung*. Die Differentiation von Tensoren ergibt Ableitungen, die meist selber keine Tensoren mehr sind, weil sie sich bei einer Transformation des Koordinatensystems mit verändern. Sie repräsentieren somit keine objektiven – vom Koordinatensystem unabhängige – Gegebenheiten. Statt dessen sind sie eine Kombination aus den objektiv „wahren" Änderungsraten des Tensors mit unechten Änderungsraten, die lediglich die Unregelmäßigkeiten des Koordinatensystems widerspiegeln. Kennt man aber den metrischen Tensor, so lassen sich die unechten Änderungsraten rechnerisch separieren. Mit dieser Methode erhält man also die wahren Änderungsraten beliebiger Tensoren in einem gegebenen Bezugssystem. Heute bezeichnet man sie als *kovariante Ableitungen* – anstelle des älteren und anschaulicheren Begriffs *absolute Ableitungen*. Da die kovarianten Ableitungen die unverfälschten Änderungsraten von Tensoren repräsentieren, ist klar, daß es ebenfalls Tensoren sind – objektive Größen, die nicht vom jeweiligen Koordinatensystem abhängen.

In den Feldgleichungen sollten die Änderungsraten des metrischen Tensors demnach durch seine kovarianten Ableitungen repräsentiert werden. Aber die kovarianten Ableitungen des metrischen Tensors ergeben stets Null – und zwar aufgrund seiner Definition selbst. Auf den ersten Blick ein Desaster, erweist sich dieser Tatbestand schließlich als Segen. Bereits lange bevor die Tensoren bekannt waren, hatte Carl Friedrich Gauß bei seinen Studien der Krümmung von Flächen nämlich einen mathematischen Ausdruck gefunden, mit dem sich die Krümmung einer Fläche an jedem beliebigen Punkt berechnen läßt. Und später identifizierte man den von Gauß gefundenen mathematischen Ausdruck als einen Tensor, der vollständig aus dem metrischen Tensor und dessen gewöhnlicher Ableitung aufgebaut war. Riemann und unabhängig von ihm Elwin Christoffel, Professor am Polytechnischen Institut in Zürich, fanden einen entsprechenden mathematischen Ausdruck für die Krümmung von Räumen beliebiger Dimension: den *Krümmungstensor*.

In gewissem Sinn ist der Krümmungstensor einzigartig: Man kommt nicht umhin, ihn zu verwenden, wenn man nach einem Tensor sucht, der sich nur aus dem metrischen Tensor und dessen *gewöhnlicher* Ableitung zusammensetzt. Dies hängt gerade damit zusammen, daß die *kovarianten* Ableitungen des metrischen Tensors überall verschwinden. Der Krümmungstensor eines vierdimensionalen Raumes enthält 20 voneinander unabhängige Komponenten. Daraus läßt sich jedoch auf eindeutig definierte Weise ein Tensor von zehn Komponenten entwickeln. Und die zehn Feldgleichungen sind sogar eindeutig bestimmt, wenn man durch geeignete physikalische und mathematische Randbedingungen dafür sorgt, daß die physikalischen Erhaltungssätze für Energie und Impuls gelten und Lösungen existieren. Das heißt, die Würfel waren bereits gefallen, als sich Einstein für Tensorgleichungen entschied, in denen die Gravitation allein durch den metrischen Tensor repräsentiert war – was er zu diesem Zeitpunkt freilich noch nicht wissen konnte: Die zehn Feldgleichungen folgen mit Notwendigkeit aus diesem Einsteinschen Ansatz. Das bedeutet nicht, daß Einstein auf direktem Wege zu diesen Gleichungen gelangt wäre. Er beging auch Irrtümer und folgte falschen Fährten. Beispielsweise verwarfen er und Grossmann bei ihrer gemeinsamen Arbeit einen Lösungsversuch, der sich später als ein Spezialfall der zu guter Letzt gefundenen Feldgleichungen herausstellte. Sein Sinn für die Ästhetik der Theorie führte Einstein aber immer wieder auf den richtigen Weg zurück.

Die Allgemeine Relativitätstheorie unterscheidet sich erheblich von der Speziellen Relativitätstheorie. In der Speziellen Relativitätstheorie gibt es keine Gravitation, und die Raum-Zeit ist flach – sie weist keine Krümmung auf. Die Allgemeine Relativitätstheorie beschreibt die Gravitation anhand einer gekrümmten Raum-Zeit. Die Krümmung der Raum-Zeit repräsentiert die Gravitation, wobei die gravitationsbedingten Bewegungen der Körper auf den Raum-Zeit-Krümmungen für die jeweiligen Massenkonfigurationen beruhen.

Einfache Beispiele sind die Bewegung einer Kanonenkugel im Erdgravitationsfeld oder die Bewegung eines Planeten im Schwerefeld der Sonne. Die jeweils kleineren Körper betrachten wir als Probekörper, die auf das Gravitationsfeld reagieren, ohne es selbst aufgrund ihrer eigenen Masse nennenswert zu beeinflussen.

In der Speziellen Relativitätstheorie nimmt Newtons Erstes Gesetz die folgende Form an: Die Weltlinie eines kräftefreien Körpers ist eine Gerade. In der Allgemeinen Relativitätstheorie gibt es infolge der Raum-Zeit-Krümmung keine geraden Weltlinien. Allerdings gibt es Linien, die „gerader" sind als andere. Die geradesten Weltlinien sind die kürzesten: Sie tragen die Bezeichnung *Geodäten*. Man könnte nun versuchsweise Newtons Erstes Gesetz folgendermaßen modifizieren: Die Bahnen kräftefreier Körper sind geodätische Kurven. Damit würde die Raum-Zeit-Krümmung den Begriff der Gravitationskraft überflüssig machen. Die Bewegung von Kanonenkugeln, Planeten und dergleichen würde einfach durch Geodäten beschrieben. Auch die Ablenkung von Lichtstrahlen im Gravitationsfeld ließe sich damit erklären, daß die Raum-Zeit-Krümmung die Rolle der Newtonschen Gravitationskraft übernimmt. Newton wäre mit dieser Verallgemeinerung seines Ersten Bewegungsgesetzes sicher zufrieden gewesen.

Die Allgemeine Relativitätstheorie wies zunächst eine ähnliche Struktur auf wie die Newtonschen Theorie: Auf der einen Seite waren für jede Konstellation schwerer Massen die Feldgleichungen gegeben, die das Gravitationsfeld beschrieben − dem entsprach in der Newtonschen Theorie das universelle Gravitationsgesetz, dem zufolge die Gravitationskraft umgekehrt proportional zum Abstandsquadrat ist. Auf der anderen Seite beschrieb die Geodätenhypothese − ebenso wie die Newtonschen Bewegungsgesetze − die Bewegung der Körper bei gegebenem Gravitationsfeld. Viel später fand man heraus, daß die Geodätenhypothese als Postulat gar nicht notwendig ist. Die Bewegung beliebig schwerer Körper (also nicht nur die Bewegung von Probekörpern) ist schon implizit durch die Feldgleichungen der Allgemeinen Relativitätstheorie festgelegt. Die Theorie ruhte also gar nicht auf zwei Säulen, sondern ihre Grundlage war allein die Einheit der Feldgleichungen.

Exkurs 6.3: Die Sonne befindet sich zu jedem Zeitpunkt in einem dreidimensionalen Raum, der in ihrer Umgebung durch die Gravitation gekrümmt ist. Um diese Gravitationskrümmung graphisch darstellen zu können, lassen wir eine Raumdimension weg und geben den dreidimensionalen Raum durch eine zweidimensionale Fläche wieder. Dann haben wir die dritte zeichnerische „Dimension" zur Verfügung, um die Krümmung des Raumes anzudeuten. Eine solche Darstellung macht deutlich, warum ein Körper in Sonnennähe keine geradlinige Bahn durchlaufen kann, sondern durch die Raumkrümmung auf eine Umlaufbahn um die Sonne gezwungen wird.

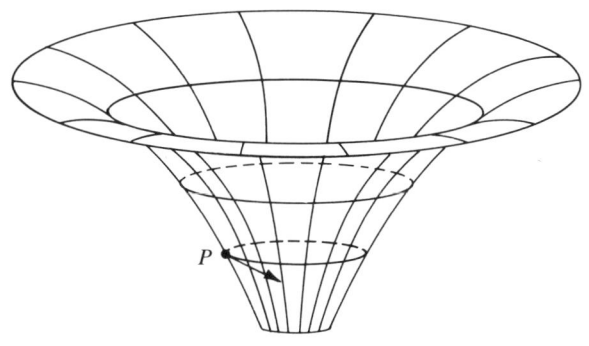

Problematisch an dieser Darstellung ist die fehlende Zeitdimension − wir können einfach keine weitere Dimension mehr zeichnen, die die zeitliche Dimension der Raum-Zeit wiedergeben könnte. Trotz seiner Anschaulichkeit bleibt das Bild daher etwas unbefriedigend. Aber es läßt doch das Wesentliche erkennen: Das Gravitationsfeld der Sonne oder anderer schwerer Körper wird durch die Krümmung der vierdimensionalen Raum-Zeit beschrieben. Mit anderen Worten, die Gravitation ist nicht Ursache der Krümmung: Sie *ist* die Krümmung.

Nachdem Einstein seine tensoriellen Feldgleichungen aufgestellt hatte (wenn auch noch nicht in ihrer endgültigen Form), berechnete er damit die Krümmung, die mit der Gravitation der Sonne verbunden ist. Als er die Geodätenhypothese dann auf die Bahnen der Planeten anwandte, erhielt er bei den meisten Planeten Resultate, die den Newtonschen Voraussagen sehr nahe kamen, aber bei der Bahn des Planeten Merkur gab es deutliche Abweichungen. Es war bereits bekannt, daß Merkur sich unter anderem wegen der Anziehung durch die anderen Planeten nicht auf einer geschlossenen Ellipse bewegt, sondern vielmehr eine Art langsam rotierende Ellipse beschreibt (siehe die Abbildung unten). Da sich der sonnennächste Bahnpunkt – das Perihel – dreht, spricht man hier von der Periheldrehung des Merkur. Nun hatte es im Rahmen der Newtonschen Theorie Schwierigkeiten gegeben, die Geschwindigkeit dieser Periheldrehung vorauszusagen.

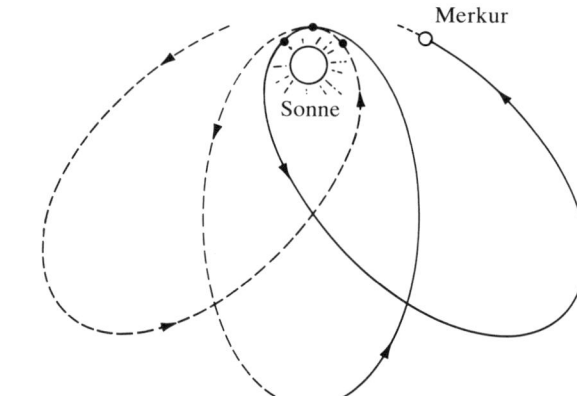

Merkur

Sonne

Ohne besondere Korrekturen war der vorausgesagte Drehwinkel pro Jahrhundert im Vergleich zum tatsächlich beobachteten Wert um etwa 43 Bogensekunden pro Jahrhundert zu gering. Einstein fand, daß seine Gleichungen einen Wert lieferten, der gerade um diesen Betrag von der Vorhersage der Newtonschen Theorie abwich.

Die Perihelverschiebung des Merkur (die Bahnänderungen sind übertrieben gezeichnet).

Damit lieferte die Einsteinsche Theorie auf ganz natürliche Weise für die Periheldrehung den richtigen Betrag und die korrekte Richtung – ohne erzwungene Zusatzannahmen oder willkürlich festgelegte Zahlen zur Angleichung des theoretischen Modells an die Beobachtung. Es war ein herausragender Erfolg.

Außerdem berechnete Einstein die relativistische Rotverschiebung sowie die Ablenkung von Licht, das die gekrümmte Raum-Zeit-Umgebung der Sonne durchläuft. Wie schon erwähnt, ergibt die vollständige Theorie für die Rotverschiebung im wesentlichen denselben Wert wie das Äquivalenz-

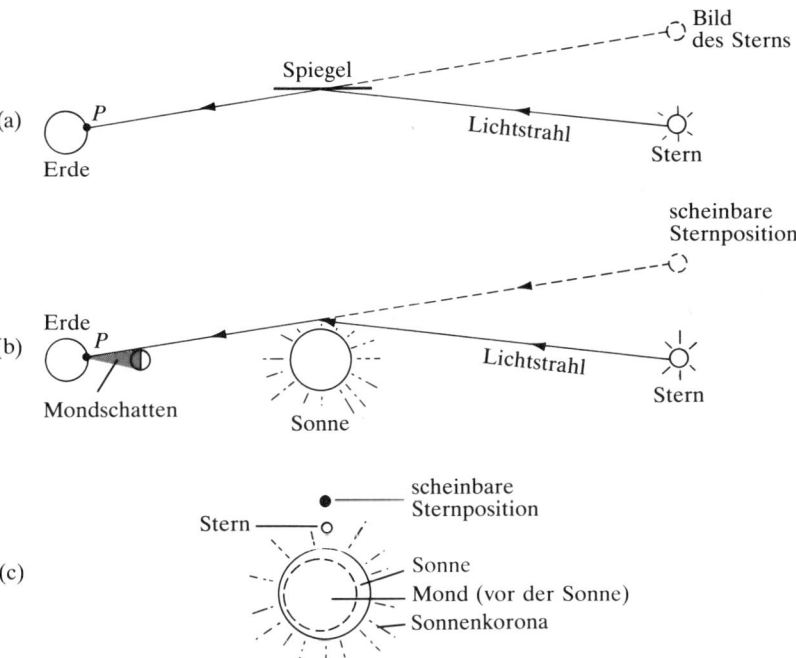

Scheinbare und wahre Position eines Sterns. Wenn wir einen Stern in einem Spiegel beobachten würden (a), schiene er in einer anderen Richtung zu stehen, als es tatsächlich der Fall ist. Ganz ähnlich bewirkt die Lichtablenkung durch die Sonnengravitation (b), daß die Position des Sterns (in Richtung der gestrichelten Linie) verschoben erscheint. Bei einer totalen Sonnenfinsternis kann ein Beobachter in Punkt P, da er nicht durch das Sonnenlicht geblendet wird, auf dem dunkleren Himmels- hintergrund auch sonnennahe Sterne sehen, die er gewöhnlich nicht beobachten kann. Insbesondere werden Sterne sichtbar, die in unmittelbarer Nachbarschaft der verfinsterten Sonne am Himmel stehen. Die Gravitationsablenkung der Lichtstrahlen konnte zur Zeit Einsteins nur bei einer totalen Sonnenfinsternis beobachtet werden. Heute läßt sich die Gravitationsablenkung an der Sonne unabhängig von einer Finsternis messen, indem man die Radiowellen von Quasaren beobachtet.

prinzip. Dagegen führt sie bei der Ablenkung der Lichtstrahlen durch Gravitationsfelder auf den doppelten Betrag. Die Lichtstrahlen, die die Sonne streifen, werden nach der Allgemeinen Relativitätstheorie um 1,7 Bogensekunden abgelenkt; das ist etwa 1/4000 des Winkels, unter dem man die Sonne von der Erde aus sieht.

Noch während des Ersten Weltkriegs teilte Einstein seine Ergebnisse der Preussischen Akademie der Wissenschaften mit, und sie wurden in den Sitzungsberichten publiziert. Auf dem Weg über das neutrale Holland erfuhr der englische Wissenschaftler Arthur Eddington davon. Er war von der Allgemeinen Relativitätstheorie so beeindruckt, daß er gemeinsam mit dem Astronomen Frank Dyson eine Sonnenfinsternis-Expedition plante, um die vorausgesagte Ablenkung des Lichts im Schwerefeld der Sonne zu testen. Er hoffte, die Einsteinsche Theorie zu bestätigen – nicht sie zu widerlegen. Am Tag der Finsternis, dem 29. Mai 1919, waren die Kampfhandlungen des Ersten Weltkriegs eingestellt – ohne daß damit die Feindschaft zwischen den Parteien beendet gewesen wäre. In diesem Jahr brachen zwei Expeditionen auf: eine nach Sobral in Brasilien, die andere unter Führung Eddingtons zur westafrikanischen Insel Principe. Die Sonnenfinsternis war nur wenige Minuten zu sehen, und in diesem kurzen Zeitraum wurden Teleskopaufnahmen von der Sonne und benachbarten Sternen gemacht. Da Eddington die Sternpositionen für einen Zeitpunkt, an dem die Sonne nicht in ihrer Nähe stand, aus früheren Messungen kannte, konnte er sehr rasch feststellen, ob Positionsverschiebungen eingetreten waren und damit ein Beweis für die Ablenkung des Sternlichtes vorlag. Zu seiner Freude kam Eddington bei seiner ersten vorläufigen Auswertung auf Verschiebungen, die die Vorhersage der Einsteinschen Theorie bestätigten.

Zurück in England analysierte und verglich man nun sorgfältig die Meßwerte beider Expeditionen, und wieder war das Urteil positiv. Daraufhin traten die Royal Society – deren Präsident 200 Jahre zuvor Newton gewesen war – und die Royal Astronomical Society in London zu einer gemeinsamen Sitzung zusammen. Mit typisch britischem Zeremoniell wurden nun formell die Ergebnisse verkündet, die die Allgemeine Relativitätstheorie bestätigten. Man feierte Einstein, der erfolgreich die Lehren des großen Isaac Newton herausgefordert hatte. Die Zeitungen berichteten von dem historischen Ereignis, und Einstein wurde über Nacht weltberühmt.

Wir haben in diesem Buch die Geschichte des Relativitätsbegriffs nachgezeichnet und nähern uns nun dem Ende. Die Anwendungen der Einsteinschen Gravitationstheorie in der Kosmologie und in anderen Gebieten wären ein Thema für ein anderes Buch. Dasselbe gilt für die Geschichte der Vereinheitlichten Theorien, mit denen man versucht, die Gravitation mit dem Elektromagnetismus und den anderen Grundkräften der Natur zu vereinigen.

Seit die Allgemeine Relativitätstheorie existiert, hat sie sich in allen experimentellen Tests bewährt. Sie ragt heraus als ein monumentales Meisterwerk – auch in ästhetischer Hinsicht. Ihre Eleganz liegt in ihrer Stringenz, ihrer Denkökonomie, in der prinzipiellen Einfachheit hinter all den komplizierten Details und schließlich in einer bezwingenden Schönheit, die sich freilich mit den Methoden wissenschaftlicher Analyse nicht erfassen läßt.

Was zieht den Apfel zu Boden? Was lenkt den Mond auf seine Bahn um die Erde? Und was hält die Planeten im Umkreis der Sonne? Es ist keine fernwirkende Kraft, sondern etwas viel Grundlegenderes: die Struktur von Raum und Zeit selbst, die – einzeln unfaßbar – zusammen eine alles bestimmende Einheit bilden: die vierdimensionale, gekrümmte Raum-Zeit des gesamten Universums.

Als sich im Jahre 1919 bei den Sonnenfinsternis-Expeditionen die Ablenkung der Lichtstrahlen im Schwerefeld der Sonne bestätigte, war das für Einstein natürlich ein sehr schöner Erfolg. Dazu muß man freilich eine Anmerkung machen. Noch während des Ersten Weltkriegs – lange bevor die Sonnenfinsternis-Expeditionen stattfanden – erfuhr die deutsche Öffentlichkeit von Einsteins Theorie. Einstein schrieb im Jahre 1916 auf Anfrage eines deutschen Verlages eine populärwissenschaftliche Darstellung seiner Speziellen und Allgemeinen Relativitätstheorie. Damals waren weder die relativistische Rotverschiebung noch die Ablenkung der Lichtstrahlen experimentell bestätigt, aber Einstein zweifelte nicht daran, daß beides noch nachgewiesen werde – darauf wies er in dieser Schrift, nachdem er die erfolgreiche Berechnung der Periheldrehung des Merkur dargestellt hatte, explizit hin.

Man könnte nun meinen, Einstein habe vor allem wegen der Voraussagen zur Periheldrehung des Merkur so fest auf seine Theorie vertraut, aber damit würde man ihn unterschätzen: Er bezog seine Zuversicht mehr aus der profunden Einfachheit und Schönheit seiner Theorie als aus irgend etwas anderem. Um uns davon zu überzeugen, brauchen wir uns nur zu vergegenwärtigen, wie schnell und unmittelbar die Theorie sich herausschälte, als Einstein sich zum zweiten Male von der Idee leiten ließ, Tensorgleichungen zu verwenden.

Am 4. November des Jahres 1915 präsentierte Einstein seinen Kollegen der Preussischen Akademie der Wissenschaften ein Papier, in dem er den damaligen Stand seiner Arbeit an der Allgemeinen Relativitätstheorie darstellte. Sein Ziel, Tensorgleichungen zu verwenden, hatte er noch nicht ganz erreicht. In der nächsten Woche, am 11. November, folgte dann bereits ein Bericht über die weiteren Fortschritte der tensoriellen Formulierung seiner Gleichungen. Nach einer weiteren Woche, am 25. November, hatte er den Feldgleichungen ihren letzten Schliff gegeben – und damit hatte sich seine Theorie in vollendeter Schönheit herauskristallisiert.

Vor dem Hintergrund dieser Chronologie wollen wir noch einmal auf den Artikel vom 4. November zurückkommen. Zu diesem Zeitpunkt wußte Einstein bereits, daß seine Gleichungen bis auf geringe Abweichungen (im nichtrelativistischen Grenzfall) dieselben Ergebnisse lieferten wie die Newtonsche Theorie. Er wußte auch, daß er mit seinem Äquivalenzprinzip eine grundlegend einfache Erklärung für die Galileischen Fallgesetze geben konnte. Die Beobachtungen zum Nachweis der Lichtablenkung bei den Finsternisexpeditionen und zur relativistischen Rotverschiebung lagen noch in der Zukunft. Auch die wichtige Berechnung der Periheldrehung stand noch aus. Und schließlich hatte Einstein die Tensoren noch nicht vollständig in seine Gleichungen eingebaut. Trotzdem zeugen bereits einige bemerkenswerten Äußerungen in Einsteins sonst sehr mathematisch gehaltenem Bericht an seine Kollegen von der besonderen Bedeutung, die er ästhetischen Gesichtspunkten bei seiner wissenschaftlichen Arbeit beimaß. Er schrieb: »Dem Zauber dieser Theorie wird sich kaum jemand entziehen können, der sie wirklich erfaßt hat, . . .«

Für Einstein lag in der Allgemeinen Relativitätstheorie zunächst jedoch mehr Mühe als Zauber. Er bemerkte dazu in einem Artikel zur Geschichte seiner Theorie, der 1934 erschien: »Im Lichte bereits erlangter Erkenntnis erscheint das glücklich Erreichte fast wie selbstverständlich, und jeder intelligente Student erfaßt es ohne zu große Mühe. Aber das ahnungsvolle, Jahre währende Suchen im Dunkeln mit seiner gespannten Sehnsucht, seiner Abwechslung von Zuversicht und Ermattung und seinem endlichen Durchbrechen zur Wahrheit, das kennt nur, wer es selbst erlebt hat.«

Literatur

Zitierte Literatur

Descartes, R. *Die Prinzipien der Philosophie.* Übersetzung von A. Buchenau. Hamburg (Meiner) 1955.

Newton, I. *Mathematische Prinzipien der Naturlehre.* Übersetzung von J. Ph. Wolfers. Berlin 1872. Nachdruck: Darmstadt (Wissenschaftliche Buchgesellschaft) 1963.

Rosenberger, F. *Isaac Newton und seine physikalischen Prinzipien. Ein Hauptstück aus der Entwicklungsgeschichte der modernen Physik.* Leipzig 1895. Nachdruck: Vaduz (Sändig Reprint) 1978.

Schilpp, P. A. (Hrsg.) *Albert Einstein als Philosoph und Naturforscher.* München (Vieweg) 1983.

Maxwell, J. C. *Über Faradays Kraftlinien.* Leipzig (Wilhelm Engelmann) 1895.

Hertz, H. *Untersuchungen über die Ausbreitung der elektrischen Kraft.* Leipzig (Johann Ambrosius Barth) 1892.

Lorentz, H. A.; Einstein, A.; Minkowski, H. *Das Relativitätsprinzip.* Darmstadt (Wissenschaftliche Buchgesellschaft) 1974.

Einstein, A. *Zur Elektrodynamik bewegter Körper.* In: *Annalen der Physik* 17 (1905).

Einstein, A. *Ist die Trägheit eines Körpers von seinem Energieinhalt abhängig?* In: *Annalen der Physik* 17 (1905).

Kaufmann, W. *Über die Konstitution des Elektrons.* In: *Annalen der Physik* 19 (1906) S. 495.

Einstein, A. *Die Grundlagen der Allgemeinen Relativitätstheorie.* In: *Annalen der Physik* 49 (1916).

Einstein, A. *Mein Weltbild.* Hrsg. von C. Seelig. Berlin (Ullstein) 1970.

Ergänzende deutschsprachige Literatur

Einstein, A. *Über die spezielle und die allgemeine Relativitätstheorie* 22. Aufl. Braunschweig/Wiesbaden (Vieweg) 1985.

Einstein, A. *Grundzüge der Relativitätstheorie.* Braunschweig/Wiesbaden (Vieweg) 1984 (Nachdruck der 5. Auflage von 1969).

Einstein, A.; Infeld, L. (Hrsg.) *Die Evolution der Physik. Von Newton bis zur Quantentheorie.* Reinbek (Rowohlt) 1956 (Neuauflage der Ausgabe von 1956).

Dukas, H.; Hoffmann, B. *Albert Einstein: Briefe.* Zürich (Diogenes) 1981.

Born, M. *Albert Einstein – Max Born: Briefwechsel 1916–1955.* Reinbek (Rowohlt) 1972.

Hermann, A. *Albert Einstein und Arnold Sommerfeld. Briefwechsel.* Basel (Schwabe) 1968.

Clark, R. W. *Albert Einstein, Leben und Werk.* München (Heyne) 1986.

Dukas, H.; Hoffmann, B. *Einstein – Schöpfer und Rebell.* Frankfurt (Fischer) 1978.

Born, M. *Die Relativitätstheorie Einsteins.* Heidelberg (Springer) 1964.

Schwinger, J. *Einsteins Erbe. Die Einheit von Raum und Zeit.* Heidelberg (Spektrum der Wissenschaft) 1987.

Index

Das Spektrum der Wissenschaft-Buchprogramm

Originaltitel: Relativity and Its Roots
Aus dem Amerikanischen übersetzt von
Hajo Suhr

CIP-Kurztitelaufnahme der Deutschen
Bibliothek

Hoffmann, Banesh:
Einsteins Ideen: d. Relativitätsprinzip
u. seine histor. Wurzeln /
Banesh Hoffmann. [Aus d. Amerikan. übers.
von Hajo Suhr.] – 2. Auflage
Heidelberg: Spektrum-der-Wissenschaft-
Verlagsgesellschaft, 1989.
  Einheitssacht.: Relativity and Its Roots ⟨dt.⟩
  ISBN 3-922508-18-9

© 1983 bei Banesh Hoffmann
Amerikanische Erstausgabe bei
Scientific American Books, Inc., New York

© der deutschen Ausgabe 1988
Spektrum der Wissenschaft Verlagsgesellschaft mbH
6900 Heidelberg

Lektorat: Katharina Neuser-von Oettingen
Produktion: Karin Kern

Typographie, Umschlag- und Buchgestaltung:
Design Studio Henri Wirthner, Gengenbach

Gesamtherstellung:
Colordruck Kurt Weber GmbH,
6906 Leimen